普通高等院校“十三五”应用型规划教材

安装工程材料

主　编　安　宁　李柱凯
参　编　杨彩红　杨　笠　赵　静

华中科技大学出版社
中国·武汉

内容提要

本书根据应用型本科院校的人才培养目标进行定位，是作者在多年从事安装工程材料专业教学的基础上结合国家及相关行业的技术标准等编写而成的。

本书除绪论外，共分为6章，重点介绍了建筑给排水工程、电气设备安装工程、通风空调工程、采暖工程、建筑消防系统、卫生器具与冲洗设备等常用材料。本书在内容的安排上注意强调广泛应用的材料，反映新型材料，减少了过于深奥的理论知识，以实用性为主。

本书适合应用型本科院校土建相关专业作为教材使用，也适合于相关技术人员作参考。

图书在版编目(CIP)数据

安装工程材料/安宁，李柱凯主编.—武汉：华中科技大学出版社，2016.7(2025.1重印)
普通高等院校"十三五"应用型规划教材
ISBN 978-7-5680-1596-7

Ⅰ.①安… Ⅱ.①安… ②李… Ⅲ.①建筑安装工程-工程材料-高等学校-教材 Ⅳ.①TU5

中国版本图书馆CIP数据核字(2016)第052243号

安装工程材料 安 宁 李柱凯 主编
Anzhuang Gongcheng Cailiao

策划编辑：金 紫
责任编辑：周永华
封面设计：原色设计
责任校对：李 琴
责任监印：朱 玢
出版发行：华中科技大学出版社(中国·武汉) 电话：(027)81321913
武汉市东湖新技术开发区华工科技园 邮编：430223
录 排：华中科技大学惠友文印中心
印 刷：武汉邮科印务有限公司
开 本：787mm×1092mm 1/16
印 张：12.25
字 数：310千字
版 次：2025年1月第1版第10次印刷
定 价：39.80元

前　言

近年来，随着建筑业的快速发展，安装工程作为其中重要的组成部分，引起了广泛关注和重视。安装工程涉及的专业较多，介绍安装工程材料的书籍却相对较少，为完善学生的专业知识结构，本书根据应用型本科教育的人才培养目标进行定位，在多年从事安装工程材料课程教学的基础上结合国家及相关行业的技术标准等编写而成。

本书除绪论外，共分6章，介绍了建筑给排水工程、电气设备安装工程、通风空调工程、采暖工程、建筑消防系统、卫生器具与冲洗设备中的常用材料。教材在内容安排上注意强调广泛应用的材料，反映新型材料，减少了过于深奥的理论知识，以实用性为主。

本书由安宁、李柱凯担任主编，杨彩红、杨笠、赵静参与编写，全书由安宁统稿。

由于编者水平和经验有限，教材中难免存在不足之处，衷心希望使用本书的师生给予批评指正。

编　者

2016年5月

目　　录

0 绪　论

0.1 安装工程材料的定义

建筑安装工程是指为新建、扩建、改建建筑物及构筑物所进行的施工工作而完成的工程实体，一般可分为建筑工程和安装工程。建筑工程是指永久性和临时性的建筑物、构筑物的土建工程，采暖通风、给排水、照明工程，动力、电信管线的敷设工程，道路、桥涵的建设工程，农业水利工程以及基础建设，场地平整、清理，绿化等工作。安装工程指生产、生活、动力、电信等设备的装配工程和安装工程，以及附属于被安装设备的管线敷设、保温、防腐、调试、运转等工作。

安装工程材料是安装工程中所用的材料的总称。

0.2 安装工程材料的分类

安装工程材料的种类繁多，通常按照表 0-1 中所示的方法分类。

表 0-1　安装工程材料分类

分　类		实　例
建筑给排水安装工程材料	管材	钢管、有色金属管、铸铁水管、塑料管材
	管件	无缝弯管、铜螺纹管件、管道用橡皮接头
	阀门	止回阀、球阀、旋转阀、蝶阀
	法兰与垫片	对焊法兰、平焊法兰
电气设备安装工程材料	电线	裸电线、绝缘电线
	电缆	控制电缆、通用电缆、信号电缆
	绝缘材料	电工用胶带、绝缘纤维制品、绝缘漆
	电力金具	悬锤线夹、耐张线夹
	母线、桥架	钢制桥架、线槽
通风空调安装工程材料	风管	不燃无机玻璃钢风管、复合玻纤板风管
	风口、调节阀	百叶风口、散流器、多叶调节阀
	防风阀、排烟阀	重力式防火阀、板式排烟阀
	消声器	组合消声器、末端消声器

续表

分类		实例
采暖安装工程材料	温度计	双金属温度计
	压力表	Y 型压力表、压力真空表
	水表	旋翼式水表、复式水表
	转子流量计	玻璃转子流量计、金属管转子流量计
	散热器	铝制散热器、钢制散热器
消防安装工程材料		室内消防栓、消防水泵接合器

0.3 安装工程常用标准

产品标准化是现代工业发展的产物，是组织现代化大生产的重要手段，也是科学管理的重要组成部分。世界各国对材料的标准化都很重视，均制定了各自的标准。

与安装工程材料生产、应用有关的标准包括产品标准和工程建设标准两类。产品标准是指为了保证安装工程材料产品的适用性，对该产品必须达到的某些或全部要求所制定的标准，这些标准一般包括产品规格、分类、技术要求、检验方法、验收规则、标志、运输和储存等方面的内容。工程建设标准是指对工程建设中的设计、施工、安装、验收等需要协调统一的事项所制定的标准，其中结构设计规范、施工验收规范中包含与安装工程材料的选用相关的内容。

我国安装工程材料的技术标准分为国家标准、行业标准、地方标准和企业标准四级。各级标准都有各自的代号，见表 0-2。

表 0-2　我国各级标准代号

标准种类		代号		表示方法(例)
1	国家标准	GB	国家强制性标准	由标准名称、部门代号、标准编号、颁布年份等组成。 例如：《低压流体输送用焊接钢管》(GB/T 3091—2015)
		GB/T	国家推荐性标准	
2	行业标准	JC	建材行业标准	
		JGJ	建工行业标准	
		YB	冶金行业标准	
		JT	交通行业标准	
		SD	水电行业标准	
3	地方标准	DB	地方强制性标准	
		DB/T	地方推荐性标准	
4	企业标准	QB	企业标准	

安装工程材料的技术标准是保证产品质量的技术依据。对于生产企业，必须按标准生产合格的产品，同时，相关标准可促进企业改善管理，提高生产效率，实现生产过程合理化。对于使用部门，则应当按标准选用材料，使设计和施工标准化，从而加速施工进度，降低建筑

造价。技术标准又是供需双方对产品质量进行验收的依据。

0.4 本课程学习的目的和内容

了解安装工程的种类，掌握安装工程所用的材料，具备正确使用和管理材料的能力，了解材料质量的检验判别方法。

第1章　建筑给排水工程

【学习目标】

1. 掌握室内给排水系统的分类及组成，室内给排水系统的常用管道材料。

2. 了解常用建筑给排水管件的品种。

1.1　室内给水系统

1.1.1　室内给水系统的分类

建筑给水系统是供应建筑内部和小区范围内的生活用水、生产用水和消防用水的系统，它包括建筑内部给水与小区给水系统。建筑内部给水系统是将城镇给水管网或自备水源给水管网的水引入室内，经配水管送至生活、生产和消防用水设备，并满足各用水点对水量、水压和水质要求的冷水供应系统。它与小区给水系统以给水引入管上的阀门井或水表井为界。

建筑内部给水系统按用途可分为生活给水系统、生产给水系统、消防给水系统。

1. 生活给水系统

生活给水系统是为住宅、公共建筑和工业企业内人员提供饮用水和生活用水（盥洗、淋浴、洗涤、冲厕及洗地等用水）的供水系统。

生活给水系统又可以分为单一给水系统和分质给水系统。单一给水系统的水质必须符合现行国家规定《生活饮用水卫生标准》(GB 5749—2006)，该水的水质必须确保居民终生饮用安全；分质给水系统按照不同的水质标准分为：符合《饮用净水水质标准》(CJ 94—2005)的直接饮用水系统，符合《生活饮用水卫生标准》(GB 5749—2006)的生活用水系统，符合《城市污水再生利用　城市杂用水水质》(GB/T 18920—2002)的杂用水系统（中水系统）。

2. 生产给水系统

生产给水系统指工业建筑或公共建筑在生产过程中使用的给水系统，供给生产设备冷却、原料和产品的洗涤，以及各类产品制造过程中所需的生产用水或生产原料。生产用水对水质、水量、水压及可靠性等方面的要求应按生产工艺设计要求确定。生产给水系统又可分为直流给水系统、循环给水系统、复用水给水系统。生产给水系统应优先设置循环给水系统或复用水给水系统，并应利用其余压。

3. 消防给水系统

消防给水系统是供给以水灭火的各类消防设备用水的供水系统。根据《建筑设计防火规范》(GB 50016—2014)的规定，对某些多层或高层民用建筑、大型公共建筑、某些生产车间和库房等，必须设置消防给水系统。消防用水对水质要求不高，但必须按照《建筑设计防火规范》(GB 50016—2014)保证供给足够的水量和水压。

上述三种基本给水系统，根据建筑情况、对供水的要求以及室外给水管网条件等，经过技术经济比较，可以分别设置独立的给水系统，也可以设置两种或三种合并的共用系统。共用系统有生活—生产—消防共用系统、生活—消防共用系统、生产—消防共用系统等。

1.1.2　建筑给水系统的组成

建筑的室内给水系统如图 1-1 所示，由下列各部分组成。

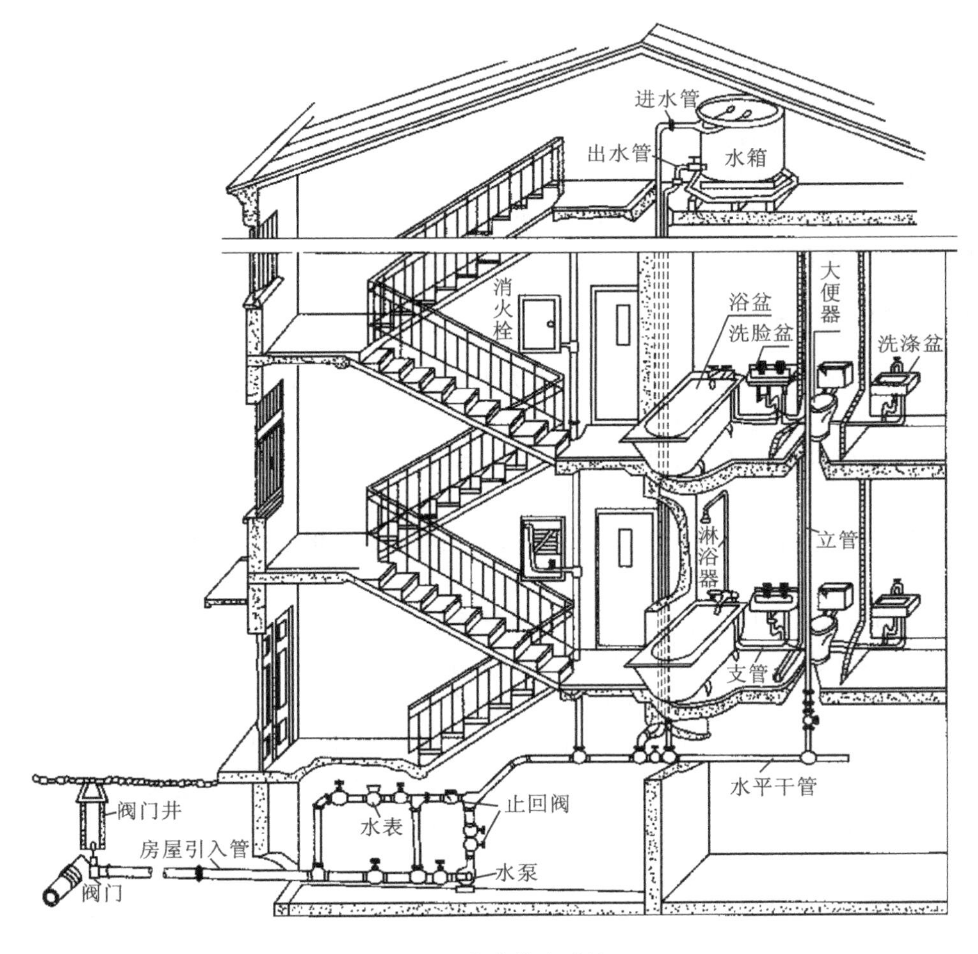

图 1-1　室内给水系统

1. 引入管

引入管是建筑内部给水系统与城市给水管网或建筑小区给水系统之间的联络管段，也称进户管。城市给水管网与建筑小区给水系统之间的联络管段称为总进水管。

2. 水表节点

水表节点是安装在引入管上的水表及其前后设置的阀门和泄水装置的总称。需要对水量进行计量的建筑物，应在引入管上装设水表。建筑物的某部分或个别设备需计量水量时，应在其配水管上装设水表。住宅建筑应装设分户水表。由市政管网直接供水的独立消防给水系统的引入管上可不装设水表。

3. 给水管网

给水管网是指由水平或垂直干管、立管、横支管等组成的建筑内部的给水管网。

4. 给水附件

给水附件指管路上的闸阀、止回阀等控制附件及淋浴器、配水龙头、冲洗阀等配水附件和仪表等。

5. 升压和储水设备

在市政管网压力不足或建筑对安全供水、水压稳定有较高要求时，须设置各种附加设备，如水箱、水泵、气压给水装置、储水池等升压和储水设备。

6. 消防用水设备

消防用水设备是指按建筑物防火要求及规定设置的消火栓、自动喷水灭火设备等。

7. 给水局部处理设备

在建筑物所在地点的水质已不符合要求或对直接饮用水系统的水质要求高于我国自来水的现行水质标准的情况下，需要设给水深处理构筑物和设备对局部进行给水深处理。

1.1.3 建筑给水方式

建筑给水方式即建筑给水系统的供水方案，是指建筑给水系统的组成和布置的模式。选择合理的给水方案，应综合考虑工程涉及的各项因素进行评判或进行经济技术比较。在技术上，应满足建筑物内各用水点对水量、水压和水质的要求，供水安全可靠，不对城市给水系统造成不利影响，符合建筑和结构设计上的要求；在经济上，基建投资费用主要考虑管道和设备的费用，年运营管理费用主要考虑水泵的耗电和设备的管理维修费用，两种费用应综合考虑。

建筑内部给水系统所需水压与城市配水管网的供水水压的比较结果，是初步确定给水方式的重要因素，是决定是否需要设置升压和储水设备的必要条件。在《城市给水工程规划规范》(GB 50282—1998)中指出城市配水管网的供水水压宜满足用户接管点处服务水头28 m的要求。为了节省投资和运行费用，我国的城市配水管网一般采用低压制。建筑内部给水系统所需水压是指建筑内部给水系统的水压必须能将需要的流量输送到建筑物内最不利配水点(通常为最高最远点)的配水龙头或用水设备处，并保证有足够的流出水头(自由水头)。在确定给水方式时对于层高不超过 3.5 m 的民用建筑，建筑内部给水系统所需水压(自室外地面算起)可估算确定：一层为 10 mH_2O，二层为 12 mH_2O，二层以上每增高一层增加4 mH_2O。但这种估算方法不适用于高层建筑分区供水系统。

典型给水方式有直接给水方式，设水箱给水方式，设储水池、水泵、水箱的联合给水方式，气压给水方式，设变频调速水泵的给水方式及分区分压给水方式。

1. 直接给水方式

当城市配水管网提供的水压、水量和水质都能满足建筑内部用水要求时，可直接把室外管网的水引向建筑各用水点，这种给水方式称为直接给水方式，如图 1-2 所示。它是最简单、最经济、施工方便，并且容易维护和管理的给水方式。根据《城市给水工程规划规范》(GB 50282—1998)中对城市配水管网的供水水压的要求，六层及六层以下建筑可采用直接给水方式。但随着城市的经济发展和扩容，有些城市的给水工程未能跟上发展进程，致使城市局部地区配水管网供水水压较低，五、六层的民用建筑已不能采用直接给水方式。

2. 设水箱给水方式

当城市配水管网的水质能满足建筑内用水要求，而水压和水量大部分时间能满足要求，仅在用水高峰时出现不足，以及建筑内用水要求水压稳定的情况下，并且建筑物允许设置高位水箱时，可采用单设高位水箱的给水方式，如图1-3所示。该方式在室外管网提供的水压大于室内所需水压时，直接或通过水箱向建筑内各用水点供水，并向水箱进水储备水量；当室外管网水压不足时，由水箱出水向建筑内各用水点供水。因而水箱解决了楼层较高用户的高峰用水问题，并且供水均匀。设水箱的供水方式存在以下问题：由于水箱须定期清洗消毒且浮球阀为易损件，会产生一定的维修管理费用；屋顶水箱由于安装高度受限制而有可能满足不了顶层用户用水水压较高的要求；水箱容易造成水质二次污染，采用新型卫生水箱可避免二次污染，但价格较高。

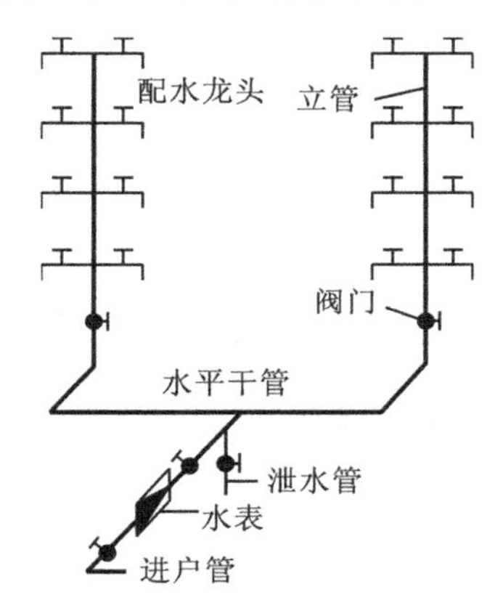

图1-2　直接给水方式

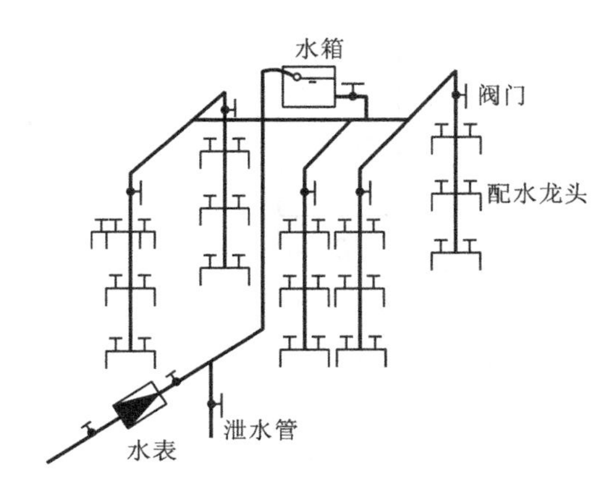

图1-3　设水箱给水方式

3. 设储水池、水泵和水箱的联合给水方式

当城市配水管网的水质和水量能满足建筑内用水要求，而水压不足或经常性不足，抑或周期性不足且室内用水不甚均匀时，可采用设储水池、水泵和水箱的联合给水方式，如图1-4所示。其工作原理是来自室外给水管网的水进入储水池，水泵从储水池抽水，并加压向高位水箱和室内管网供水。当水箱充满水时，水泵停止工作，由水箱供水，而当水箱水位下降到设计最低水位时，水泵再次启动，向高位水箱和室内管网供水，就这样周而复始。水箱通常采用浮球式或液位式继电器等装置自动控制水泵的启闭。该给水方式具有以下主要优点：一是水箱内可储备一定水量，供水比较安全可靠；二是供水水压稳定；三是水泵启动次数较少，效率较高，并延长了水泵的使用寿命；四是设备费及运营费较低。该给水方式的主要缺点：一是水箱的设置占用了一些建筑面积，从而减少了一部分使用面积；二是增加了高层建筑结构的复杂性，基建投资相对上升；三是水质较易受到污染。该给水方式在多层民用建筑中应用较广。

设储水池的目的是防止水泵直接从室外管网抽水，使外网压力降低甚至造成外网负压，影响附近用户用水。设高位水箱则是为了稳压和调节流量。当水泵可以从室外给水管网直接抽水时，可不设储水池，采用设水泵和水箱的给水方式，这样可以利用外网的压力；而当室外管网压力大部分时间不足，而室内用水均匀时，可采用单设水泵的给水方式，这时的水泵工作稳定，出水量均匀，适合生产单位的局部用水，民用建筑不采用这种供水方式。

4. 气压给水方式

当遇到有采用储水池、水泵和水箱的联合给水方式的需求，而建筑不宜设置高位水箱时，可采用气压给水方式。该给水方式的工作原理是在给水系统中设置气压给水设备，水泵抽水加压向管网和该设备的气压水罐供水，水泵停止工作后罐内压缩气体将罐中储备水压向管网供水，调节流量和控制水泵运行。气压水罐的作用相当于高位水箱，但其位置可根据需要设置在高处或低处，如图 1-5 所示。

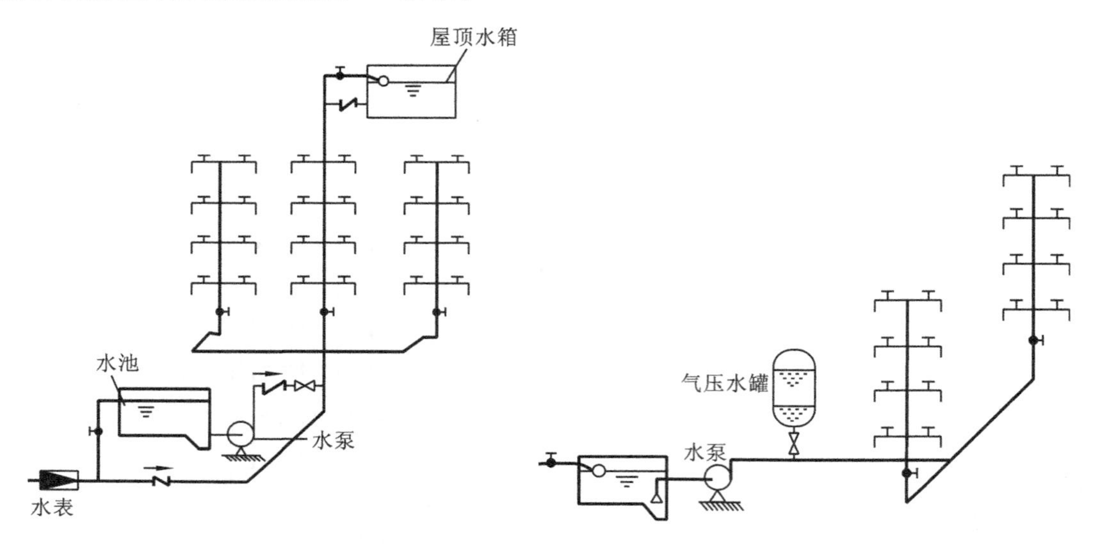

图 1-4 设储水池、水泵、水箱联合给水方式

图 1-5 气压给水方式

气压水罐的主要优点：一是取消了高位水箱，灵活、机动，便于安拆，便于防冻；二是罐内的水不易被污染；三是基建投资较省；四是便于集中管理，较易实现自动控制。气压水罐的主要缺点：一是常用的变压式气压给水设备给水压力变化幅度大，不稳定；二是气压水罐调节容积小，其储存和调节水量的作用远不如高位水箱，因而其供水可靠性较差；三是设备的运行费用高。因为气压水罐调节容积小，水泵启动频繁，启动电流大，缩短了水泵的使用寿命，并且水泵多在变压状态下工作，因而水泵的工作效率较低；另外对于变压式气压给水设备，大于最低工作压力的压力差值，属于气压能量额外消耗。这两个原因都导致耗电多，从而增加了设备的运行费用。

5. 设变频调速水泵的给水方式

变频调速水泵又称变频调速给水设备，是将单片机技术、变频技术和水泵机组相结合的给水设备。其原理是变频器根据管网需要用水量的变化，随即调节水泵电机的转速以调节输出流量，并保证管网压力恒定。设变频调速水泵的给水方式可取代设高位水箱、气压罐或储水池的供水方式，其主要优点：一是使水泵保持高效率运行，节能效果显著；二是水泵机组实现软启动方式，多台水泵机组实现循序启动运行，可延长设备使用寿命和保证运行的可靠性；三是调速全自动运行，能全自动化控制，使用方便；四是结构紧凑，占地省，安装方便，便于集中管理；五是取消高位水箱，水质不会被二次污染；六是能稳定水压，对管网系统中用水量变化适应能力强。变频调速给水设备的缺点：一是变频器价格贵，整机费用比其他给水设备昂贵；二是变频器对工作环境条件(包括温度、湿度、灰尘等)要求高；三是无调节容积，停电即停水，其供水可靠性较差，对要求不间断供水的用户，须设备用电源。

现在又出现了一种无负压(又称无吸程)管网增压稳流供水设备，它也采用了变频调速水泵。该给水设备与市政管网相接，抽水不会影响市政管网水压，从而省去了储水池，同时又充分利用市政管网的水压，是具有显著节能、节资及水源不受污染特点的绿色供水设备。

6. 分区分压给水方式

(1) 建筑的低层充分利用室外给水管网水压的给水方式

对于多层建筑或高层建筑，室外给水管网水压往往只能满足建筑下部几层的需求，为充分有效地利用室外给水管网的水压，常常将建筑物分成高低两个供水区，低区直接给水的分区给水方式如图 1-6 所示。

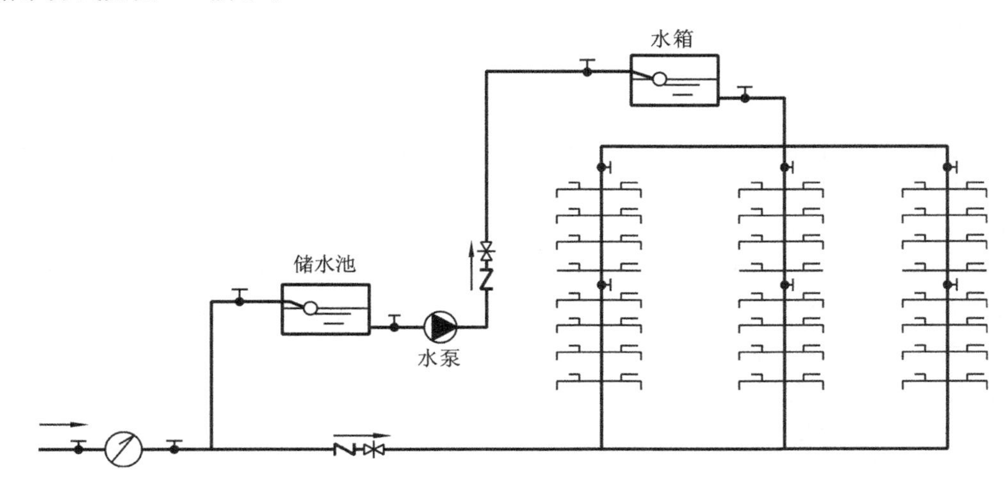

图 1-6　低区直接给水的分区给水方式

低区由室外给水管网直接给水，高区则采用设升压和储水设备的给水方式给水，并可将两区的立管相连，在分区处设阀门。这样低区进水管发生故障或外网压力不足时，打开阀门由高区向低区供水；或者当室外给水管网压力较大时，升压设备停止工作，由室外给水管网直接向高区供水。

(2) 高层建筑的竖向分区给水方式

对于高层建筑，由于层多、楼高，为避免低层管道中静水压力过大，造成管道漏水，甚至损坏管道、附件等弊病，其给水系统须采用竖向分区的给水方式。

1.2　室内外排水

建筑内部排水系统的主要任务是排除建筑内卫生洁具等所排出的生活污水或生产设备(器具)所排出的生产污(废)水，在排除生活污水或生产污(废)水的同时，防止其中产生的有害污染物进入建筑内，还要为污(废)水的综合处理和回用提供有利条件。

住宅建筑和公共建筑产生的生活污水主要来自粪便冲洗及淋浴、盥洗、洗涤的排水，含有机物、无机物、泥沙等污物。工业建筑排除的生活污水和生产污(废)水的比例、水质随产品、规模、原料和工艺不同而不同，为保护环境和合理利用水资源，其处理方法也均有差别。

1. 排水系统的分类

按所排除污水的性质，建筑排水系统可作如下分类。

① 生活污水系统。排除人们日常生活中所产生的洗涤污水和粪便污水等。此类污水多含有有机物及细菌。

② 生产污(废)水系统。排除生产过程中所产生的污(废)水。因生产工艺种类繁多，所以生产污水的成分很复杂：有些生产污水被有机物污染，并带有大量细菌；有些含有大量固体杂质或油脂；有些具有较强的酸、碱性；有些含有氰、铬等有毒元素。对于仅含少量无机杂质而不含有毒物质或是仅升高了水温的生产废水(如一般冷却用水、空调制冷用水等)，经简单处理就可循环或重复使用。

③ 雨水系统。排除屋面雨水和融化的雪水。

根据生活污水水质和中水原水的利用情况，居住、公共建筑内排水系统可分为合流制和分流制两种。

① 合流制。把生活污水和生产污(废)水系统中的冲厕水、厨房洗涤后的水、盥洗淋浴后和其他使用后的水用同一管道系统一起排出室外的系统称合流制，它可集中排放至室外，也可集中处理后排放或再利用。

② 分流制。由于各种经使用后的水的水质不同，如果要求回收利用，可将其中优质杂排水(常指淋浴、洗涤后的排放水)、杂排水(如厨房洗涤水)或生活污水(含有粪便污水)分别排放，或者不同水质的污(废)水采取不同的管道系统排放，以便于处理和回收利用。

2. 室内排水系统的组成

不论是分流还是合流的生活污水系统和生产污(废)水系统，均具备以下基本组成部分。

(1) 卫生器具或生产设备的受水器

这类设备是室内排水系统的起点，污、废水从器具排水栓经器具内的水封装置或与器具排水管连接的存水弯流入横支管。常见的卫生器具有坐便器、洗脸盆、浴盆、洗涤盆等。

(2) 管道系统

该系统由横支管、立管、横干管和排出管组成。其中排出管是自横干管与末端立管的连接点至室外检查井之间的连接管段。

(3) 通气管系统

该系统使室内外排水管道与大气相通，其作用是将排水管道中散发的有害气体排到大气中去，使管道内常有新鲜空气流通，以减轻管内废气对管壁的腐蚀，同时使管道内的压力与大气取得平衡，减小管内气压变化幅度，防止水封破坏。

一般的低层或多层建筑在排水横支管不长、卫生器具不多的条件下，可采取将排水立管延伸出屋面的通气措施。从最高层立管检查口至伸出屋面立管管口的管段称伸顶通气管。其管口伸出屋面的高度应在 0.3 m 以上(屋顶有隔热层时，应从隔热层板面算起)，并大于当地最大积雪厚度，以防积雪覆盖；其周围 4 m 以内有门窗时，应高出该门窗顶 0.6 m 或引向无门窗一侧；在经常有人停留的平屋面上，要高出屋面 2 m，并应根据防雷要求考虑设置防雷装置，伸顶通气管不宜设在建筑物挑出部(如屋檐檐口、阳台和雨棚等处)的下面，以避免管内臭气积聚并进入室内，影响室内的环境。

对层数较多或卫生器具数量较多的建筑，因为卫生器具同时排水的概率较大，所以管内压力波动大，只设伸顶通气管已不能满足稳定管内压力的要求，必须增设专门用于通气的管道，如与排水立管相接的专用通气立管，与排水横管相接的环形通气管；与环形通气管和排水立管相连的主通气立管，与环形通气管相连的副通气立管，前者靠近排水立管设置，后者与排水立管分开设置；与排水立管和通气立管相连的结合通气管和与卫生器具排水管的器具通气管等。各种专用通气管的设置应符合图1-7的要求。通气管与排水管相连，但不能接纳各类污、废水和雨水，这类通气管仅起加强管道气流畅通、减小管内压力波动、防止水封破坏的作用。

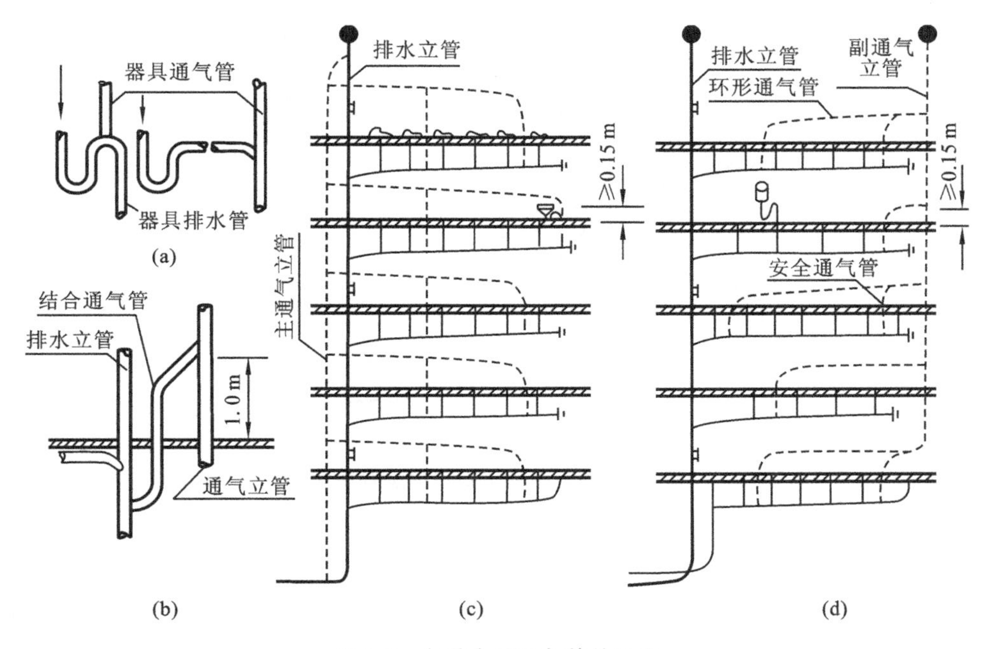

图1-7 各种专用通气管的设置

(a)器具通气管；(b)结合通气管；(c)排水、通气立管同边设置；(d)排水、通气立管分开设置

(4) 清通设备

清通设备主要有检查口、清扫口和检查井等，用于检查、清通管道内的堵塞物。

① 检查口。设在排水立管上及较长的水平管段上，为一带有螺栓盖板的短管，清通时将盖板打开。其装设规定为立管上除建筑最高层及最低层必须设置外，可每隔2层设置一个，若为2层建筑，可在底层设置。检查口的设置高度一般距地面1 m，并应高于该层卫生器具上边缘0.15 m。

② 清扫口。当悬吊在楼板下面的污水横管上有2个及2个以上的大便器或3个及3个以上的卫生器具时，应在横管的起端设置清扫口。也可采用带螺栓盖板的弯头、带堵头的三通配件作清扫口。

③ 检查井。对于不散发有害气体或大量蒸汽的工业废水的排水管道，可在建筑物内的管道转弯、变径处和坡度改变及连接支管处设检查井。在直线管段上，排除生产废水时，检查井的距离不宜大于30 m；排除生产污水时，检查井的距离不宜大于20 m。对于生活污水排水管道，在建筑物内不宜设检查井。

检查口、清扫口和检查井的设置应满足规定，在排水立管、横管和排出管上设置检查口、清扫口时可按图1-8进行设置。

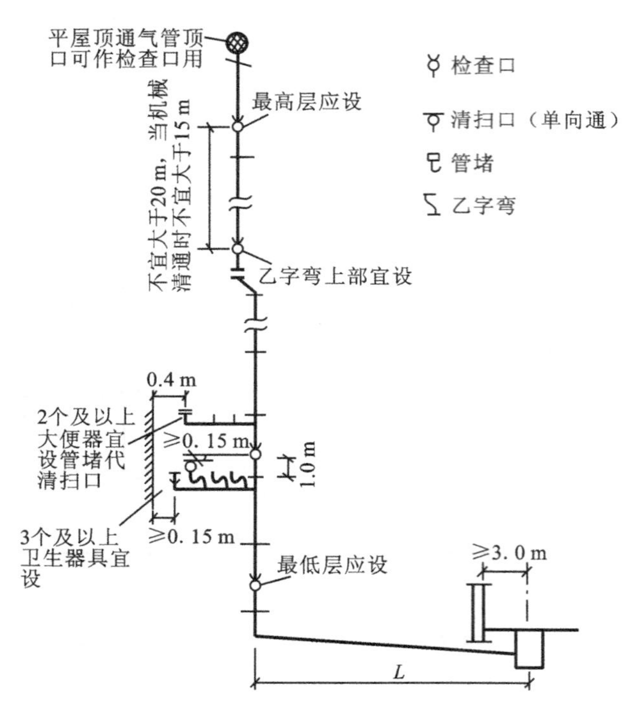

图 1-8　检查口和清扫口的设置规定

（5）污水抽升设备

在工业与民用建筑的地下室、人防地道和地下铁道等地下建筑物中，卫生器具的污水不能自流排至室外排水管道时，须设水泵和集水池等局部抽升设备，将污水抽送到室外排水管道中去，以保证生产的正常进行和保护环境卫生。

1.3　建筑给水管材、管件及附件

1.3.1　室内给水常用管材

室内冷水和热水供应最常用的管材有钢管、铸铁管、塑料管等。管材的使用应符合以下规定。

① 生产和消火栓系统给水管道，一般采用钢管、给水铸铁管或塑料管。当管径小于或等于 150 mm 时，应采用镀锌钢管；当管径大于 150 mm 时，可采用非镀锌钢管或给水铸铁管。

② 对于生活给水管，当管径小于或等于 150 mm 时，应采用给水塑料管；当管径大于 150 mm 时，应采用给水铸铁管。生活给水管埋地敷设时，若管径大于 75 mm，宜采用给水铸铁管。

③ 大便器、小便器、大便槽的冲水管，宜采用给水塑料管。

④ 根据水质要求和建筑物使用要求等，生活给水管可采用铜管、塑料管、铝塑复合管或钢塑复合管等管材。

⑤ 热水管管径小于或等于150 mm时，应采用镀锌钢管。宾馆、高级住宅、别墅等建筑中宜采用铜管、聚丁烯管或铝塑复合管。

根据以上规定，建筑内常用的管材有金属管、非金属管及复合管等。目前常用的金属管主要有钢管、铸铁管、铜管、不锈钢管等。

1.3.2 给水管道附件

给水管道附件是对安装在管道及设备上的启闭及调节装置的总称，一般分为配水附件和控制附件两大类。

1. 配水附件

配水附件是指装在给水支管末端，供卫生器具或用水点放水用的各式配水龙头，用以调节和分配水流，如普通的皮带式配水龙头、截止阀式配水龙头、旋塞式配水龙头、混合水龙头，如图1-9所示。此外，还有许多根据特殊用途制成的水龙头，如用于化验室的鹅颈水龙头、用于医院的肘式水龙头以及小便斗水龙头等。

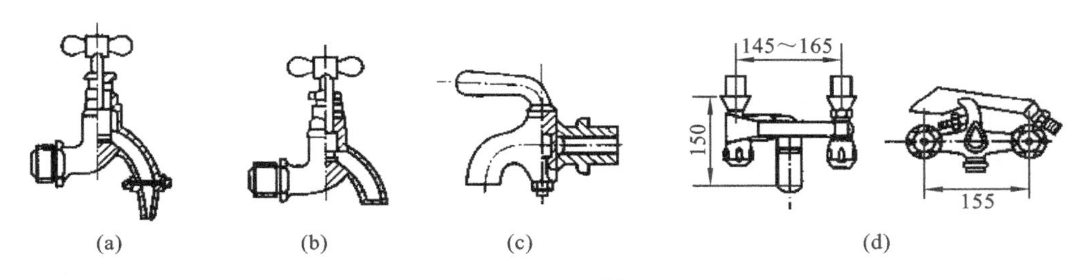

图1-9 配水附件(单位:mm)

(a)皮带式配水龙头;(b)截止阀式配水龙头;(c)旋塞式配水龙头;(d)混合水龙头

2. 控制附件

(1) 截止阀

截止阀是一种可以开启和关闭水流但不能调节水量的阀门，如图1-10(a)所示，此阀门关闭严密，但水流阻力较大，用于管径小于或等于50 mm和经常启闭的管段上。安装时应注意方向，使水流低进高出，防止装反。

(2) 闸阀

闸阀用来开启和关闭管道的水流，也可以用来调节水流，见图1-10(b)。此阀门全开时水流呈直线通过，阻力小；但水中有杂质落入阀座后，会使阀门不能严密关闭，因而易漏水。

截止阀适用于口径小于或等于50 mm的管段上或经常启闭的管段上；管径大于50 mm时，宜用闸阀，在双向流动的管段上应采用闸阀。

(3) 止回阀

止回阀用来阻止水流的反向流动，有两种类型：升降式止回阀，见图1-10(c)、图1-10(d)，装于水平管道上，水头损失较大，只适用于小管径管道；旋启式止回阀，见图1-10(e)，一般水平、垂直管道上均可安装。

以上两种止回阀的安装都有方向性。阀板或阀芯启闭既要与水流方向一致，又要在重力作用下能自行关闭，以防止常开不闭的状态。

(4) 浮球阀

浮球阀是一种可以自动进水、自动关闭的阀门，多装在水箱或水池内，见图 1-10(f)。当水箱充水到既定水位时，浮球随水位浮起，进水口关闭；当水位下降时，浮球下落，进水口开启，于是自动向水箱充水。浮球阀口径为 15～100 mm。

(5) 减压阀

减压阀的作用是调节管段的压力。采用减压阀可以简化给水系统，因此在高层建筑和消防给水系统中它的应用较广泛。

(6) 安全阀

安全阀是一种保安器材，见图 1-10(g)、图 1-10(h)，为了避免管网和其他设备中压力超过规定的范围而使管网、器具或密闭水箱受到破坏，须装此阀。

(7) 旋塞阀

旋塞阀是用带通孔的塞体作为启闭件，通过塞体与阀杆的转动实现启闭动作的阀门，见图 1-10(i)。旋塞阀结构简单，启闭迅速，流体阻力小，作为历史上最早被人们采用的阀门之一，它没被球阀等形式的阀门所代替，近年来反而在市场上呈现越来越火的趋势。

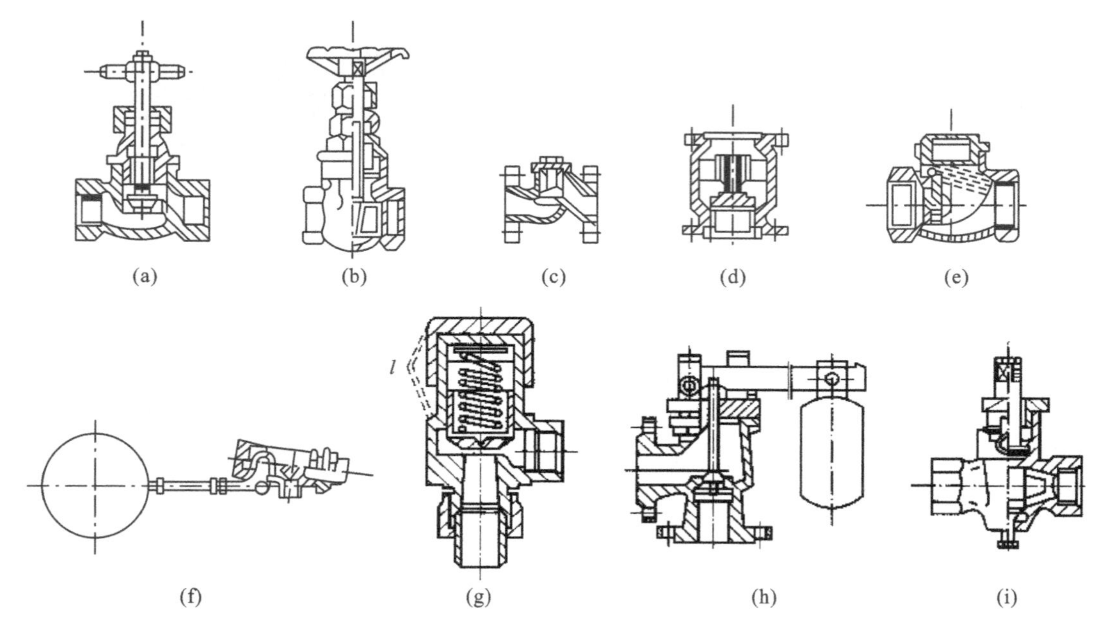

图 1-10　控制附件

(a)截止阀；(b)闸阀；(c)升降止回阀；(d)立式升降止回阀；(e)旋启式止回阀；(f)浮球阀；(g)弹簧式安全阀；(h)单杠杆微启式安全阀；(i)旋塞阀

1.3.3　水表

水表用以计量建筑物内的用水量。室内给水系统中，广泛采用流速式水表，它是根据管径一定时水流速度与流量成正比的原理制作的。水流通过水表推动叶轮旋转，流速大，叶轮旋转快，旋转次数经轮轴联动齿轮传递到记录装置，在计量表盘上便可读到流量累计值。流速式水表按计数机件浸在水中或与水隔离，分为湿式水表和干式水表：湿式水表构造简单，计量准确，但对水质要求高，如果水中含有杂质，会降低水表精度；干式水表精度较低，但计数机件不受水中杂质影响。流速式水表按翼轮构造不同可分为两类：① 叶轮转轴与水流方向垂直的旋翼式水表，见图1-11(a)，旋翼式水表由旋转轴、叶片、齿轮组和表盘四部分组成，其水流阻力较大，始动流量和计量范围较小，适用于用水量及逐时变化幅度小的用户；② 叶轮转轴与水流方向平行的螺翼式水表，见图1-11(b)，其水流阻力小，水表口径大，始动流量及计量范围较大，适合于用水量较大的用户。

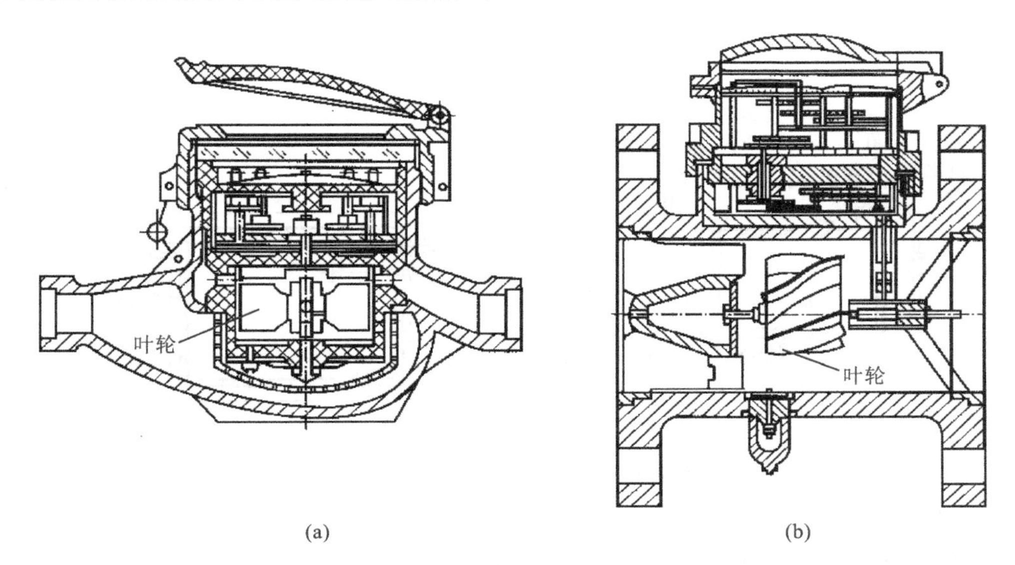

图1-11　流速式水表

(a)旋翼式水表；(b)螺翼式水表

1.3.4　水箱

根据水箱的用途不同，有高位水箱、减压水箱、冲洗水箱、断流水箱等多种类别。其形状通常为圆形或矩形，特殊情况下也可设计成任意形状。其制作材料有钢板、钢筋混凝土、塑料和玻璃钢等。

1. 水箱的容积

水箱的有效容积应根据调节水量、生活和消防储备水量确定。调节水量应根据用水量与流入量的变化曲线确定，如无资料，可估算。当水泵为自动开关时，不得小于日用水量的5%；当水泵为人工开关时，不得小于日用水量的12%。仅在夜间进水的水箱，生活用水储备量按用水人数和用水定额确定。消防储备水量一般取10 min的消防用水量，为避免水箱容积过大，根据建筑防火规范规定，一类公共建筑不小于18 m^3，二类公共建筑和一类居住建筑不小于12 m^3，二类居住建筑不小于6 m^3。消防储备水量在平时不得被动用。

2. 高位水箱的设置高度

高位水箱的设置高度，应按最不利处的配水点所需水压计算确定。水箱出水管安装标高计算公式如下：

$$Z = Z_1 + H_2 + H_3 \tag{1-1}$$

式中：Z——水箱出水管安装标高(m)；

Z_1——最不利配水点标高(m)；

H_2——水箱供水到管网最不利配水点计算管路总水头损失(m)；

H_3——最不利配水点的流出水头(m)。

对于储存有消防用水的水箱，水箱安装高度难以满足顶部几层消防水压的要求时，须另行采取局部增压措施。

3. 水箱的配管

在水箱上，通常需要设置进水管、出水管、通气管、溢流管、泄水管、水位信号管等管道，如图 1-12 所示。

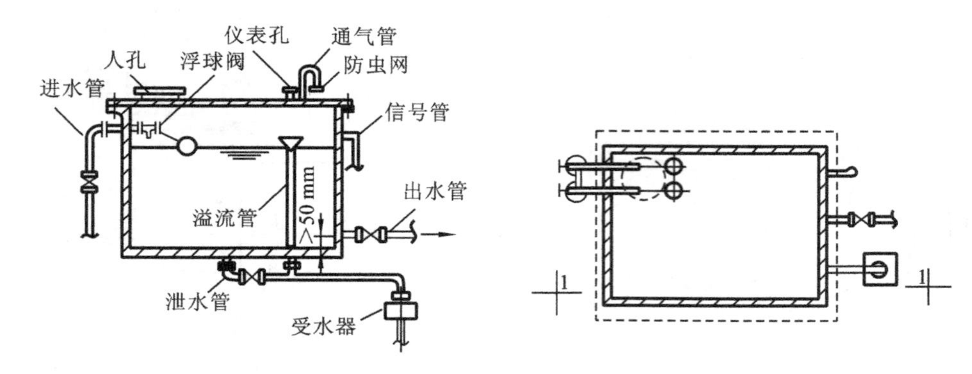

图 1-12 水箱配管、附件示意图

(1) 进水管

当水箱直接由室外给水管进水时，为防止溢流，进水管上应安装水位控制阀，如液压阀、浮球阀，并在进水端设检修用的阀门。若采用浮球阀，不宜少于两个，且因液压阀体积小，应优先采用。进水管入口距水箱盖的距离，应满足装设阀门的要求。当水箱由水泵供水，并采用控制水泵起闭的自动装置时，不需设水位控制阀。进水管管径可按水泵出水量或管网设计秒流量计算确定。

(2) 出水管

出水管由水箱侧壁接出时，其管底至箱底的距离应大于 50 mm，由箱底接出时，其管顶入水口距箱底的距离也应大于 50 mm，以防沉淀物进入配水管网。其管径按设计秒流量确定。

(3) 通气管

通气管设在水箱的密闭箱盖上，管上不设阀门，管口朝下，并设防止灰尘、昆虫进入的滤网。

(4) 溢流管

溢流管口应设在水箱最高设计水位以上 50 mm 处，管径应按水箱最大流入量确定，一般应比进水管大一级，溢流管上不允许设阀门，为防止水质污染，溢流管出口应设置网罩，且不得与排水管直接相连接。

(5) 泄水管

泄水管从箱底接出，管上应设阀门，管径为 40～50 mm，用以检修或清洗时泄水，可与溢流管连接后用同一管道排水，但不得与排水管道直接相连接。

(6) 水位信号管

安装在水箱壁溢流管口以下 10 mm 处，另一端须引至值班人员房间的洗脸盆、洗涤盆处，其管径以 15～20 mm 为宜。若采用电信号报警，可不设水位信号管。

1.3.5　储水池

储水池用作调节和储备室内生活及消防用水量。当城市管网的流量满足不了室内最大小时流量或设计秒流量时，或者室内用水用于消防，设计规范要求储备一定水量时，均应设置储水池。储水池可设于建筑内底层或室外的水泵房附近。储水池的有效容积与水源供水能力、室内用水情况有关，其有效容积应根据生活(生产)调节水量、消防储备水量和生产事故备用水量确定。

1.3.6　管道的防腐、防冻、防结露及防噪声

要使给水管道系统能在较长年限内正常工作，除在日常加强维护管理外，在设计和施工过程中也需要采取防腐、防冻、防结露和防噪声措施。

1. 管道防腐

无论是明装或是暗装的管道，除镀锌钢管、给水塑料管外，都必须做防腐处理。最常用的是刷油法，把管道外壁除锈打磨干净，露出金属光泽并使之干燥，明装管道刷防锈漆(如红丹漆)两道，然后刷面漆(如银粉)两道。如果管道需要标志时，可再刷调和漆或铅油，管道颜色应与房间装修要求相适应。暗装管道除锈后，刷防锈漆两道，可不涂刷面漆。埋地钢管除锈后刷冷底子油两道，再刷热沥青两道。对于埋地铸铁管，如果管材出厂时未涂油，敷设前应在管外壁涂沥青两道防腐，明露部分可刷防锈漆两道和银粉两道。

2. 管道保温防冻

设置在室内温度低于零摄氏度地点的给水管道，如敷设在不采暖房间的管道，以及安装在受室外冷空气影响的门厅、过道等处的管道，应考虑防冻问题。管道安装完毕，经水压试验和管道外表面除锈并刷防锈漆后，应采取相应的保温防冻措施。常用的保温方法有如下几种。

① 管道外包棉毡(包括岩棉、超细玻璃棉、玻璃纤维和矿渣棉毡等)保温层，再外包玻璃丝布保护层，表面涂调和漆。

② 管道用保温瓦(由泡沫混凝土、石棉硅藻土、膨胀蛭石、泡沫塑料、岩棉、超细玻璃棉、玻璃纤维、矿渣棉和水泥珍珠岩等制成)做保温层，外做玻璃丝布保护层，表面刷调和漆。

3. 管道防结露

在环境温度较高、空气湿度较大的房间(如采暖的卫生间、厨房、洗衣房和某些生产车间等)或在夏季，当管道内水温低于室温时，管道和设备表面可能产生凝结水，从而引起管道和设备的腐蚀，影响使用及环境卫生。因此，必须采取防结露措施，即做防潮绝缘层，具体做法一般与保温相同。

4. 防噪声

管道或设备在使用过程中常会发出噪声，噪声能沿着建筑物结构或管道传播。噪声的来源有很多方面，如器材的损坏，在某些地方(阀门、止回阀等)产生机械的敲击声；管道中水的流速太高，通过阀门以及管径突变或流速急变处，可能产生噪声；水泵工作时发出的噪声；

由于管中压力大、流速高引起水锤发出噪声等。为了防止噪声的发出，就要求建筑设计严格按照规范，使水泵房、卫生间不靠近卧室及其他需要保持安静的房间，必要时可做隔音墙壁。布置管道时，应避免管道沿着卧室或与卧室相邻的墙壁敷设。提高水泵机组装配和安装的准确性，采用减振基础及安装隔振垫等，也能减弱和防止噪声的传播。另外，为了防止附件和设备产生噪声，应选用质量好的配件、器材及可曲挠橡胶接头等。安装管道及器材时可采取如图 1-13 所示的各种措施。

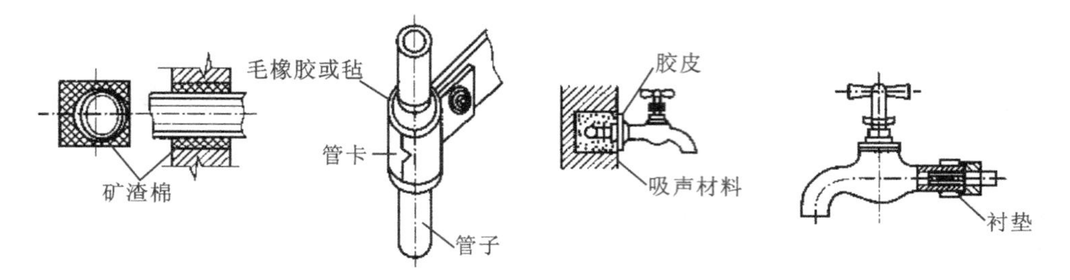

图 1-13 各种管道器材的防噪声措施

1.4 建筑给水用金属管材

1.4.1 钢管

钢管按制作方法可以分为焊接钢管、无缝钢管、卷板钢管等。钢管具有强度高、承受内压大、抗震性能好等优点，但耐腐蚀性能差、会污染水质。

1. 焊接钢管

焊接钢管也称焊管，是用钢板或钢带经过卷曲成型后焊接制成的钢管。焊接钢管生产工艺简单，生产效率高，品种规格多，设备资金少，但一般强度低于无缝钢管。20 世纪 30 年代以来，随着优质带钢连轧生产的迅速发展以及焊接和检验技术的进步，焊缝质量不断提高，焊接钢管的品种规格日益增多，并在越来越多的领域代替了无缝钢管。焊接钢管按焊缝的形式分为直缝焊管和螺旋焊管。它主要用于输送低压流体，包括管材和管件两部分。管材的规格、分类情况如下。

(1) 规格及材质

焊接钢管的规格主要为 $DN6$～$DN150$；材质一般以 Q195、Q215A、Q235A 等普通碳素钢经高频机械焊接(炉焊和电焊)而成，易于套螺纹、切割、锯割、焊接等。

(2) 输送介质

输送介质主要是工作压力和温度较低的介质，如水、煤气、空气、油和取暖蒸汽等。

(3) 分类

① 按表面质量分为镀锌钢管和非镀锌钢管。镀锌钢管又称白铁管，通常长度为 4～9 m，不宜焊接，按镀锌工艺有冷镀锌和热镀锌两种；非镀锌钢管又称黑铁管，通常长度为4～10 m，可以焊接。钢管的质量按 kg/m 计量，镀锌钢管质量比非镀锌钢管大 2.3%～6.4%，即质量系数为 1.023～1.064，一般公称直径越大，质量系数越小。从耐腐蚀能力看，热镀锌钢管＞冷镀锌钢管＞非镀锌钢管。输送对水质没有特殊要求的生产用水才允许采用非镀锌

钢管和冷镀锌钢管，消防给水系统的消防给水管应采用内外壁热镀锌钢管。建设主管部门已明令在城镇新建住宅中，禁止冷镀锌钢管用于室内给水管道，并根据当地实际情况逐步禁止使用热镀锌钢管。

② 按管壁厚度分为普通钢管和加厚钢管。普通钢管壁厚 2～4.5 mm，适用于输送 $PN \leqslant 1.0$ MPa 的介质；加厚钢管壁厚 2.5～5.5 mm，适用于输送 $PN \leqslant 1.6$ MPa 的介质。

③ 按管端形式分为带螺纹钢管和不带螺纹钢管。

(4) 管件

焊接钢管的螺纹连接件称为管件。其材质可选用可锻铸铁和软钢，有镀锌和非镀锌管件两种。根据管件的用途不同，管件可分为以下几类。

① 管道延长连接用，如管箍、外丝，见图 1-14。

图 1-14　管箍与外丝

② 管道分支连接用，如三通、四通，见图 1-15(a)。

③ 管道改变方向连接用，如弯头，见图 1-15(b)。

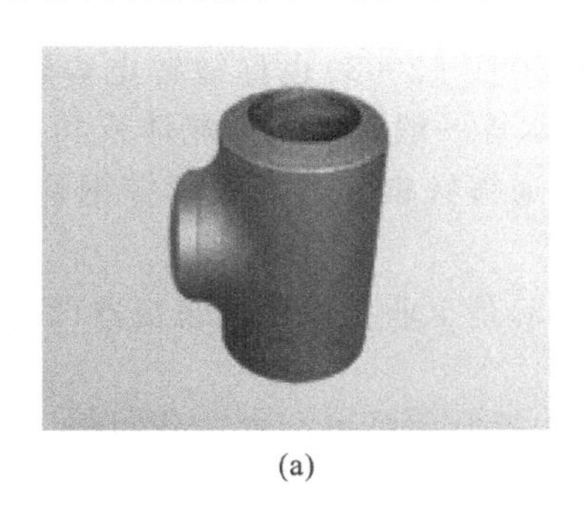
(a)

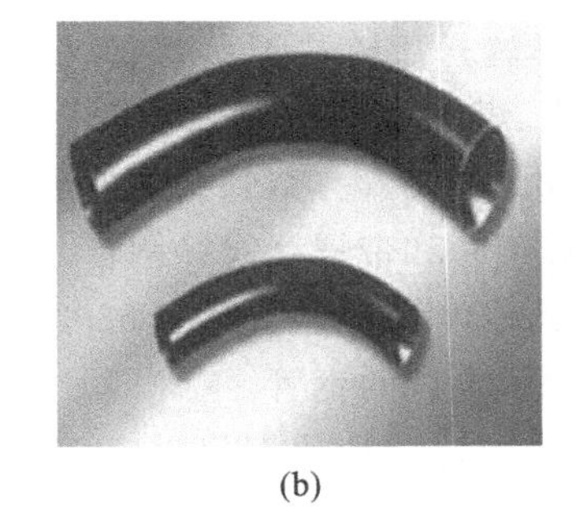
(b)

图 1-15　三通与弯头

(a)三通；(b)弯头

④ 管道碰头连接用，如活接头、长丝根母。

⑤ 管道变径连接用，如补心、异径管箍。

⑥ 管道堵口用，如丝堵。

(5) 工程上常用焊接钢管的类型

① 低压流体输送用焊接钢管(GB/T 3091—2008)也称一般焊管，俗称黑管。它是用于输送水、煤气、空气、油和取暖蒸汽等一般较低压力流体和其他用途的焊接钢管。钢管按壁厚分为普通钢管和加厚钢管，按管端形式分为不带螺纹钢管(光管)和带螺纹钢管。钢管的规格用公称口径(mm)表示(见表 1-1)，公称口径是内径的近似值，多数情况下用英寸表示。低压流体输送用焊接钢管除直接用于输送流体外，还大量用作低压流体输送用镀锌焊接钢管的原管。

表 1-1 钢管的公称口径与钢管的外径、壁厚对照表 单位:mm

公称口径	外径	壁厚	
		普通钢管	加厚钢管
6	10.2	2.0	2.5
8	13.5	2.5	2.8
10	17.2	2.5	2.8
15	21.3	2.8	3.5
20	26.9	2.8	3.5
25	33.7	3.2	4.0
32	42.4	3.5	4.0
40	48.3	3.5	4.5
50	60.3	3.8	4.5
65	76.1	4.0	4.5
80	88.9	4.0	5.0
100	114.3	4.0	5.0
125	139.7	4.0	5.5
150	168.3	4.5	6.0

注:表中的公称口径是近似内径的名义尺寸,不表示外径减去两个壁厚所得的内径。

② 低压流体输送用镀锌焊接钢管(GB/T 3091—2008)也称镀锌电焊钢管,俗称白管。它是用于输送水、煤气、空气、油及取暖蒸汽、暖水等一般较低压力流体或其他用途的热浸镀锌焊接(炉焊或电焊)钢管。钢管按壁厚分为普通镀锌钢管和加厚镀锌钢管,按管端形式分为不带螺纹镀锌钢管和带螺纹镀锌钢管。

③ 碳素结构钢电线套管(YB/T 5305—2008)是工业与民用建筑机器设备安装等电气安装工程中用于保护电线的钢管。

④ 直缝电焊钢管(GB/T 13793—2008)是焊缝与钢管纵向平行的钢管,通常分为公制电焊钢管、电焊薄壁管、变压器冷却油管等。

⑤ 承压流体输送用螺旋缝埋弧焊钢管(SY/T 5037—2012)是以热轧钢带卷作管坯,经常温螺旋成型,用双面埋弧焊法焊接,用于承压流体输送的螺旋缝钢管。钢管承压能力强,焊接性能好,经过各种严格的科学检验和测试,使用安全可靠。钢管口径大,输送效率高,并可节约铺设管线的投资,主要用于输送石油、天然气。

⑥ 承压流体输送用直缝高频焊钢管(SY/T 5038—2012)是以热轧钢带卷作管坯,经常温成型,采用高频搭接焊法焊接的,用于承压流体输送的直缝高频焊钢管。钢管承压能力强,塑性好,便于焊接和加工成型;经过各种严格的科学检验和测试,使用安全可靠,钢管口径大,输送效率高,并可节省铺设管线的投资,主要用于铺设输送石油、天然气等的管线。

⑦ 一般低压流体输送用螺旋缝埋弧焊钢管(SY/T 5037—2012)是以热轧钢带卷作管坯,经常温螺旋成型,采用双面自动埋弧焊或单面焊法制成的用于水、煤气、空气和蒸汽等一般低压流体输送的埋弧焊钢管。

⑧ 一般低压流体输送用直缝高频焊钢管(SY/T 5038—2012)是以热轧钢带卷作管坯,经常温成型,采用高频搭接焊法焊接,用于一般低压流体输送的直缝高频焊钢管。

⑨ 桩用螺旋焊缝钢管(SY/T 5040—2012)是以热轧钢带卷作管坯,经常温螺旋成型,然后采用双面埋弧焊接或高频焊接制成的,用于土木建筑结构、码头、桥梁等基础桩的钢管。

2. 无缝钢管

(1) 管材

① 材质:无缝钢管采用 10、20、Q235、Q345 牌号的钢经热轧和冷拔而成。

② 分类:无缝钢管按加工方法不同分为热轧无缝钢管和冷拔无缝钢管。热轧无缝钢管的公称直径 DN 为 32~630 mm,壁厚为 2.5~75 mm,通常长度为 3~12 m;冷拔无缝钢管的公称直径 DN 为 5~200 mm,壁厚为 0.25~14 mm,通常长度为 3~10 m。

③ 规格表示方法:无缝钢管的规格采用外径×壁厚表示,如 $\phi 76\times 3.5$。这是由于同一公称直径的无缝钢管的某些规格有两种外径。

(2) 管件

① 90°压制焊接弯头。采用优质碳素结构钢制作,适用于 $PN<4$ MPa、输送的介质温度低于 200 ℃的管道。

② 90°无缝冲压弯头。采用无缝钢管加热冲压而成,适用于 PN 为 4 MPa、6.4 MPa、10 MPa,输送的介质温度低于 200 ℃的管道。

③ 压制无缝异径管(无缝大小头)。采用无缝钢管拉制而成,常用公称压力为 4 MPa。

各种无缝钢管管件如图 1-16 所示。

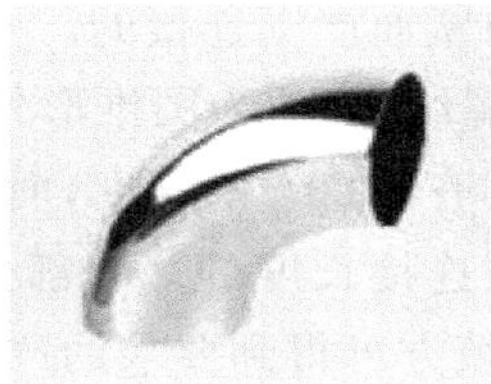

图 1-16 90°压制焊接弯头、90°无缝冲压弯头、压制无缝异径管

3. 卷板钢管

卷板钢管按焊缝的形式分为螺旋缝焊接钢管和直缝钢管。

(1) 螺旋缝焊接钢管

螺旋缝焊接钢管是以碳素结构钢或低合金钢等带钢卷板为原材料,经常温挤压成型,以自动双丝双面埋弧焊工艺螺旋卷制焊接而成的螺旋缝钢管。直缝焊管生产工艺简单,生产效率高,成本低,发展较快。螺旋缝焊管的强度一般比直缝焊管高,能用较窄的坯料生产管径较大的焊管,还可以用同样宽度的坯料生产管径不同的焊管。但是螺旋缝焊管与相同长度的直缝管相比,焊缝长度增加 30%~100%,而且生产效率较低。因此,较小口径的焊管大都采用直缝焊,大口径焊管则大多采用螺旋缝焊。

螺旋缝焊接钢管用外径×壁厚表示其规格,一般管径为 219~720 mm,壁厚为 6~10 mm,通常长度为 8~18 m,质量用 kg/m 表示。

螺旋缝焊接钢管主要用于暖通空调工程中,用于蒸汽、凝结水、热水、煤气、天然气输送等室外工程和长距离输送管道,工作压力不超过 1.6 MPa,介质温度不超过 200 ℃。

(2) 直缝钢管

直缝钢管是通过高频焊接机组将一定规格的长条形钢带卷成圆管状并将直缝焊接而成的钢管。钢管的形状可以是圆形的，也可以是方形或异形的，它取决于焊后的定径轧制。

直缝钢管的公称直径 DN 为 5～500 mm，壁厚为 0.5～12.7 mm。外径 ϕ<30 mm，通常长度为 2～6 m；外径 ϕ 为 30～70 mm，通常长度为 2～8 m；外径 ϕ>70 mm，通常长度为 2～10 m。

直缝钢管在暖通空调工程中，用于室外蒸汽、水、燃气管道中，公称压力不超过 1.6 MPa，介质温度不超过 200 ℃。

4. 钢管的连接

以上各类钢管按其品种、类型、管径不同可分别采用螺纹连接、焊接连接和法兰连接三种不同的连接方法。

(1) 螺纹连接

螺纹连接又叫丝扣连接，即将管端加工的外螺纹和管件的内螺纹紧密连接。它适用于所有白铁管的连接，以及较小直径、较低工作压力(如 1 MPa 以内)焊接钢管的连接和带螺纹的阀类及设备接管的连接。

① 管螺纹及其连接形式。用于管子连接的管螺纹为英制三角形右螺纹(正丝扣)，有圆锥形和圆柱形两种。管螺纹的连接形式有如下三种。

a. 圆柱形接圆柱形螺纹：管端外螺纹和管件内螺纹都是圆柱形螺纹的连接，如图 1-17 所示。这种连接在内外螺纹之间存在平行而均匀的间隙，是靠填料和管螺纹螺尾部分 1 扣或 2 扣拔有梢度的螺纹压紧而严密连接的。

b. 圆锥形接圆柱形螺纹：管端为圆锥形外螺纹，管件为圆柱形内螺纹的连接，如图 1-18 所示。由于管端外螺纹具有 1∶16 的锥度，而管件的内螺纹工作长度和高度都是相等的，故这种连接能使内外螺纹在连接长度的 2/3 部分有较好的严密性，整个螺纹的连接间隙明显偏大，尤应注意以填料充填方可得到要求的严密度。

c. 圆锥形接圆锥形螺纹：管子和管件的螺纹都是圆锥形螺纹的连接，如图 1-19 所示。这种连接内外螺纹面能密合接触，连接严密度最高，甚至可不加填料，在管螺纹上涂上铅油等润滑油即可拧紧。

图 1-17 圆柱形接圆柱形螺纹

图 1-18 圆锥形接圆柱形螺纹

图 1-19 圆锥形接圆锥形螺纹

② 螺纹连接的方法及填料。螺纹连接时，先在管端外螺纹上缠抹适量的填料，用手将管件拧上，再用适合于管径规格的管钳拧紧。操作时用力要均匀，只准进不准退，拧紧管件(或阀件)后，管螺纹应剩余有 2 扣螺纹，并将残留填料清理干净。螺纹连接的加力拧紧工具为管钳，常用的管钳有普通式(张开式)和链条式两种。

螺纹连接的填料对连接的严密性十分重要。填料的选用是根据管内介质的性质和工作温度确定的。一般管内介质温度在 120 ℃以下的热水、低压蒸汽和给水管道，可使用线麻(亚麻)

和白铅油作为填料，先将线麻从管端螺纹的第二扣丝开始，沿螺纹顺时针向后缠绕，直至丝头的终点，在缠绕的线麻表面均匀地抹上白铅油，即可拧上管件（俗称上零件）。当介质温度高于120 ℃时，则应改用石棉绳纤维和白铅油作填料，或在管螺纹上抹上白铅油即可。

某些工业管道严禁缠麻抹铅油，应根据设计要求采用不同填料。常用填料有如下几种。

a. 黄粉甘油调和物（氧化铅粉拌甘油）：适用于氧气、制冷、石油等管道。操作时将黄粉（一氧化铅）和有防水性能的甘油拌成糊状，涂在管螺纹上后立即装上管件，并须一次拧紧，不得松动倒退。这种调和物10 min后就会硬化报废，故应随用随调，用多少调配多少。

b. 聚四氟乙烯生料带：常用于煤气、氧气、乙炔管道及输送温度为－180～＋250 ℃的液体、气体及输送腐蚀性介质的管道上。操作时将其紧紧缠在管螺纹上即可，其优点是密封性好，使用简便干净，而且适用范围广泛。

c. 酒糟漆片泡制物：可按设计要求用于制冷管道等。酒精易挥发，也应随用随调制。

d. 四氟乙烯填料：按设计要求用于输送酸类介质的管道。

螺纹连接的质量取决于管螺纹的加工质量及拧紧力的适度。管螺纹加工的长度、锥度、表面光洁度、椭圆度必须符合要求，一切丝扣不圆整、烂牙、丝扣局部伤损、细丝、歪丝等缺陷均应在加工中予以消除。拧紧的加力应适度，操作应正规化（禁止在管钳的手柄上加套管施力、脚踏施力等），拧紧后剩余扣丝过多（超过2扣丝标准）或不剩余扣丝都是不允许的。

（2）焊接连接

焊接是管道安装工程中应用最为广泛的连接方法。焊接的主要工序为管子的切割、管口的处理（清理、铲坡口）、对口、点焊、管道平直度的校正、施焊（焊死）等。焊接由管道工和焊工合作完成，其各自的专业知识和操作技术水平、配合的默契程度，都直接影响焊接连接的质量和进度。

（3）法兰连接

法兰连接是管道通过连接件法兰及紧固件螺栓、螺母的紧固，压紧中间的法兰垫片而使管道连接起来的一种连接方法。法兰连接是可卸接头，常用于管道和设备的法兰阀门、法兰管件（盘式弯头、三通等）、法兰接口的连接等。法兰连接具有拆卸方便、连接强度高、严密性好等优点。

法兰有钢制和铸铁两大类，有圆形、方形、元宝形多种形状，以钢制圆法兰应用最为广泛。

最常用的法兰有如下几种。

① 丝扣法兰。一般为铸铁法兰，它和钢管的连接为螺纹连接，主要用于镀锌钢管与带法兰的附件连接。安装时，在加工好的管螺纹上缠麻抹铅油，将具有内螺纹的法兰拧紧即可。

② 平焊钢法兰。这是管道安装工程中应用最普遍的一种法兰。法兰与钢管的连接采用电焊焊接。

1.4.2 铸铁管

连续铸造铸铁管和离心铸造铸铁管是用两种不同的铸管工艺生产出来的铸铁管，就其产品质量和生产设备技术而言，后者比前者更为先进。离心铸造球墨铸铁管生产工艺有水冷金属型法、热模树脂砂法和热模涂料法。前一种工艺一般用于生产中小口径管，后两种工艺主要用于生产中大口径管。无论采用哪种生产工艺生产球墨铸铁管，都需要提供高温优质球墨铸铁铁液。

由于离心铸造球墨铸铁管铁液是在离心力作用下于高速旋转的管型中凝固成管，管体组织致密、缺陷少，管壁厚度容易控制，能够生产薄壁管，不像连续铸造铸铁管那样，铁液是在水冷结晶器中凝固成管，管体易产生组织疏松、气孔、夹杂、沟裂、冷隔和错位等缺陷，浇注速度又不能过快，难以生产薄壁管。

综上所述，离心铸造球墨铸铁管性能优良、用途广泛、质量上乘、施工简便、工艺先进、技术领先，必然得到推广应用和迅速发展。

按铸造方法不同，铸铁管分为连续铸铁管和离心铸铁管，其中离心铸铁管又分为砂型和金属型两种。按材质不同分为灰口铸铁管和球墨铸铁管。

目前，我国采用连续铸造工艺生产灰口铸铁管和铸态球墨铸铁管，采用离心铸造工艺生产灰口铸铁污水管和球墨铸铁管。材质和铸造工艺决定了铸铁管性能和质量的优劣。

1. 给水铸铁管及管件（承压管材）

给水铸铁管主要有砂型离心铸铁管、连续铸造灰口铸铁管、离心铸造球墨铸铁管三种。

（1）砂型离心铸铁管

砂型离心铸铁管按壁厚不同分为P级（低压管道）和G级（高压管道），其公称直径 *DN* 为 200～1000 mm，壁厚 *T* 为 8.8～22.6 mm，直部每米质量为 42.0～520.6 kg，主要应用于室外煤气管道工程，也可用于室外给水工程。其主要规格及水压试验见表1-2、表1-3。

表1-2　砂型离心铸铁管的壁厚和质量

公称直径 DN /mm	壁厚/mm T		内径/mm D_1		外径 D_2 /mm	有效长度/mm 5000 总质量/kg		有效长度/mm 6000 总质量/kg		承口凸部质量 /kg	插口凸部质量 /kg	直部每米质量 /kg	
	P级	G级	P级	G级		P级	G级	P级	G级			P级	G级
200	8.8	10.0	202.4	200	220.0	227.0	254.0	—	—	16.30	0.382	42.0	47.5
250	9.5	10.8	252.6	250	271.6	303.0	340.0	—	—	21.30	0.626	56.3	63.7
300	10.0	11.4	302.8	300	322.8	381.0	428.0	452.0	509.0	26.10	0.741	70.8	80.3
350	10.8	12.0	352.4	350	374.0	—	—	566.0	623.0	32.60	0.857	88.7	98.3
400	11.5	12.8	402.6	400	425.6	—	—	687.0	757.0	39.00	1.460	107.7	119.5
450	12.0	13.4	452.4	450	476.8	—	—	806.0	892.0	46.90	1.640	126.2	140.5
500	12.8	14.0	502.4	500	528.0	—	—	950.0	1030.0	52.70	1.810	149.2	162.8
600	14.2	15.6	602.4	599.6	630.8	—	—	1260.0	1370.0	68.80	2.160	198.0	217.1
700	15.5	17.1	702.0	698.8	733.0	—	—	1600.0	1750.0	86.00	2.510	251.6	276.9
800	16.8	18.5	802.6	799.0	836.0	—	—	1980.0	2160.0	109.00	2.860	311.3	342.1
900	18.2	20.2	902.9	899.0	939.0	—	—	2410.0	2630.0	136.00	3.210	379.1	415.7
1000	20.5	22.6	1000.0	955.8	1041.0	—	—	3020.0	3300.0	173.00	3.550	473.2	520.6

注：① 计算质量时，铸铁密度采用 7.20 g/cm³；

② 总质量＝直部每米质量×有效长度＋承插口凸部质量（计算结果四舍五入，保留三位有效数字）。

表1-3 砂型离心铸铁管的水压试验

直管种类	公称直径 DN/mm	试验压力/MPa
P级	≤450	2.00
	≥500	1.50
G级	≤450	2.50
	≥500	2.00

(2) 连续铸造灰口铸铁管

连续铸造灰口铸铁管按壁厚不同分为LA级、A级、B级：LA级为低压管道，公称压力 $PN \leqslant 0.45$ MPa；A级为中压管道，公称压力 $PN \leqslant 0.75$ MPa；B级为高压管道，公称压力 $PN \leqslant 1.0$ MPa。其主要规格：公称直径 DN 为75～1200 mm，壁厚 T 为9.0～31.0 mm，直部每米质量为17.1～852.0 kg，主要应用于室外给水管道工程，也可用于室外煤气管道工程。

(3) 离心铸造球墨铸铁管(球铁管)

用球墨铸铁铸造的管道称为球墨铸铁管。球墨铸铁管一般直径大，管壁厚，质地脆，强度低，价格便宜，是经济的供水管材，正常使用寿命为20～25年，见图1-20。

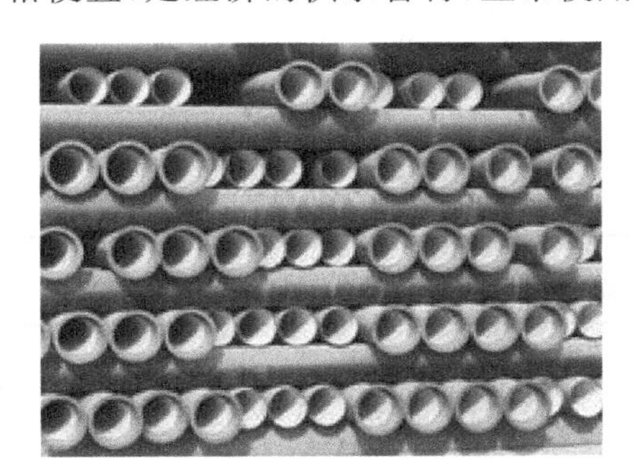

图1-20 球墨铸铁管

球铁管均采用柔性接口。按接口形式分为机械式、滑入式两类。机械接口形式又分为N1型、X型和S型三种，滑入式接口形式为T型。根据需方要求，亦可采用其他接口形式，接口形式应在合同中注明。机械式的不同形式接口的不同之处在于承插间隙的密封材料不同，见表1-4～表1-6。

表1-4 T型球铁管理论质量

公称直径 DN/mm	外径 DE/mm	壁厚 T/mm			承口凸部近似质量/kg	直部每米质量/kg			总质量/kg(标准工作长度600 mm)		
		k8	k9	k10		k8	k9	k10	k8	k9	k10
100	118	6.0	6.1		4.3	14.9	15.1		93.7	94.9	
150	170		6.3		7.1	21.8	22.8		138	144	
200	222		6.4		10.3	28.7	30.6		183	194	
250	274		6.8	7.5	14.2	35.6	40.2	44.3	228	255	280

续表

公称直径 DN/mm	外径 DE/mm	壁厚 T/mm			承口凸部近似质量/kg	直部每米质量/kg			总质量/kg(标准工作长度 600 mm)		
		k8	k9	k10		k8	k9	k10	k8	k9	k10
300	326	6.4	7.2	8.0	18.9	45.3	50.8	56.3	290	323	357
350	378	6.8	7.7	8.5	23.7	55.9	53.2	69.6	359	403	441
400	429	7.2	8.1	9.0	29.5	67.3	75.5	83.7	433	483	532
500	532	8.0	9.0	10	42.8	92.8	104.3	115.6	600	669	736
600	635	8.8	9.9	11	59.3	122	137.3	152	791	883	971
700	738	9.6	10.8	12	79.1	155	173.9	193	1009	1126	1237
800	842	10.4	11.7	13	102.6	192	215.2	239	1255	1394	1537
900	945	11.2	12.6	14	129.0	232	260.2	289	1521	1690	1863
1000	1048	12.0	13.5	15	161.3	275	309.3	343.2	1811	2017	2221
1200	1265	13.6	15.3	17	237.7	374	420.1	466.1	2482	2758	3034

表 1-5 N1 型球铁管理论质量

<table>
<tr><th rowspan="2">公称直径 DN/mm</th><th rowspan="2">外径 DE/mm</th><th colspan="3">壁厚 T/mm</th><th rowspan="2">承口凸部近似质量/kg</th><th colspan="3">直部每米质量/kg</th><th colspan="3">总质量/kg(标准工作长度 600 mm)</th></tr>
<tr><th>k8</th><th>k9</th><th>k10</th><th>k8</th><th>k9</th><th>k10</th><th>k8</th><th>k9</th><th>k10</th></tr>
<tr><td>100</td><td>118</td><td rowspan="4">6.0</td><td colspan="2">6.1</td><td>10.1</td><td>14.9</td><td colspan="2">15.1</td><td>100</td><td colspan="2">101</td></tr>
<tr><td>150</td><td>169</td><td colspan="2">6.3</td><td>14.4</td><td>21.7</td><td colspan="2">22.7</td><td>145</td><td colspan="2">151</td></tr>
<tr><td>200</td><td>220</td><td colspan="2">6.4</td><td>17.6</td><td>28</td><td colspan="2">30.6</td><td>186</td><td colspan="2">201</td></tr>
<tr><td>250</td><td>271.6</td><td>6.8</td><td>7.5</td><td>26.9</td><td>35.3</td><td>40.2</td><td>43.9</td><td>239</td><td>268</td><td>290</td></tr>
<tr><td>300</td><td>322.8</td><td>6.4</td><td>7.2</td><td>8.0</td><td>33</td><td>44.8</td><td>50.8</td><td>55.74</td><td>302</td><td>338</td><td>368</td></tr>
<tr><td>350</td><td>374</td><td>6.8</td><td>7.7</td><td>8.5</td><td>38.7</td><td>55.3</td><td>63.2</td><td>68.8</td><td>371</td><td>418</td><td>452</td></tr>
<tr><td>400</td><td>425.6</td><td>7.2</td><td>8.1</td><td>9.0</td><td>46.8</td><td>66.7</td><td>75.5</td><td>83</td><td>447</td><td>500</td><td>545</td></tr>
<tr><td>500</td><td>528</td><td>8.0</td><td>9.0</td><td>10.0</td><td>64</td><td>92</td><td>104.3</td><td>114.7</td><td>616</td><td>690</td><td>752</td></tr>
<tr><td>600</td><td>630.8</td><td>8.8</td><td>9.9</td><td>11.0</td><td>88</td><td>121</td><td>137.1</td><td>151</td><td>814</td><td>911</td><td>994</td></tr>
<tr><td>700</td><td>733</td><td>9.6</td><td>10.8</td><td>12.0</td><td>96</td><td>153.8</td><td>173.9</td><td>191.6</td><td>1021</td><td>1141</td><td>1246</td></tr>
</table>

表 1-6　S 型球铁管理论质量

<table>
<tr><th rowspan="2">公称直径 DN/mm</th><th rowspan="2">外径 DE/mm</th><th colspan="3">壁厚 T/mm</th><th rowspan="2">承口凸部近似质量/kg</th><th colspan="3">直部每米质量/kg</th><th colspan="3">总质量/kg(标准工作长度 600 mm)</th></tr>
<tr><th>k8</th><th>k9</th><th>k10</th><th>k8</th><th>k9</th><th>k10</th><th>k8</th><th>k9</th><th>k10</th></tr>
<tr><td>100</td><td>118</td><td rowspan="4">6.0</td><td colspan="2">6.1</td><td>8.96</td><td>14.9</td><td colspan="2">15.1</td><td>98.4</td><td colspan="2">99.7</td></tr>
<tr><td>150</td><td>169</td><td colspan="2">6.3</td><td>11.7</td><td>21.7</td><td colspan="2">22.7</td><td>142.4</td><td colspan="2">149.4</td></tr>
<tr><td>200</td><td>220</td><td colspan="2">6.4</td><td>17.8</td><td>28.0</td><td colspan="2">30.6</td><td>186</td><td colspan="2">201</td></tr>
<tr><td>250</td><td>271.6</td><td>6.8</td><td>7.5</td><td>21.8</td><td>35.3</td><td>40.2</td><td>43.9</td><td>234</td><td>263</td><td>285</td></tr>
<tr><td>300</td><td>322.8</td><td>6.4</td><td>7.2</td><td>8.0</td><td>27.5</td><td>44.8</td><td>50.8</td><td>55.74</td><td>296</td><td>332</td><td>362</td></tr>
<tr><td>350</td><td>374</td><td>6.8</td><td>7.7</td><td>8.5</td><td>33.48</td><td>55.3</td><td>63.2</td><td>68.8</td><td>366</td><td>413</td><td>447</td></tr>
<tr><td>400</td><td>425.6</td><td>7.2</td><td>8.1</td><td>9.0</td><td>40.39</td><td>66.7</td><td>75.5</td><td>83</td><td>440</td><td>493</td><td>539</td></tr>
<tr><td>500</td><td>528</td><td>8.0</td><td>9.0</td><td>10.0</td><td>50.4</td><td>92.0</td><td>104.3</td><td>114.7</td><td>603</td><td>676</td><td>739</td></tr>
<tr><td>600</td><td>630.8</td><td>8.8</td><td>9.9</td><td>11.0</td><td>65.18</td><td>121.0</td><td>137.1</td><td>151</td><td>791</td><td>888</td><td>971</td></tr>
<tr><td>700</td><td>733</td><td>9.6</td><td>10.8</td><td>12.0</td><td>85.41</td><td>153.8</td><td>173.9</td><td>191.6</td><td>1088</td><td>1129</td><td>1235</td></tr>
</table>

N1 型、S 型离心铸造球墨铸铁管的公称直径 *DN* 为 100～700 mm，壁厚 *T* 为 6～12.0 mm，直部每米质量为 14.9～191.6 kg；T 型公称直径 *DN* 为 100～1200 mm，壁厚 *T* 为 6～17 mm，直部每米质量为 14.9～466.1 kg。它们主要适用于输送水、煤气及其他流体。

(4) 给水铸铁管管件

① 承插连接铸铁管件。

② 法兰连接铸铁管件。

③ 柔性机械连接铸铁管件。

各型铸铁管件见图 1-21。

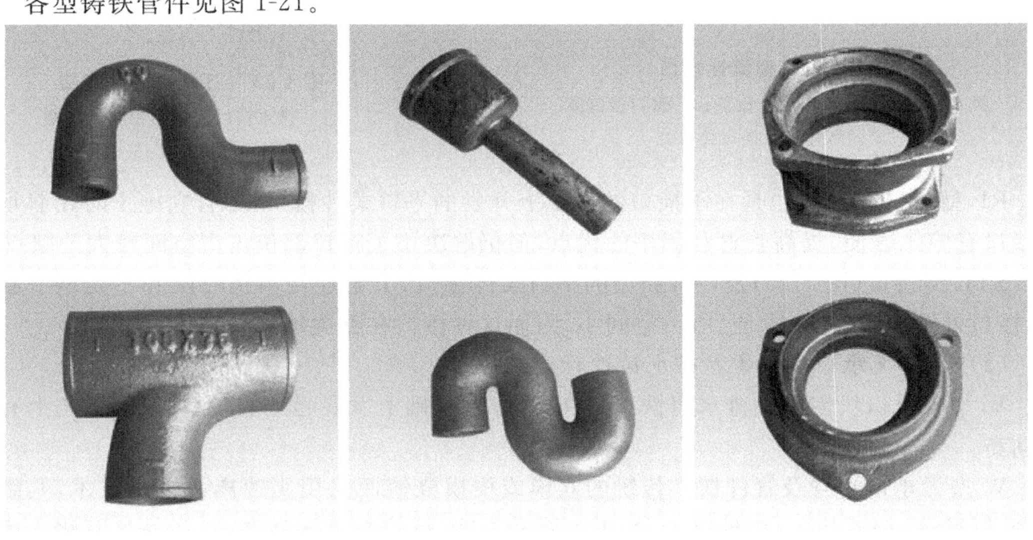

图 1-21　各型铸铁管件

2. 排水铸铁管及其管件

《排水用柔性接口铸铁管、管件及附件》(GB/T 12772—2008)中增加了目前国际上通用的无承口管箍式直管和管件，按其接口形式分为A型柔性接口和W型无承口管箍式两种，简称A型和W型。在欧美国家柔性接口铸铁管是排水管道的主要管材，其中最受欢迎的是W型无承口管箍式。与目前常用的排水管及接口相比较，W型无承口机制柔性排水铸铁管在结构、性能、安装、施工等方面有独到之处。

(1) 国内排水铸铁管接口现状

目前国内的排水铸铁管柔性抗震接口有多种类型：① RK型承插压盖式柔性接口；② RP型平口法兰式柔性接口；③ STL型平口节套式柔性接口；④ ZPR型承插伸缩管柔性接口。

RK型接口(图1-22)是国内首先问世的柔性接口，其可曲挠性和抗震性能良好，但实际工程中发现承插接头部位需要的安装空间较大且管体较笨重、耗用钢材多，尤其在高层建筑中难以被建设方接受。

ZPR型接口(图1-23)亦是一种承插式柔性接口，它由专用承插管和伸缩管两部分组成，其最大特点是管道与支架成为一体，保证了管道垂直安装时其重量由墙体承担且所占空间小，目前常用。

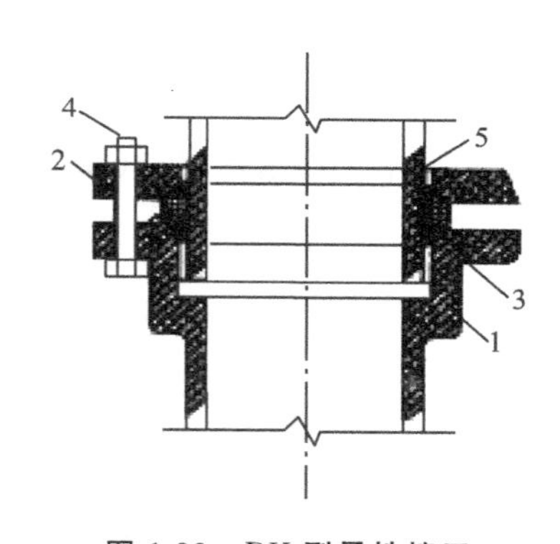

图1-22 RK型柔性接口

1—排水铸铁管承口；2—法兰压盖；3—密封橡胶圈；4—紧固螺栓；5—插口接口处

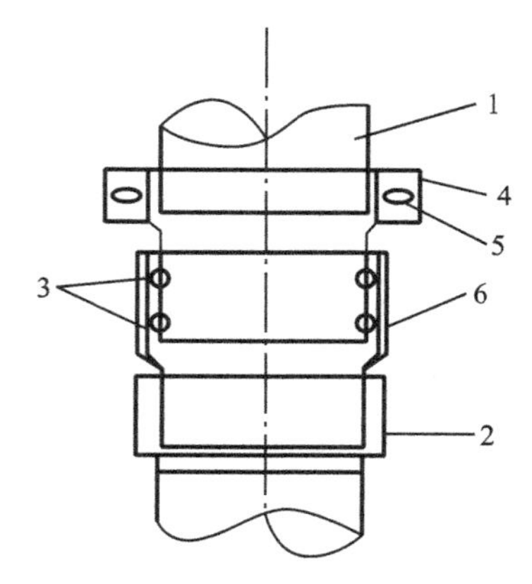

图1-23 ZPR型柔性接口

1、2—排水铸铁管；3—密封橡胶圈；4—支架；5—螺栓孔；6—伸缩圈

RP型接口(图1-24)是在承插口的基础上开发的平口柔性接口，尽管它施工时比起承插式接口有施工方便、提高管材利用率的优点，但仍解决不了接口部位占据空间较大的缺点。

STL型接口(图1-25)是一种新型的平口柔性接口，节套连接由橡胶圈和不锈钢节套组成，接口外部美观、施工方便、所占空间小，因而这种接口在欧美国家特别流行。

(2) W型无承口机制柔性排水铸铁管

W型无承口机制柔性排水铸铁管是在STL型基础上发展起来的新型管材，工艺上有很大创新。

W型无承口直管及管件摒弃传统的立模或横模浇铸而采用高速离心铸造技术，其组织致密、管壁薄、壁厚均匀、内外壁光滑、无沙眼和夹渣、抗拉与抗压强度高，产品具有化学成分稳定、耐腐蚀、防火无毒、符合消防安全环保要求、无噪声、不变形、使用寿命长的优点。直管

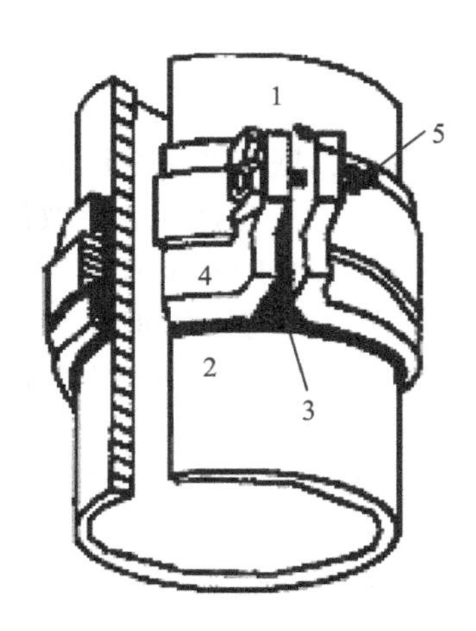

图 1-24 RP 型柔性接口

1,2—平口排水铸铁管;3—密封橡胶圈;
4—抱箍或半法兰;5—紧固螺栓

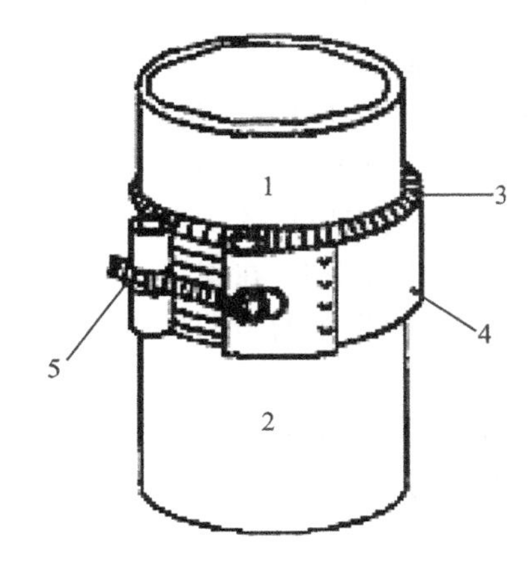

图 1-25 STL 型柔性接口

1,2—平口排水铸铁管;3—密封橡胶套;
4—不锈钢管箍;5—紧固螺栓

长度定为 3 m,大大减少了中间接头数量并可按照需要截取任意长度,从而大量节省管材,降低消耗及成本。W 型无承口管箍采用带肋不锈钢卡箍,内衬橡胶圈柔性连接,抗震性能高、密封性能好,允许在一定范围内摆动且不会渗漏。W 型无承口机制柔性排水铸铁管具有以下优点。

① 能满足建筑物竖向位移变形要求。高层建筑在风雪荷载、地基变形、温差、地震等各种因素的影响下会产生各种变形,其室内的排水管道必然随之产生相应的变形(如由于温差引起管道产生的轴向变形和地震引起的建筑物竖向变形)。根据试验,刚性接口管(包括绝大多数塑料管)的轴向位移大于 0.05 mm 时就可能产生开裂,导致渗漏,而这种柔性接口铸铁管只要轴向位移小于 35 mm 就不会开裂,更不会造成渗漏。

② 能满足建筑物较大水平位移变形要求。建筑物在水平风荷载及地震荷载作用下必然发生摆动,产生层间水平位移,室内的排水管道亦随之摆动(挠曲)。根据管道横向抗震挠曲模拟试验,刚性接口管的挠曲值为±1.2 mm 时开始漏水,而这种柔性接口铸铁管的横向振动挠曲值可达±(31.5～43.5)mm(日本标准为±30 mm)而管道不渗不漏。根据国家《高层建筑混凝土结构技术规程》(JGJ 3—2010)规定:正常使用下各种结构类型楼层间位移与层高之比最大限度值为 1/500,而以上容许挠曲值远大于这个限值。另外,根据我国有关管道抗震计算规范,柔性接口排水铸铁管用于 9 度抗震设防是安全的,而风荷载、地基变形、温差影响等引起的建筑物水平变形远小于地震产生的变形值,因此更能适应其他变形要求。

③ 强度高、噪声低、防火性能好、使用寿命长。如何解决塑料排水管噪声大的问题一直是一个研究课题,尽管已经采用螺旋线排水新技术,但塑料管的噪声消除效果仍不能与铸铁管的相比。另外,塑料管体强度低,特别是抗火灾性能差,一旦发生火灾,塑料管遇火塌陷,楼层间和左右邻居间很快串火,对消防极为不利。而柔性铸铁管的材料性能很好地克服了塑料管的这些缺点,因此得以迅速推广。

④ 施工安装方便。W 型无承口机制柔性排水铸铁管可同步施工、管材利用率高、便于管道清通(可减少立管检查口)并减少了水压试验次数,而且能缩短工期,从而提高经济效益。另外,这种型号的接口用螺栓在外侧紧固,避免了承插口柔性接口凸缘易碰坏、靠墙脚

的螺栓难以固定的缺陷，操作简便。

(3) 注意事项

采用平口连接对管材质量要求高，对排水铸铁管的外径椭圆度、壁厚及橡胶圈的物理性能都有较高的要求，因为平口的水密性能条件差，在直管运输中应注意对直管端口做保护处理。同时，对施工质量的要求主要是应严格执行操作工序：在直管安装时每根管接口处需用管箍固定在建筑物上；在安装接口时将卡箍放松到最大直径限位，先将不锈钢外套套入管道，然后将两根管子的两端分别对入橡胶套内，将不锈钢外套套在橡胶套外部拧牢即可获得满意效果。

3. 铸铁管的连接

根据铸铁给、排水管的管材和管件形式，连接方法分为法兰连接和承插连接两种。这里只介绍承插连接。

承插连接是将管子或管件的插口(俗称小头)插入承口(俗称喇叭头)，并在其插接的环形间隙内填以接口材料的连接方式。按接口材料不同，承插连接分为石棉水泥接口、水泥接口、自应力水泥砂浆接口、三合一水泥接口、青铅接口等。

承插连接的操作工序有对口、塞麻打麻(或打橡胶圈，直径大于等于 300 mm 管道的承插连接多用填塞橡胶圈代替填麻，胶圈内径为管子外径的 0.85 倍)、填灰打铅口(或填铅打铅口)、灰口的养护等几个主要工序。

1.4.3 铜管

铜管又称紫铜管，是有色金属管的一种，也是压制的和拉制的无缝管。其重量较轻，导热性好，低温强度高。铜管常用于制造换热设备(如冷凝器等)，也用于制氧设备中装配低温管路。直径小的铜管常用于输送有压力的液体(如润滑系统、油压系统等)和用作仪表的测压管等。

铜管因具有卫生杀菌、经久耐用、美观实用、易于安装、一流的性价比五大魅力，被世界公认为绿色环保金属。因此，在国外发达国家中建筑用铜管已广泛用于上下水管、热水管、燃气管、地暖管、空调管等。

铜管因具备坚固、耐腐蚀的特性，而成为现代承包商在做所有住宅商品房的自来水管道，供热、制冷管道安装时的首选。

1.5 建筑给水用非金属管材——塑料管

1.5.1 塑料及塑料管

1. 塑料的组成及特点

塑料是一种以合成树脂为主要成分，加入增塑剂、润滑剂、稳定剂及填料等制成的合成高分子材料。在一定的温度和压力下，塑料可以用模具成型制成具有一定形状和尺寸的塑料制品。当外力解除后仍能使形状保持不变。因此塑料有两个特点：一是它的主要成分是高分子合成树脂；二是在一定的温度条件下具有可塑性。复杂组分的塑料以树脂、填料、增塑剂为主要成分，另外还加入染料、润滑剂、促进剂等。

(1) 树脂

树脂有天然树脂、合成树脂、纤维树脂及醚类、沥青等。其作用是将塑料的其他组分加以黏合，并决定塑料的主要性能，如物理性能、力学性能、化学性能及电性能，塑料中的树脂含量为40%～100%。

(2) 填充剂(填料)

用作填充剂的物质一般有木粉、纤维、纸及棉屑、硅石、云母、硅藻土、石棉、玻璃纤维等。加入填充剂一般有两个目的：一是为了降低成本，在合成树脂中掺入一些廉价的填料，如碳酸钙等；二是为了改善塑料的某些性能，如硬度、刚度、抗冲击韧性、电性能、耐热性、抗蠕变性、抗加工收缩变形性等。其含量一般占20%～50%。

(3) 增塑剂

常用的增塑剂包括樟脑、邻苯二甲酸二甲酯、邻苯二甲酸二丁酯、邻苯二甲酸二辛酯、甘油三乙酸酯等。增塑剂要求无色、无毒，具有较低的挥发性并能与树脂混溶，还需要考虑它对光、热的稳定性，无渗出性，电绝缘性，抗化学腐蚀性及经济性等。增塑剂的主要作用是提高塑料的塑性、流动性、柔软性，降低其刚性和脆性，提高易加工性。

(4) 稳定剂

为了抑制和防止塑料在加工和使用过程中因受热、光及氧化等作用而分解变质，以使加工顺利并保证塑料制件具有一定的使用寿命，通常在塑料中加入稳定剂。常用的稳定剂有硬脂酸盐类、铅化合物及环氧化合物等。

(5) 染料

塑料中用的染料一般分为有机染料和无机染料，也可分为天然染料和人造染料，还可分为可溶性染料和不可溶性染料。染料应容易着色，与塑料中的其他组分不发生反应，成型加工过程中或成型后在空气中稳定不变。塑料中添加各种染料可增加塑料制件的美观度。

(6) 润滑剂

润滑剂对塑料表面起润滑作用，防止塑料在成型加工过程中黏附在模具上。同时，添加润滑剂还可以提高塑料的流动性，便于成型加工，并使塑料表面更加光滑。塑料中润滑剂加入量一般为0.5%～1.5%。

2. 塑料的分类

一般塑料在恒压下，根据受热温度的差别存在着三种状态，如图1-26所示，即玻璃态(温度低于玻璃化温度T_g)、高弹态(温度高于T_g，低于熔融温度T_f或T_m)和黏流态(也称塑化态，温度高于T_f或T_m，低于分解温度T_d)。温度再升高(高于T_d)，塑料开始因降聚或分解而变质。

按塑料受热后的表现，可以将塑料分为热塑性塑料和热固性塑料两大类。热塑性塑料是由可以多次反复加热而仍具有可塑性的合成树脂制得的塑料，热固性塑料是由加热硬化的合成树脂制得的塑料。热塑性塑料具有较好的塑性，固化成型后如再加热又可变软，可如此反复多次。热固性塑料加热初期具有一定的可塑性，软化后可制成各种形状的塑料制件，但过一段时间便会固化而失去可塑性，冷却后再加热也不会软化，再受高温即被分解破坏。

常见的热塑性塑料主要有聚乙烯(PE)、聚丙烯(PP)、聚苯乙烯(PS)、聚氯乙烯(PVC)、丙烯腈-丁二烯-苯乙烯(ABS)、聚甲基丙烯酸甲酯(有机玻璃)(PMMA)、聚酰胺(尼龙)

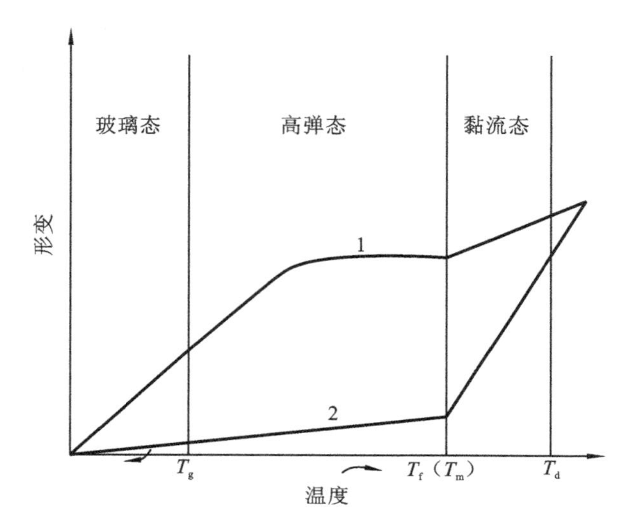

图 1-26　塑料的三种状态

(PA)、聚甲醛(POM)、聚碳酸酯(PC)、聚苯醚(PPO)、聚砜(PSF)、聚四氟乙烯(PTFE)、氯化聚醚(CPT)等。这类塑料可进行反复回收利用。

常见的热固性塑料有酚醛树脂、脲醛树脂、三聚氰胺甲醛树脂、不饱和聚酯树脂、呋喃树脂、聚硅醚、聚邻苯二甲酸二丙烯酯等。这类塑料有较高的耐热性和受压不变形性，但一旦毁坏便不能回收利用。

3. 塑料制件的优缺点

塑料有许多的优良特性，因此在各个领域中都得到广泛应用，已成为许多工业部门中不可缺少的工程材料；同时塑料某些性能的不足，使塑料的应用范围受到了一些限制。塑料制件的主要优缺点如下所示。

(1) 优点

① 制品质量轻。塑料的密度一般为 0.8～2.2 g/cm^3，只有铝的 1/2、钢的 1/5，有些工程塑料如聚丙烯等，比水还轻得多。

② 比强度高。强度与密度之比称为比强度，由于工程塑料比金属要轻得多，因此有些工程塑料的比强度比一般金属高得多，如玻璃纤维增强的环氧树脂，它的单位质量的抗拉强度比一般钢材高 2 倍左右。

③ 化学稳定性好。工程塑料对一般酸、碱、盐等化学药品均有良好的抗腐蚀能力，特别是聚四氟乙烯和氯化聚醚，有非常突出的抗腐蚀能力。最常用的耐腐蚀材料是硬质聚氯乙烯，它可以耐 90%的浓硫酸、各种浓度的盐酸以及碱液等，塑料的抗腐蚀性能是一般金属所无法比拟的。

④ 电气性能优良。工程塑料具有优良的绝缘性能，同时又有较高的机械强度。

⑤ 减摩及耐磨性能优良、自润滑性能好。塑料的摩擦系数小，很耐磨，作为减摩材料，可在各种液体存在的情况下，以及在半干摩擦甚至完全没有润滑的情况下有效地工作。

⑥ 减振和消声作用优良。工程塑料具有吸振和消声作用，可以大大减小各类噪声。

⑦ 成型加工方便。一般塑料都可以一次成型出复杂的塑料制件，并且重复成型精度较高。

⑧ 制品成本低。因塑料原料价格低廉，并且成型加工方便，因此塑料制件的生产成本较低。

（2）缺点

① 刚性差。工程塑料的刚性通常只有金属材料的几分之一甚至百分之一，因此在相同的负荷下，工程塑料比金属产生的变形大。

② 成型收缩率大。聚碳酸酯、ABS树脂等塑料的成型收缩率为0.4%～0.8%，而聚乙烯、聚甲醛、聚酰胺等的成型收缩率高达1.0%～3.6%，而且实际收缩率随着塑件厚度和成型条件等的变化而不同，因此塑料制件的精度较低，为了减小收缩率，一般加入增强材料如玻璃纤维等。

③ 耐热性差。工程塑料最多只能在100 ℃左右工作，少数耐热性工程塑料在空气中长期使用温度也只能为200～280 ℃，只有在短时间或间隙使用时才能达到500 ℃以上。

④ 尺寸稳定性差。热塑性工程塑料的线膨胀系数比金属大一个数量级，所以当温度变化时，塑料制件的尺寸不够稳定。

⑤ 有蠕变。在荷载作用下，工程塑料会慢慢发生塑性变形。

⑥ 散热性差。塑料的导热系数只有金属的1/600～1/200，散热性很差。

⑦ 易出现老化。塑料在长时间的使用过程中，由于受周围环境如光、氧气、热、辐射、湿气、雨雪、工业腐蚀气体和微生物等的作用，色泽改变，化学结构受到破坏，力学性能降低，变得脆而硬或软而黏。

4. 常用塑料

（1）聚乙烯(PE)

聚乙烯塑料是塑料工业中产量最大的品种，按聚合时采用的压力不同分为高压、中压、低压三种。我国聚乙烯的生产方法主要为高压法和低压法。

聚乙烯无毒、无味，呈乳白色，密度为0.91～0.96 g/cm^3，为结晶型塑料，有一定的机械强度，但和其他塑料相比，机械强度低，表面硬度差，聚乙烯的绝缘性能优异，常温下聚乙烯不溶于任何一种已知的溶剂，并耐稀硫酸、稀硝酸和任何浓度的其他酸以及各种浓度的碱、盐溶液。聚乙烯有高度的耐水性，长期与水接触其性能可保持不变。其透水、透气性能较差，但透氧气和二氧化碳以及许多有机物质蒸气的性能好，在热、光、氧气的作用下会产生老化和变脆。一般高压聚乙烯的使用温度在80 ℃左右，低压聚乙烯的为100 ℃左右。聚乙烯耐寒，在－60 ℃时仍有较好的机械性能，－70 ℃时仍有一定的柔软性。

聚乙烯塑料可用于制造各种电绝缘塑件，如化工用的耐腐蚀管道、薄膜、医疗瓶等，也可用作纺织机械上耐磨、耐冲击的零件，如齿轮、垫圈等。

（2）聚丙烯(PP)

聚丙烯是20世纪60年代开始发展起来的一种新型的热塑性塑料，现在已成为世界塑料工业生产中发展速度最快的品种。

聚丙烯无色、无味、无毒，外观似聚乙烯，但比聚乙烯更透明、更轻，密度仅为0.90～0.91 g/cm^3。它不吸水、光泽好、易着色。屈服、抗拉、抗压强度和硬度、弹性比聚乙烯好，聚丙烯耐热性好，能在100 ℃以上的温度下进行消毒灭菌，其低温使用温度达－15 ℃，低于－35 ℃时会发生脆裂。聚丙烯的高频绝缘性能好，因不吸水，绝缘性能不受湿度影响，但在氧、热、光的作用下极易解聚、老化，所以必须加入防老化剂。

聚丙烯可用于制作各种机械零件，如法兰、接头、汽车零件等，可用作水、蒸汽、各种酸碱介质等的输送管道，以及化工容器和其他设备的衬里、表面涂层等。

(3) 聚氯乙烯(PVC)

聚氯乙烯是世界上产量最大的塑料品种之一，其价格便宜，应用广泛。聚氯乙烯树脂为白色或浅黄色粉末。纯聚氯乙烯的密度为 1.4 g/cm^3。在聚氯乙烯树脂中加入适量的增塑剂，就可制成多种硬质、软质和透明制品，硬聚氯乙烯有较好的抗拉、抗弯、抗压和抗冲击性能，可单独用作结构材料；软聚氯乙烯柔软性、断裂伸长率、耐寒性增加，但脆性、硬度、拉伸强度降低。聚氯乙烯有较好的电气绝缘性能，可以用作低频绝缘材料。其化学稳定性也较好，但热稳定性较差，长时间加热会导致分解，其应用温度范围较窄，一般为 −15～55 ℃。

由于聚氯乙烯的化学稳定性较好，所以可用于防腐管道、管件、输油管、离心泵、鼓风机等，聚氯乙烯制成的硬板广泛应用于化学工业上，制作各种储槽的衬里，也用作建筑物的瓦楞板、门窗结构、墙壁装饰物等建筑用材。

(4) 聚苯乙烯(PS)

聚苯乙烯是仅次于聚氯乙烯和聚乙烯的第三大塑料品种。聚苯乙烯无色透明、无毒、无味，落地时发出清脆的金属声，密度为 1.054 g/cm^3。聚苯乙烯的力学性能与聚合方法、相对分子质量大小、定向度和杂质量有关。相对分子质量越大，机械强度越高。聚苯乙烯有优良的电性能，尤其是高频绝缘性能好。其具有一定的化学稳定性，能耐碱、硫酸、磷酸、10%～30%的盐酸、稀醋酸及其他有机酸，但不耐硝酸及氧化剂，对水、乙醇、汽油、植物油及各种盐溶液也有足够的抗腐蚀能力，能溶于苯、甲苯、四氯化碳、氯仿、酮类和酯类等。聚苯乙烯的着色性能优良，能染成各种鲜艳的色彩，但耐热性低，热变形温度一般在 70～98 ℃，只能在不高的温度下使用，质地硬而脆，有较高的热膨胀系数，因此限制了它在工程上的应用。近几十年来，发展了改性聚苯乙烯和以苯乙烯为基体的共聚物，在一定程度上克服了聚苯乙烯的缺点，又保留了聚苯乙烯的优点，从而扩大了它的用途。

聚苯乙烯在工业上可用于仪表外壳、灯罩、化学仪器零件、透明模型等，在电气方面可用作良好的绝缘材料、接线盒、电池盒等，在日用品方面可用作包装材料、各种容器、玩具等。

(5) 丙烯腈-丁二烯-苯乙烯共聚物(ABS)

ABS 由丙烯腈、丁二烯、苯乙烯共聚而成。这三种组分的各自特性，使 ABS 具有优良的综合力学性能，丙烯腈使 ABS 具有良好的耐化学腐蚀性能及表面硬度，丁二烯使 ABS 坚韧，苯乙烯使它有良好的加工性能和染色性能。

ABS 无毒、无味、呈微黄色，成型的塑料制件有较好的光泽，密度为 1.02～1.05 g/cm^3，ABS 有极好的抗冲击强度，并且在低温下也不会迅速下降。有良好的机械强度和一定的耐磨性、耐寒性、耐油性、耐水性、化学稳定性和电气性能，水、无机盐、碱、酸类对 ABS 几乎无影响。

ABS 塑料具有良好的综合性能，应用广泛。在机械工业中用来制造齿轮、泵、叶轮、轴承、管道及各类电气设备外壳等，其制件、片材、管材可使用于化工、石油和天然气工业，近年来，在汽车工业上应用发展也很快。ABS 是近年来兴起的新型建筑材料之一，是很好的非金属电镀材料，经过表面金属化处理的 ABS，常作为金属的代用品，如制作铭牌、装饰件等。

1.5.2　建筑用塑料管道

1. 概述

塑料管材在国外是使用量最多的一种塑料建材，几乎占全部塑料建材制品的 40%。国内在 20 世纪 60 年代开始使用塑料管材，最早用于化工、化纤等工业部门输送腐蚀性液体，少量在民用建筑的给排水系统中试用，20 世纪 70 年代开始用于农用喷灌管道，20 世纪 80 年代初，塑料管道的给排水系统正式为建筑部门所接受，并制定出完整的设计、生产、施工规范和方法。目前塑料管材已广泛应用于房屋建筑的给排水工程、排气和排污的卫生管、地下排水系统、农用灌溉水管、雨水管以及电线、电缆导管等。

各种塑料管道在建筑工程中之所以得到广泛应用，是由于它们与传统的铸铁管、石棉水泥管及钢管相比有下述优点。

① 质量轻。塑料管的密度只有钢、铁管材的 1/7，铝的 1/2。由于质量轻，因此施工时劳动强度大大降低。

② 安装方便。塑料的连接方法简单，如用溶剂黏结、承插连接、焊接连接等，故安装简便迅速。

③ 流体的阻力小。塑料管内壁光滑，不易结垢，在同样压力下塑料管的流量比铸铁管的高 30%，且不易阻塞。

④ 耐腐蚀性好。塑料管道可用来输送各种腐蚀性液体，如在硝酸吸收塔中使用硬质 PVC 管可 20 年仍无损坏现象。

⑤ 维修费用省。塑料管不锈不腐，无须上油漆，破损也易修补。

⑥ 装饰效果好。塑料可以着色，外表光洁、不易玷污，装饰效果好。

当然，塑料管也有它的缺点，由于实际中所用的塑料大部分为热塑性塑料，如 PVC、PE、PP 等，热塑性塑料的耐热性较差，因此不能用作热水供水管道，否则会引起管道变形、泄漏等问题。塑料管的冷热变形较大，因此在管道系统的设计中应考虑这一点。有些塑料管如硬质 PVC 的抗冲击性能等机械性能也不如铸铁管，因此在安装使用过程中要尽量避免敲击或挂搭重物。

2. 常用塑料管种类

在非金属管路中，应用最多的是塑料管。塑料管种类很多，分为热塑性塑料管和热固性塑料管两大类。属于热塑性的有聚氯乙烯管、聚乙烯管、聚丙烯管、聚甲醛管等，属于热固性的有酚醛塑料管等。塑料管的主要优点是耐腐蚀性能好、质量轻、成型方便、加工容易，缺点是强度较差、耐热性能差。其中以 PVC 管的产量最大，使用最为普遍，约占整个塑料管材使用量的 80%。

1.6　建筑给水用塑料管材

1.6.1　冷热水用聚丙烯(PP-R)管材

1. 名称及规格

冷热水用聚丙烯(PP-R)管材又称无规共聚聚丙烯(PP-R)管材，是以无规共聚聚丙烯

(PP-R)管材料为原料，经挤出成型的圆形横断面的管材。其外观颜色一般为灰色，管材的色泽基本一致。管材的内外表面光滑、平整，无凹陷、气泡和其他影响性能的表面缺陷。管材不含有可见杂质。管材断面切割平整，并与轴线垂直。

PP-R 管材按尺寸分为 S5、S4、S3.2、S2.5、S2 五个管系列。PP-R 管材规格用管系列 S、公称外径 d_n×公称壁厚 e_n 表示，见表 1-7。

表 1-7 PP-R 管材管系列和规格尺寸 单位：mm

公称外径 d_n	平均外径		管系列				
			S5	S4	S3.2	S2.5	S2
	$d_{em,min}$	$d_{em,max}$	公称壁厚 e_n 及允许偏差				
16	16.0	16.3	—	2.0 $^{+0.3}_{0}$	2.2 $^{+0.4}_{0}$	2.7 $^{+0.4}_{0}$	3.3 $^{+0.5}_{0}$
20	20.0	20.3	2.0 $^{+0.3}_{0}$	2.3 $^{+0.4}_{0}$	2.8 $^{+0.4}_{0}$	3.4 $^{+0.5}_{0}$	4.1 $^{+0.6}_{0}$
25	25.0	25.3	2.3 $^{+0.4}_{0}$	2.8 $^{+0.4}_{0}$	3.5 $^{+0.5}_{0}$	4.2 $^{+0.6}_{0}$	5.1 $^{+0.7}_{0}$
32	32.0	32.3	2.9 $^{+0.4}_{0}$	3.6 $^{+0.5}_{0}$	4.4 $^{+0.6}_{0}$	5.4 $^{+0.7}_{0}$	6.5 $^{+0.8}_{0}$
40	40.0	40.4	3.7 $^{+0.5}_{0}$	4.5 $^{+0.6}_{0}$	5.5 $^{+0.7}_{0}$	6.7 $^{+0.8}_{0}$	8.1 $^{+1.0}_{0}$
50	50.0	50.5	4.6 $^{+0.6}_{0}$	5.6 $^{+0.7}_{0}$	6.9 $^{+0.8}_{0}$	8.3 $^{+1.0}_{0}$	10.1 $^{+1.2}_{0}$
63	63.0	63.6	5.8 $^{+0.7}_{0}$	7.1 $^{+0.9}_{0}$	8.6 $^{+1.0}_{0}$	10.5 $^{+1.2}_{0}$	12.7 $^{+1.4}_{0}$
75	75.0	75.7	6.8 $^{+0.8}_{0}$	8.4 $^{+1.0}_{0}$	10.3 $^{+1.2}_{0}$	12.5 $^{+1.4}_{0}$	15.1 $^{+1.7}_{0}$
90	90.0	90.9	8.2 $^{+1.0}_{0}$	10.1 $^{+1.2}_{0}$	12.3 $^{+1.4}_{0}$	15.0 $^{+1.6}_{0}$	18.1 $^{+2.0}_{0}$
110	110.0	111.0	10.0 $^{+1.1}_{0}$	12.3 $^{+1.4}_{0}$	15.1 $^{+1.7}_{0}$	18.3 $^{+2.0}_{0}$	22.1 $^{+2.4}_{0}$
125	125.0	126.2	11.4 $^{+1.3}_{0}$	14.0 $^{+1.5}_{0}$	17.1 $^{+1.9}_{0}$	20.8 $^{+2.2}_{0}$	25.1 $^{+2.7}_{0}$
140	140.0	141.3	12.7 $^{+1.4}_{0}$	15.7 $^{+1.7}_{0}$	19.2 $^{+2.1}_{0}$	23.3 $^{+2.5}_{0}$	28.1 $^{+3.0}_{0}$
160	160.0	161.5	14.6 $^{+1.6}_{0}$	17.9 $^{+1.9}_{0}$	21.9 $^{+2.3}_{0}$	26.6 $^{+2.8}_{0}$	32.1 $^{+3.4}_{0}$

例如：管系列 S5、公称外径为 32 mm、公称壁厚为 2.9 mm 的管材，表示为 S5 32×2.9。

公称外径一般为16～160 mm，长度一般为4 m或6 m，管材长度一般不允许有负偏差。

管材应有间隔不大于1 m的永久性标记。标记至少包括以下内容：生产厂名、产品名称、商标、规格及尺寸、管系列S、公称外径 d_n、公称壁厚 e_n、执行标准号、生产日期。

2. 性能

PP-R管除具有一般塑料管质量轻、强度高、耐腐蚀、不结垢、使用寿命长等优点外，还具有以下主要特点。

(1) 无毒、卫生，属绿色建材

PP-R原料属烯烃类高分子化合物，其分子仅由碳、氢元素组成，无有毒有害元素，卫生性能可靠，在原料生产，制品加工、使用及废弃全过程均不会对人体和环境造成不利影响，被称为绿色建材。

(2) 耐热、保温，属节能产品

PP-R管材可耐热温度为131.3 ℃，最高使用温度为95 ℃，长期(50年)使用温度为70 ℃，可满足建筑设计规范中规定的热水系统应用要求，由于该产品的导热系数为0.21 W/m·k，仅为钢管导热系数的1/200，故具有较好的保温性能，与金属管相比，其用于热水和采暖系统可以节约大量的保温材料及能源。

(3) 安装、连接简便

PP-R管道系统的安装、连接方式简单、可靠，称为一体化管道。由于PP-R管材、管件采用同一牌号的原料加工而成，具有良好的热熔接性能，可采用热熔连接管材、管件。经热熔连接的管材、管件，其连接处分子与分子完全融合在一起，无明显的界面，故整个管道系统连为一体。热熔连接部位的强度大于管材本身的强度，所以这种连接方式较溶剂黏结、弹性密封承插及其他机械连接方式更为可靠，并且操作简单、速度快、成本低，特别适用于直埋暗敷的安装场合，无须考虑在长期使用过程中连接处是否会发生渗漏。因此，PP-R管的热熔连接方式较其他塑料给水管具有独特的优点，也是避免给水系统漏水、确保用水安全的有效方法。

(4) 原料可回收性

PP-R管材、管件在生产、施工过程中产生的废品可以回收利用，废料经清洁、破碎后可直接用于生产。

3. 管件与连接

(1) 管件

① 名称及简介。冷热水用聚丙烯(PP-R)管件又称无规共聚聚丙烯(PP-R)管件。管件金属部分的材料在管道使用过程中对塑料管道材料不应造成降解或老化，推荐采用铬含量不小于10.5%、碳含量不大于1.2%的不锈钢，以及经表面处理的铜或铜合金。

② 外观。管件表面应光滑、平整，不允许有裂纹、气泡、脱皮和明显的杂质、严重的缩形以及色泽不均、分解变色等缺陷。

③ 分类及规格尺寸。

a. 分类：管件按熔接方式的不同分为热熔承插连接管件和电熔承插连接管件；管件按管系列S分类与管材相同。管件的壁厚应不小于相同管系列S的管材的壁厚。

b. 规格尺寸：热熔承插连接管件、电熔承插连接管件的承口应符合相关规定。

(2) 连接

PP-R 管道的连接形式有热熔承插连接、电熔承插连接两种形式,如图 1-27、图 1-28 所示。

PP-R 管道采用热熔或电熔连接时,管材与管件必须是同种材质,安装应采用材料供货商认可的专用机具。

PP-R 管材与金属管道连接,应采用带金属嵌件的 PP-R 管件作为过渡件,该管件与 PP-R 管材采用热熔连接,与金属管道采用丝扣连接。大口径管道亦可采用法兰连接。

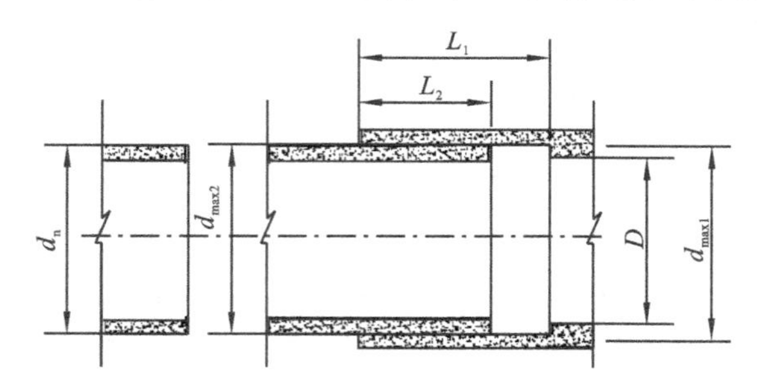

图 1-27 热熔承插连接管件承口

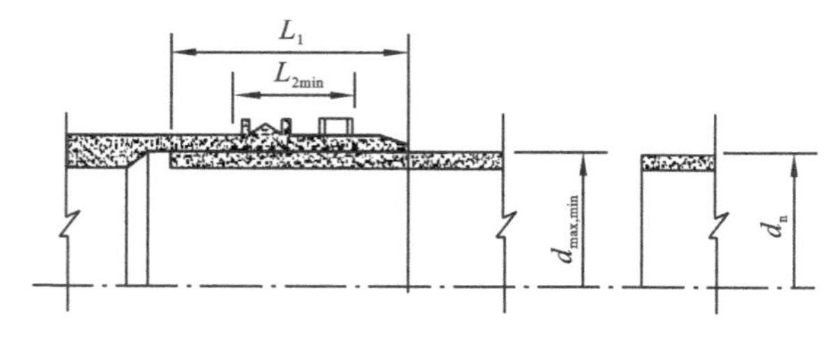

图 1-28 电熔承插连接管件承口

4. 应用范围

① 建筑物内的冷热水系统,包括集中供热系统。

② 建筑物内的采暖系统,包括地板、壁板的采暖及辐射采暖系统。

③ 可直接饮用的纯净水供水系统。

④ 中央(集中)空调系统。

1.6.2 冷热水用交联聚乙烯(PE)管材

1. 概述

(1) 名称及简介

冷热水用交联聚乙烯(PE)管是以交联聚乙烯(PE)管材料为原料,经挤出成型的管材。生产管材所用的主体材料为高密度聚乙烯,聚乙烯在管材成型过程中或成型后进行交联,使聚乙烯的分子链之间形成化学键,获得三维网状结构。

(2) 外观

管材的外观应达到以下要求。

① 管材的内外表面应光滑、平整、干净,不能有影响产品性能的明显划痕、凹陷、气泡等缺陷。

② 管壁应无可见的杂质，管材表面颜色应均匀一致，不允许有明显色差。

③ 管材端面应切割平整，并与管材的轴线垂直。

④ 明装有遮光要求的管材应不透光。

（3）分类及规格尺寸

① 分类：管材按尺寸分为S6.3、S5、S4、S3.2四个管系列。

② 规格尺寸：管材的规格尺寸见表1-8。

表1-8 PE管材管系列和规格尺寸 单位：mm

公称外径 d_n	平均外径		管系列							
			S6.3		S5		S4		S3.2	
	$d_{em,min}$	$d_{em,max}$	公称壁厚 e_n 及允许偏差							
16	16.0	16.3	1.8	+0.3 0	1.8	+0.3 0	1.8	+0.3 0	2.2	+0.4 0
20	20.0	20.3	1.9	+0.3 0	1.9	+0.3 0	2.3	+0.4 0	2.8	+0.4 0
25	25.0	25.3	1.9	+0.3 0	2.3	+0.4 0	2.8	+0.4 0	3.5	+0.5 0
32	32.0	32.3	2.4	+0.4 0	2.9	+0.4 0	3.6	+0.5 0	4.4	+0.6 0
40	40.0	40.4	3.0	+0.4 0	3.7	+0.5 0	4.5	+0.6 0	5.5	+0.7 0
50	50.0	50.5	3.7	+0.5 0	4.6	+0.6 0	5.6	+0.7 0	6.9	+0.8 0
63	63.0	63.6	4.7	+0.6 0	5.8	+0.7 0	7.1	+0.9 0	8.6	+1.0 0
75	75.0	75.7	5.6	+0.7 0	6.8	+0.8 0	8.4	+1.0 0	10.3	+1.2 0
90	90.0	90.9	6.7	+0.8 0	8.2	+1.0 0	10.1	+1.2 0	12.3	+1.4 0
110	110.0	111.0	8.1	+1.0 0	10.0	+1.1 0	12.3	+1.4 0	15.1	+1.7 0
125	125.0	126.2	9.2	+1.1 0	11.4	+1.3 0	14.0	+1.5 0	17.1	+1.9 0
140	140.0	141.3	10.3	+1.2 0	12.7	+1.4 0	15.7	+1.7 0	19.2	+2.1 0
160	160.0	161.5	11.8	+1.3 0	14.6	+1.6 0	17.9	+1.9 0	21.9	+2.3 0

(4) 标志

管材应有牢固的标记,间隔不超过 2 m。标记不得造成管材出现裂痕和其他形式的损伤。管材标记至少应包括以下内容。

① 生产厂名和(或)商标。

② 产品名称并注明交联工艺。

③ 规格及尺寸。

④ 用途。输送生活饮用水的管材的标志为 Y。

⑤ 本标准号。

⑥ 生产日期。

例如:管系列为 S5,d_n为 32 mm,e_n为 2.9 mm,硅烷交联,可输送生活饮用水的管材应标记为 S5 32×2.9 PE-Xb Y。

2. 主要性能

(1) 主要性能特点

交联聚乙烯(PE-X)管与 LDPE、MDPE、HDPE 等普通聚乙烯管相比,尺寸的稳定性、耐热性、耐化学稳定性、耐老化性等物理化学性能都有较大的提高,其主要性能如下所示。

① 不锈蚀,不结垢,不滋生细菌,不污染水质,不堵塞管道。

② 耐热性好,可在 70 ℃下长期使用。

③ 耐老化性能好,使用寿命长达 50 年以上,与建筑物同步,避免堵、冒、滴、漏及拆墙、换管。

④ 安装简易、快捷,剪切方便,弯曲随意,免除攻丝,用管件少,经济实用。

⑤ 具有经济性(安装成本低,使用寿命长),可节约 3/4 的工时。

⑥ 用途广泛,可用于石油化工、建筑给水、地板采暖等领域。

⑦ 导热系数低,保温性好。

⑧ 内壁光滑,水力特性优良,相同管径下比镀锌钢管出水量大。

(2) 标准中的技术要求

《冷热水用交联聚乙烯(PE-X)管道系统 第 2 部分:管材》(GB/T 18992.2—2003)对管材列举了以下要求。

① 管材的力学性能,如表 1-9 所示。

表 1-9 管材的力学性能

项目	要求	试验参数		
		静液压应力/MPa	试验温度/℃	试验时间/h
耐静液压	无渗漏、无破裂	12.0	20	1
		4.8	95	1
		4.7	95	22
		4.6	95	165
		4.4	95	1000

② 管材的物理化学性能,如表 1-10 所示。

表1-10　管材的物理化学性能

项　目	要　求	试验参数	
		参　数	数　值
纵向回缩率	≤3%	温度	120 ℃
		试验时间：	
		e_n≤8 mm	1 h
		8 mm<e_n≤16 mm	2 h
		e_n>16 mm	4 h
		试样数量	3
静液压状态下的热稳定性	无破裂、无渗漏	静液压应力	2.5 MPa
		试验温度	110 ℃
		试验时间	8760 h
		试样数量	1
交联度：			
过氧化物交联	≥70%		
硅烷交联	≥65%		
电子束交联	≥60%		
偶氮交联	≥60%		

③ 管材的卫生应符合《生活饮用水输配水设备及防护材料的安全性评价标准》(GB/T 17219—1998)的规定。

④ 系统适应性。管材与管件连接后应通过静液压(表1-11)、热循环(表1-12)、循环压力冲击(表1-13)、耐拉拔(表1-14)、弯曲(表1-15)、真空(表1-16)六种系统适应性试验。

表1-11　静液压试验条件

管系列	试验温度/℃	试验压力/MPa	试验时间/h	试样数量
S6.3	20	1.5P_D	1	3
	95	0.70	1000	
S5	20	1.5P_D	1	
	95	0.88	1000	
S4	20	1.5P_D	1	
	95	1.10	1000	
S3.2	20	1.5P_D	1	
	95	1.38	1000	

表1-12　热循环试验条件

项　目	级别1	级别2	级别4	级别5
最高设计温度 T_{max}/℃	80	80	70	90

续表

项　　目	级别 1	级别 2	级别 4	级别 5
最高试验温度/℃	90	90	80	95
最低试验温度/℃	20	20	20	20
试验压力/MPa	P_D	P_D	P_D	P_D
循环次数	5000	5000	5000	5000
每次循环的时间/min	30^{+2}_{0}(冷热水各15^{+1}_{0})			
试样数量	1			

表 1-13　循环压力冲击试验条件

最高试验压力/MPa	最低试验压力/MPa	试验温度/℃	循环次数	循环频率次/min	试样数量
1.5±0.05	0.1±0.05	23±2	10000	≥30	1

表 1-14　耐拉拔试验条件

温度/℃	系统设计压力/MPa	轴向拉力/N	试验时间/h
23±2	所有压力等级	$1.178d_n^2$ [a]	1
95	0.4	$0.314d_n^2$	1
95	0.6	$0.471d_n^2$	1
95	0.8	$0.628d_n^2$	1
95	1.0	$0.785d_n^2$	1

注：([a])d_n为管材的公称外径，单位为 mm。

表 1-15　弯曲试验条件

项　　目	级别 1	级别 2	级别 4	级别 5
最高设计温度 T_{max}/℃	80	80	70	90
管材材料的设计应力 σ_{DP}/MPa	3.85	3.54	4.00	3.24
试验温度/℃	20	20	20	20
试验时间/h	1	1	1	1
管材材料的静液压应力 σ_P/MPa	12	12	12	12
试验压力/MPa 设计压力 P_D:0.4 MPa	1.58[a]	1.58[a]	1.58[a]	1.58[a]
0.6 MPa	1.87	2.04	1.80	2.23
0.8 MPa	2.50	2.72	2.40	2.97
1.0 MPa	3.12	3.39	3.00	3.71
试样数量	3			

注：([a])该值按 20 ℃、1 MPa、50 年计算。

表 1-16 真空试验参数

项目	试验参数		要求
真空密封性	试验温度	23 ℃	真空压力变化 ≤0.005 MPa
	试验时间	1 h	
	试验压力	−0.08 MPa	
	试样数量	3	

3. 管件与连接

建筑内冷热水用交联聚乙烯(PE-X)管一般采用内外夹紧式管件进行机械连接，主要有两种类型：卡圈锁紧式管件和卡环压紧式管件。

卡圈锁紧式管件是由带锁紧螺帽、卡套、密封圈和外螺纹管件等组成的。连接时，管材插入带橡胶圈的管件，锁紧螺帽，将预先套在管材上的金属箍或高强度塑料箍压紧，以使管材和管件密封与连接。此类管件一般采用铜或经表面处理的铜，也可采用不锈钢或高强度硬质塑料(如 POM、ABS、PVC-U 等)，用于热水系统时密封圈应采用耐高温的硅橡胶或氟橡胶。

卡环压紧式管件连接是将管材套入有倒齿的管件后，在管外壁套入薄壁不锈钢短管或铜套，用专用液压夹紧钳夹紧，使倒齿与管内壁紧合，起到密封和连接作用。此类管件一般采用铜或钢制成，也可采用高强度塑料，卡环为铜制的圆形封闭环。

4. 应用范围

交联聚乙烯(PE-X)管主要用于建筑内散热器采暖系统、地板采暖系统和生活冷热水系统，一般口径较小。

5. 交联聚乙烯(PE-X)管管系列 S 的选择

交联聚乙烯(PE-X)管管系列 S 的选择见表 1-17。

表 1-17 交联聚乙烯(PE-X)管管系列 S 的选择

设计压力 P_D/MPa	级别 1 $\sigma_D=3.85$ MPa	级别 2 $\sigma_D=3.54$ MPa	级别 4 $\sigma_D=4.00$ MPa	级别 5 $\sigma_D=3.24$ MPa
	管系列 S			
0.4	6.3	6.3	6.3	6.3
0.6	6.3	5	6.3	5
0.8	4	4	5	4
1.0	3.2	3.2	4	3.2

1.6.3 冷热水用聚丁烯管材

1. 概述

(1) 名称及简介

冷热水用聚丁烯(PB)管是以聚丁烯(PB)管用材料为原料，经挤出成型的聚丁烯(PB)管道产品。

(2) 外观

管材的内外表面应该光滑、平整、清洁，不能有可能影响产品性能的明显划痕、凹陷、气泡等缺陷。管材表面颜色应均匀一致，不允许有明显色差。管材端面应切割平整。

(3) 分类及规格尺寸

① 分类。管材按尺寸分为 S10、S8、S6.3、S5、S4、S3.2 六个管系列。

② 规格尺寸。管材规格尺寸见表 1-18，公称外径一般为 12～160 mm。

(4) 标志

聚丁烯管应有间距不超过 1 m 的牢固标记。标记不应造成管材出现裂痕或其他形式的损伤，标志应持久、易识别。标记应包括以下内容。

① 生产厂名和(或)商标。

② 产品名称。

③ 规格尺寸。

④ 用途。

⑤ 执行标准号。

⑥ 生产日期。

表 1-18　管材管系列及公称尺寸　　单位：mm

公称外径 d_n	平均外径		公称壁厚 e_n 及允许偏差											
			管系列											
	$d_{em,min}$	$d_{em,max}$	S10		S8		S6.3		S5		S4		S3.2	
12	12.1	12.3	1.3	+0.3 0	1.3	+0.3 0	1.3	+0.3 0	1.3	+0.3 0	1.4	+0.3 0	1.7	+0.3 0
16	16.0	16.3	1.3	+0.3 0	1.3	+0.3 0	1.3	+0.3 0	1.5	+0.3 0	1.8	+0.3 0	2.2	+0.4 0
20	20.0	20.3	1.3	+0.3 0	1.3	+0.3 0	1.5	+0.3 0	1.9	+0.3 0	2.3	+0.4 0	2.8	+0.4 0
25	25.0	25.3	1.3	+0.3 0	1.5	+0.3 0	1.9	+0.3 0	2.3	+0.4 0	2.8	+0.4 0	3.5	+0.5 0
32	32.0	32.3	1.6	+0.3 0	1.9	+0.3 0	2.4	+0.4 0	2.9	+0.4 0	3.6	+0.5 0	4.4	+0.6 0
40	40.0	40.4	2.0	+0.3 0	2.4	+0.4 0	3.2	+0.5 0	3.7	+0.5 0	4.5	+0.6 0	5.5	+0.7 0
50	50.0	50.5	2.4	+0.4 0	3.0	+0.4 0	3.7	+0.5 0	4.6	+0.6 0	5.6	+0.7 0	6.9	+0.8 0
63	63.0	63.6	3.0	+0.4 0	3.8	+0.5 0	4.7	+0.6 0	5.8	+0.7 0	7.1	+0.9 0	8.6	+1.0 0

续表

公称外径 d_n	平均外径		公称壁厚 e_n 及允许偏差											
			管系列											
	$d_{em,min}$	$d_{em,max}$	S10		S8		S6.3		S5		S4		S3.2	
75	75.0	75.7	3.6	+0.5 0	4.5	+0.6 0	5.6	+0.7 0	6.8	+0.8 0	8.4	+1.0 0	10.3	+1.2 0
90	90.0	90.9	4.3	+0.6 0	5.4	+0.7 0	6.7	+0.8 0	8.2	+1.0 0	10.1	+1.2 0	12.3	+1.4 0
110	110.0	111.0	5.3	+0.7 0	6.6	+0.8 0	8.1	+1.0 0	10.0	+1.1 0	12.3	+1.4 0	15.1	+1.7 0
125	125.0	126.2	6.0	+0.7 0	7.4	+0.9 0	9.2	+1.1 0	11.4	+1.3 0	14.0	+1.5 0	17.1	+1.9 0
140	140.0	141.3	6.7	+0.8 0	8.3	+1.0 0	10.3	+1.2 0	12.7	+1.4 0	15.7	+1.7 0	19.2	+2.1 0
160	160.0	161.5	6.7	+0.8 0	9.5	+1.1 0	11.8	+1.3 0	14.6	+1.6 0	17.9	+1.9 0	21.9	+2.3 0

2. 性能

(1) 主要性能特点

① 极高的耐热、耐压强度。

② 水力损失极小。由于在所有塑料管中PB管可以有最小的壁厚而不影响安全可靠性，这样与外径尺寸相同的其他塑料管相比，PB管具有内径最大的优点，从而节约了水力、能源和原材料。

③ 极佳的抗蠕变性能。聚丁烯管在挤压成型过程中，部分晶状的聚烯烃会生成不同的晶体形状，冷却时首先生成半稳定性的晶体形状，最后过渡到稳定的形状。结晶度在这个过程中由25%提高到50%。同时，由于聚丁烯(PB)的抗蠕变作用，随着时间的增加，使管道在变形时引起的应力变化不大，或者说应力下降率变化不大。在该应力作用下，将保持管道固定部位的良好的抗热伸缩性。这同样有利于管道连接部位的拉伸强度和密封压力不会随时间增加而减弱。

④ 耐磨性能最佳。已证明PB管材的耐磨性能比其他热可塑性管材的高，在高温下也具有长期的持久力。

⑤ 极强的抗温度应力能力。以同样直径为32 mm、长10 m、温差为50 ℃的管材做膨胀力的试验：聚丁烯管48 kg，聚丙烯管178 kg，交联聚乙烯管253 kg，聚氯乙烯管310 kg，铜管815 kg，钢管2050 kg。

⑥ 施工性能极佳。低温地板采暖是将管道打在混凝土内，使用寿命基本要求同房室同步，随着时间的推移，其他塑料管材的损坏概率要比聚丁烯的大得多。塑料管埋设在混凝土内，虽然施工要求很精细，对装修地面也有要求，但在施工过程中及装修房屋的过程中，有意

无意地遭到局部破坏是很难避免的，采用聚丁烯管就很容易补救，其耐久性能同管材一样。而用交联聚乙烯管或铝塑管需要采用金属接头连接，这样在混凝土内便留下了隐患，由于收缩、腐蚀，因此要不了多少年就会出现渗水。一些国家明确规定金属接头不允许暗敷，只能明装。上海市也明确规定，不允许金属接头进墙。

(2) 标准中的技术要求

《冷热水系统用聚丁烯(PB)管道系统》(GB/T 19473—2004)由第一部分　总则，第二部分　管材，第三部分　管件三个部分组成。标准中对管材列举了如下性能要求。

① 管材的力学性能和管材的物理化学性能见表 1-19、表 1-20。

② 给水管的卫生性能应符合 GB/T 17219—1998 的规定。

③ 系统适用性。管材与管件连接后，根据连接方式，按表 1-21 的要求，应通过耐内压(表 1-22)、弯曲(表 1-23)、耐拉拔(表 1-24)、热循环(表 1-25)、循环压力冲击(表 1-26)、真空(表1-27)等系统适用性试验。

表 1-19　管材的力学性能

项　目	要　求	试验参数		
		静液压应力/MPa	试验温度/℃	试验时间/h
静液压强度	无渗漏、无破裂	15.5	20	1
		6.5	95	22
		6.2	95	165
		6.0	95	1000

表 1-20　管材的物理化学性能

项　目	要　求	试验参数	
		参　数	数　值
纵向回缩率	≤2%	温度	110 ℃
		试验时间：	
		e_n≤8 mm	1 h
		8 mm<e_n≤16 mm	2 h
		e_n>16 mm	4 h
静液压状态下的热稳定性	无破裂、无渗漏	静液压应力	2.4 MPa
		试验温度	110 ℃
		试验时间	8760 h
		试样数量	1
熔体质量流动速率 MFR	与原料测定值之差不应超过 0.3 g/10 min	质量	5 kg
		试验温度	190 ℃

表 1-21　系统适用性试验

系统适用性试验	连接方式		
	热熔承插连接 SW	电熔焊连接 EF	机械连接 M
耐内压	Y	Y	Y
弯曲	N	N	Y
耐拉拔	N	N	Y
热循环	Y	Y	Y
压力循环	N	N	Y
耐真空	N	N	Y

注：Y——需要试验；N——不需要试验。

表 1-22　耐内压试验条件

管系列	试验温度/℃	试验压力/MPa	试验时间/h	试样数量
S10	95	0.55	1000	3
S8	95	0.71	1000	
S6.3	95	0.95	1000	
S5	95	1.19	1000	
S4 S3.2	95	1.39	1000	

表 1-23　弯曲试验条件

管系列	试验温度/℃	试验压力/MPa	试验时间/h	试样数量
S10	20	1.42	1	3
S8	20	1.85	1	
S6.3	20	2.46	1	
S5	20	3.08	1	
S4 S3.2	20	3.60	1	

表 1-24　耐拉拔试验条件

温度/℃	系统设计压力/MPa	轴向拉力/N	试验时间/h
23±2	所有压力等级	$1.178d_n^2$ [a]	1
95	0.4	$0.314d_n^2$	1
95	0.6	$0.471d_n^2$	1
95	0.8	$0.628d_n^2$	1
95	1.0	$0.785d_n^2$	1

注：([a]) d_n为管材的公称外径，单位为 mm。

表 1-25 热循环试验条件

项目	级别 1	级别 2	级别 4	级别 5
最高试验温度/℃	90	90	80	95
最低试验温度/℃	20	20	20	20
试验压力/MPa	P_D	P_D	P_D	P_D
循环次数	5000	5000	5000	5000
每次循环的时间/min	30^{+2}_{0}(冷热水各 15^{+1}_{0})			
试样数量	1			

表 1-26 循环压力冲击试验条件

试验压力/MPa			试验温度/℃	循环次数	循环频率/(次/min)	试样数量
设计压力/MPa	最高试验压力/MPa	最低试验压力/MPa				
0.4	0.6	0.05	23±2	10000	30±5	1
0.6	0.9	0.05				
0.8	1.2	0.05				
1.0	1.5	0.05				

表 1-27 真空试验参数

项目	试验参数		要求
真空密封性	试验温度	23 ℃	真空压力变化≤0.005 MPa
	试验时间	1 h	
	试验压力	−0.08 MPa	
	试样数量	3	

3. 管件与连接

(1) 管件

① 名称:聚丁烯(PB)管件。

② 外观:管件表面应光滑、平整,不允许有裂痕、气泡、脱皮和明显的杂质、严重的冷斑以及色泽不均、分解变色等缺陷。

③ 分类及规格尺寸。

a. 分类:聚丁烯管件可按连接不同分为热熔连接、电熔连接和机械连接三种管件;管件按管系列 S 分类与管材相同。管件主体壁厚应不小于相同管系列 S 的管材的壁厚。

b. 规格尺寸:聚丁烯(PB)热熔承插管件和电熔管件的连接部位尺寸与相应的 PP-R 管件相同,可参见 PP-R 管件部分的内容。

④ 标志。产品应有下列永久性标记。

a. 产品名称:应注明原料名称,如 PB。

b. 产品规格:应注明公称外径、管系列 S。

c. 商标。

d. 用途：给水或采暖（可以用颜色标识）。

（2）连接

聚丁烯（PB）管的连接可采用热熔连接、电熔连接或机械连接。由于机械连接安全性较差，电熔连接管件过于昂贵，故一般采用热熔连接。聚丁烯的热熔连接类似于PP-R管的热熔连接，通过同种材质的管材和管件热熔连为一体。与PP-R管不同的是，PB管采用热熔连接时对连接面的要求较高，须用表面处理剂（如酒精）对连接面进行清洁处理，否则，会影响管道的连接强度。

4. 工程应用

聚丁烯管可用于工业与民用冷热水、纯净水、饮用水和采暖系统等流体输送领域。

1.6.4　冷热水用氯化聚氯乙烯（PVC-C）管材

1. 概述

（1）名称及简介

冷热水用氯化聚氯乙烯（PVC-C）管材是以氯化聚氯乙烯（PVC-C）为主要原料，经挤出成型的圆形横断面的管材。管材的外观、规格尺寸、标志等应符合国家标准《冷热水用氯化聚氯乙烯（PVC-C）管道系统　第2部分：管材》（GB/T 18993.2—2003）的要求。

（2）外观

管材的内外表面应光滑、平整、色泽均匀，无凹陷、气泡及其他影响性能的表面缺陷，管材不应含有明显的杂质。管材端面应切割平整并与管材的轴线垂直。

（3）分类及规格尺寸

① 分类。管材按不同材料和使用条件级别分为S6.3、S5、S4三个管系列。

② 规格尺寸。管材规格尺寸见表1-28，公称外径为20～160 mm。

表1-28　管材管系列和规格尺寸　　单位：mm

<table>
<tr><td rowspan="3">公称外径 d_n</td><td colspan="2" rowspan="2">平均外径</td><td colspan="6">管系列</td><td rowspan="3">最大不圆度</td></tr>
<tr><td colspan="2">S6.3</td><td colspan="2">S5</td><td colspan="2">S4</td></tr>
<tr><td>$d_{em,min}$</td><td>$d_{em,max}$</td><td colspan="6">公称壁厚 e_n 及允许偏差</td></tr>
<tr><td>20</td><td>20.0</td><td>20.2</td><td>2.0*(1.5)</td><td>+0.4
0</td><td>2.0</td><td>+0.4
0</td><td>2.3</td><td>+0.5
0</td><td>1.2</td></tr>
<tr><td>25</td><td>25.0</td><td>25.2</td><td>2.0*(1.9)</td><td>+0.4
0</td><td>2.3</td><td>+0.5
0</td><td>2.8</td><td>+0.5
0</td><td>1.2</td></tr>
<tr><td>32</td><td>32.0</td><td>32.2</td><td>2.4</td><td>+0.5
0</td><td>2.9</td><td>+0.5
0</td><td>3.6</td><td>+0.6
0</td><td>1.3</td></tr>
<tr><td>40</td><td>40.0</td><td>40.2</td><td>3.0</td><td>+0.5
0</td><td>3.7</td><td>+0.6
0</td><td>4.5</td><td>+0.7
0</td><td>1.4</td></tr>
<tr><td>50</td><td>50.0</td><td>50.2</td><td>3.7</td><td>+0.6
0</td><td>4.6</td><td>+0.7
0</td><td>5.6</td><td>+0.8
0</td><td>1.4</td></tr>
</table>

续表

公称外径 d_n	平均外径		管系列						最大不圆度
			S6.3		S5		S4		
	$d_{em,min}$	$d_{em,max}$	公称壁厚 e_n 及允许偏差						
63	63.0	63.3	4.7	+0.7 0	5.8	+0.8 0	7.1	+1.0 0	1.5
75	75.0	75.3	5.6	+0.8 0	6.8	+0.9 0	8.4	+1.1 0	1.6
90	90.0	90.3	6.7	+0.9 0	8.2	+1.1 0	10.1	+1.3 0	1.8
110	110.0	110.4	8.1	+1.1 0	10.0	+1.2 0	12.3	+1.5 0	2.2
125	125.0	125.4	9.2	+1.2 0	11.4	+1.4 0	14.0	+1.6 0	2.5
140	140.0	140.5	10.3	+1.3 0	12.7	+1.5 0	15.7	+1.8 0	2.8
160	160.0	160.6	11.8	+1.4 0	14.6	+1.7 0	17.9	+2.0 0	3.2

注:考虑到刚度要求,带“*”的最小壁厚为2.0 mm,计算液压试验压力时使用括号中的壁厚。

(4) 标志

每根管材具有至少两处完整的永久性标记。标记至少包括下列内容。

① 生产厂名和商标。

② 产品名称:注明(PVC-C)饮用水或(PVC-C)非饮用水。

③ 规格及尺寸:管系列S、公称外径 d_n 和公称壁厚 e_n。

④ 标准号。

⑤ 生产日期。

2. 性能

(1) 主要性能特点

① 化学性质非常稳定,耐高浓度酸、碱、氯化碳氢化合物、脂类、酮类。

② 耐高温,最高可达90 ℃。

③ 在耐油方面超过碳素钢,在耐稀酸方面也超过不锈钢和青铜。

④ PVC-C管具有良好的耐腐蚀性,在地下铺设时不受潮湿水分和土壤酸碱度的影响,而且不导电,对电介质腐蚀不敏感,一般使用寿命可达20～50年。

(2) 标准中的技术要求

氯化聚氯乙烯(PVC-C)管现行的国家标准为《冷热水用氯化聚氯乙烯(PVC-C)管道系统》(GB/T 18993—2003),由第1部分　总则,第2部分　管材,第3部分　管件三个部分组成。标准中对管材列举了如下要求。

① 管材的物理性能和力学性能见表1-29、表1-30。

表1-29　管材的物理性能

项　　目	要　　求
密度/(kg·m^{-3})	1450～1650
维卡软化温度/℃	≥110
纵向回缩率/(%)	≤5

表1-30　管材的力学性能

项　　目	试验参数			要　　求
	试验温度/℃	试验时间/h	静液压应力/MPa	
静液压试验	20	1	43.0	无破裂、无渗漏
	95	165	5.6	
	95	1000	4.6	
静液压状态下的热稳定性试验	95	8760	3.6	
落锤冲击试验(0 ℃、TIR)/(%)				≤10
拉伸屈服强度/MPa				≥50

② 用于输送饮用水的管材的卫生性能应符合GB/T 17219—1998的规定。

③ 系统适用性。管材和管件连接后应通过内压(表1-31)和热循环(表1-32)两项组合试验。

表1-31　内压试验

管　系　列	试验温度/℃	试验压力/MPa	试验时间/h	要　　求
S6.3	80	1.2	3000	无破裂、无渗漏
S5	80	1.59	3000	
S4	80	1.99	3000	

表1-32　热循环试验

最高试验温度/℃	最低试验温度/℃	试验压力/MPa	循环次数	要　　求
90	20	P_D	5000	无破裂、无渗漏

注:① 一次循环的时间为30^{+2}_{0} min,包括15^{+1}_{0} min最高试验温度和15^{+1}_{0} min最低试验温度;

② P_D为设计压力。

3. 管件与连接

(1) 管件

① 名称:氯化聚氯乙烯(PVC-C)管件。

② 外观:管件表面应光滑、平整,不允许有裂痕、气泡、脱皮和明显的杂质、严重的冷斑以及色泽不均、分解变色等缺陷。

③ 分类及规格尺寸。

a. 分类：管件按对应的管系列 S 分为 S6.3、S5、S4 三类。管件按连接形式分为溶剂粘接型管件、法兰连接型管件及螺纹连接型管件。

b. 规格尺寸：溶剂粘接型管件的承口内径尺寸与管材公称外径相同，见表 1-33。

表 1-33 溶剂粘接型管件的承口尺寸 单位：mm

公称外径 d_n	承口平均内径 d_{sm}		管件体最小壁厚 $e_{y,min}$			最大不圆度	承口最小长度 L
	最小	最大	S6.3	S5	S4		
20	20.1	20.3	2.1	2.6	3.2	0.25	16.0
25	25.1	25.3	2.6	3.2	3.8	0.25	18.5
32	32.1	32.3	3.3	4.0	4.9	0.25	22.0
40	40.1	40.3	4.1	5.0	6.1	0.25	26.0
50	50.1	50.3	5.0	6.3	7.6	0.3	31.0
63	63.1	63.3	6.4	7.9	9.6	0.4	37.5
75	75.1	75.3	7.6	9.2	11.4	0.5	43.5
90	90.1	90.3	9.1	11.1	13.7	0.6	51.0
110	110.1	110.4	11.0	13.5	16.7	0.7	61.0
125	125.1	125.4	12.5	15.4	18.9	0.8	68.5
140	140.2	140.5	14.0	17.2	21.2	0.9	76.0
160	160.2	160.5	16.0	19.8	24.2	1.0	86.0

④ 标志。

a. 商标。

b. 产品名称：注明原料名称，如 PVC-C；用于饮用水的管件，应有明确标识。

c. 产品规格：应注明公称直径、管系列 S，如等径管件标记为 d_n20 S5，异径管件标记为 d_n40×20 S4。

(2) 连接

PVC-C 管路系统的连接主要为溶剂黏合连接，管件主要通过注塑制成。用专用黏合剂黏合的接头大体上具有与 PVC-C 材料同等的耐腐蚀性。但是下列化学药品除外。

① 70%以上浓度的硫酸。

② 25%以上浓度的盐酸。

③ 20%以上浓度的硝酸。

④ 任何浓度的氢氟酸。

4. 应用

氯化聚氯乙烯(PVC-C)管主要应用于工业与民用冷热水系统，热及腐蚀性介质，化工及工业热水等流体输送领域，和高温、高腐蚀性环境。

建筑给水用氯化聚氯乙烯管材应根据管道工作压力、输水温度和管道敷设场合，按下列规定进行选择。

① 多层建筑冷水管道可采用 S6.3 系列，热水管道可采用 S5 系列。

② 高层建筑冷水管道可采用S5系列，热水管道可采用S4系列。

③ 当室外冷水管道的工作压力不大于1.0 MPa时，可采用S6.3系列；当其工作压力大于1.0 MPa时，应采用S5系列。

④ 室外热水管道可采用S5系列。

注：高层建筑主干管道和泵房内管道宜采用金属管或金属与塑料复合管。

1.6.5 给水用硬聚氯乙烯(PVC-U)管材

给水用硬聚氯乙烯(PVC-U)管材是以聚氯乙烯树脂为主要原料，添加非铅盐稳定剂等合适助剂，经挤出而成，产品符合标准《给水用硬聚氯乙烯(PVC-U)管材》(GB/T 10002.1—2006)的要求，可以用于建筑物内自来水和温度不超过45 ℃水的输送，其相关性能指标见1.8.1节。

1.6.6 其他管材

目前，在建筑物内使用的给水管道还有ABS管、PE管和其他复合管，这些管道由于材料本身的原因，只能用于冷水系统，另外，还有PE-RT管、钢塑复合管、不锈钢管、钢管和铜塑管等。

随着人们生活水平的提高，热水的使用量逐渐增多，对管材的热性能要求也随之提高，因此，近几年冷热水管道的使用量递增较快，为各种冷热水管道的发展创造了条件。各类冷热水塑料管比较见表1-34。

表1-34 各类冷热水塑料管比较

项目 \ 品种	PP-R	PEX	铝塑复合管	PVC-C	PB
产品规格/mm	20～160	16～160	12～75	12～160	12～160
卫生性能	绿色产品	卫生	卫生	较卫生	绿色产品
耐热保温性能	优	良	良	良	优
施工方式	热熔	机械连接	机械连接	溶剂胶接	热熔、机械连接
主要适用范围	冷热水系统，饮用水系统，采暖、空调系统	地板采暖，冷热水系统	地板采暖，冷热水系统	冷热水系统	冷热水、饮用水、采暖系统
主要布管方式	串联式明暗敷均可	并联式暗敷	并联式暗敷	串联式明敷	串联式暗敷
主要特点	耐热、保温一体化，管道无渗漏点	管道成圈，适用于地板加热系统	管道成圈，适用于地板加热系统	管道刚性好，宜明装	高耐热、柔软

1.7 建筑排水用塑料管材

建筑排水用塑料管的品种主要有:建筑排水用硬聚氯乙烯(PVC-U)管材及管件,芯层发泡硬聚氯乙烯(PVC-U)管材及管件,硬聚氯乙烯(PVC-U)内螺旋管材及管件等。用于正常排放水温不大于40 ℃、瞬时水温不大于80 ℃的建筑物内生活污水。

1.7.1 建筑排水用硬聚氯乙烯(PVC-U)管材

1. 概述

(1) 名称及简介

建筑排水用硬聚氯乙烯(PVC-U)管材是以聚氯乙烯树脂为主要原料,加入必需的助剂,经挤出成型工艺制成的管材。PVC-U中的"U"是"unplasticized"的首字母,其含义为未增塑。

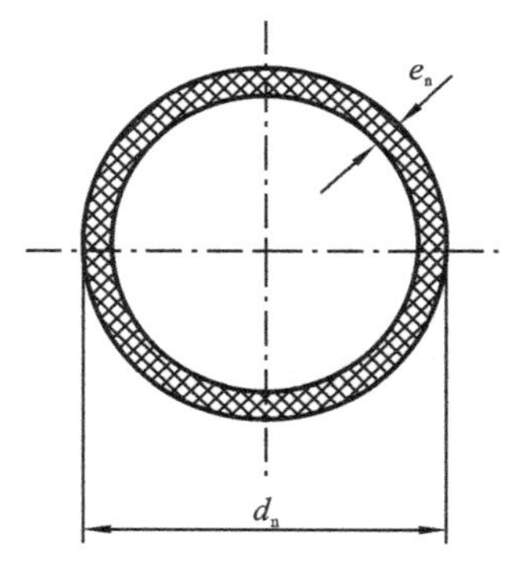

图 1-29 管材公称外径与壁厚

(2) 外观

建筑排水用硬聚氯乙烯管材内外壁应光滑,不允许有气泡、裂口和明显的痕纹、凹陷、色泽不均和分解变色线。管材的弯曲度应不大于0.5%,两端面应切割平整并与轴线垂直。管材一般为灰色或白色,其他颜色可由供需双方协商而定。

(3) 规格

管材的规格用 d_n(公称外径)×e_n(公称壁厚)表示,如图1-29所示,公称外径、公称壁厚、长度见表1-35。

表 1-35 管材的规格尺寸

单位 mm

公称外径 d_n	平均外径极限偏差	壁厚 e_n		长度 L	
		基本尺寸	极限偏差	基本尺寸	极限偏差
40	+0.2 0	2.0	+0.4 0	—	—
50	+0.2 0	2.0	+0.4 0	—	—
75	+0.3 0	2.3	+0.4 0	—	—
90	+0.3 0	3.0	+0.5 0	4000或6000	±10
110	+0.3 0	3.2	+0.6 0	—	—
125	+0.3 0	3.2	+0.6 0	—	—

续表

公称外径 d_n	平均外径极限偏差	壁厚 e_n		长度 L	
		基本尺寸	极限偏差	基本尺寸	极限偏差
160	+0.4 0	4.0	+0.6 0	—	—

注:① 管材长度 L 一般为 4 m 或 6 m,亦可由供需双方协商确定;

② 公称外径为 110 mm、125 mm、160 mm 的管材若用作通气管,其壁厚分别设为 2.2 mm、2.5 mm、3.2 mm。

(4) 标志

管材上应标有规格、生产厂的厂名和执行标准号,包装上应标有批号、数量、生产日期和检验代号。

2. 性能

(1) 主要优缺点

建筑排水用硬聚氯乙烯(PVC-U)管材具有良好的耐老化性,能长期保持其理化性能,阻燃性好、耐腐蚀性强,使用寿命长、不结垢、质量轻、耐温等级较低、绝缘性能较好等性能特点。

(2) 标准中的技术要求

管材应符合《建筑排水用硬聚氯乙烯(PVC-U)管材》(GB/T 5836.1—2006)的规定。

管材的物理力学性能应符合表1-36的规定。

表1-36 PVC-U管材的物理力学性能

项目	指标		试验方法
	优等品	合格品	
拉伸屈服强度/MPa	≥43	≥40	按 GB/T 8804.1—2003
断裂伸长率/(%)	≥80	—	按 GB/T 8804.1—2003
维卡软化温度/℃	≥79	≥79	按 GB/T 8802—2001
扁平试验③	无破裂	无破裂	按 GB/T 5836.1—2006
落锤冲击试验 TIR①	—	—	按 GB/T 14152—2001
20 ℃	TIR≤10%	9/10通过②	(20±2) ℃
或 0 ℃	TIR≤5%	9/10通过	或(0±1) ℃
纵向回缩率/(%)	≤5.0	≤9.0	按 GB/T 6671—2001

注:① 优等品落锤冲击试验,按 GB/T 14152—2001 规定测试,TIR 为真实冲击率,其落锤质量和落下高度应符合表1-37规定;

② 合格品落锤冲击试验的实验条件见表1-37。对试样进行10次冲击后,有2次以上破坏,则该试验不合格,10次冲击中9次无破坏为合格;

③ 扁平试验为检验管材质量的重要项目,从被测试件每批中抽取3个,每个长50 mm,当荷重加压使直径压扁至50%时,试件全部无破裂者为合格。试验结果显示管材在成型过程中熔融物料的塑化程度以及熔融温度是否均匀。本方法简便易行,若对管材质量有疑虑,可随时抽样检查。

表 1-37 落锤冲击试验的实验条件

公称外径/mm	20 ℃试验条件		0 ℃试验条件	
	落锤质量/kg	落下高度/m	落锤质量/kg	落下高度/m
50	1.5±0.005	2±0.01	0.25±0.005	1±0.01
75	2±0.005	2±0.01	0.25±0.005	2±0.01
110	2.75±0.005	3±0.01	0.5±0.005	2±0.01
160	3.25±0.005	2±0.01	1±0.005	2±0.01

3. 管件与连接

(1) 连接

连接通常采用承插溶剂粘接，即将溶剂胶黏剂涂在管道承口的内壁和插口的外壁，等溶剂作用后承插并固定一段时间形成连接。

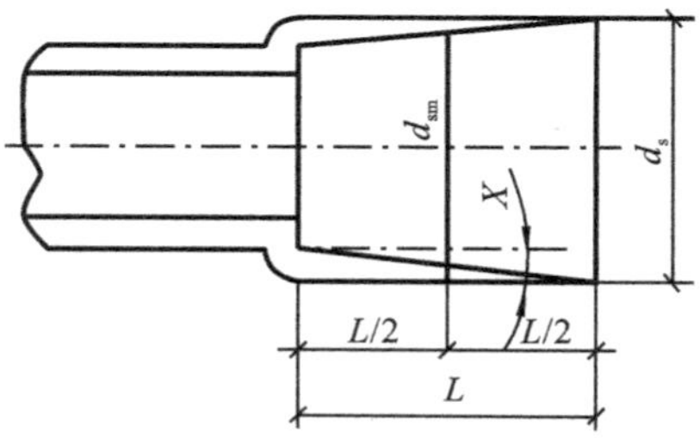

图 1-30 粘接型管件承口尺寸

(2) 管件

管件应符合《建筑排水用硬聚氯乙烯(PVC-U)管件》(GB/T 5836.2—2006)的规定。

硬聚氯乙烯(PVC-U)管件应有产品合格证，管件上应有明显的商标和规格，包装上应有批号、数量、生产日期和检验代号。

GB/T 5836.2—2006 规定了排水用 PVC-U 管件的规格、尺寸与技术要求，它包括 45°弯头、90°弯头、90°顺水三通、45°斜三通、瓶口三通、正四通、斜四通、直角四通、异径管箍及管箍十种，均为双承口型、粘接型连接。排水管路中的管件不采用螺纹连接，因其水密性和气密性不容易得到保证。管件承口尺寸如图 1-30 所示及见表 1-38 的规定。其壁厚应大于或等于表 1-35 规定的相同规格管材的最小壁厚。

GB/T 5836.2—2006 所列十种管件的型号及常用规格如图 1-31～图 1-40 及表 1-39～表1-42所示。

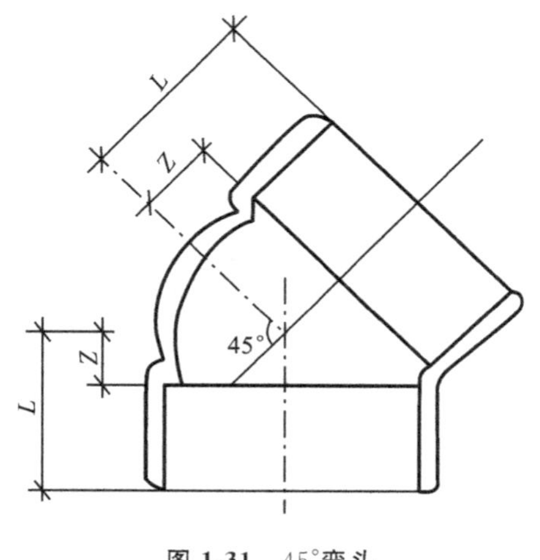

图 1-31 45°弯头

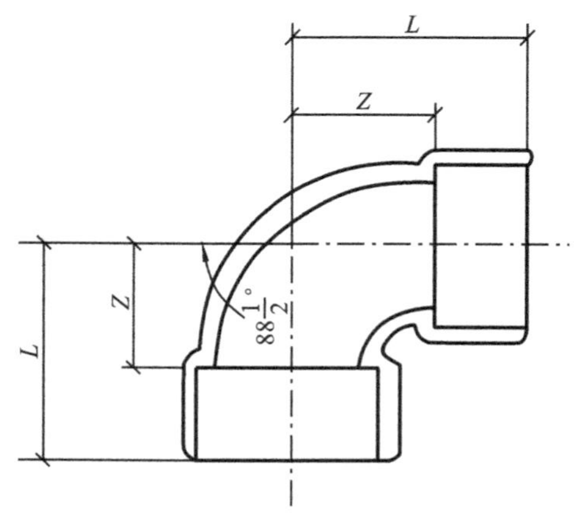

图 1-32 90°弯头

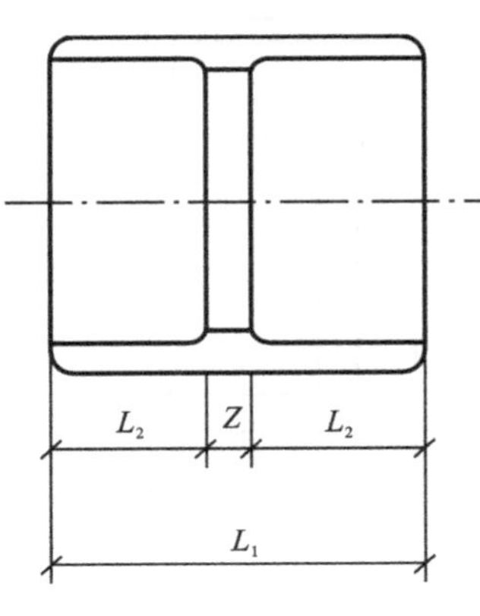

图 1-33　管箍

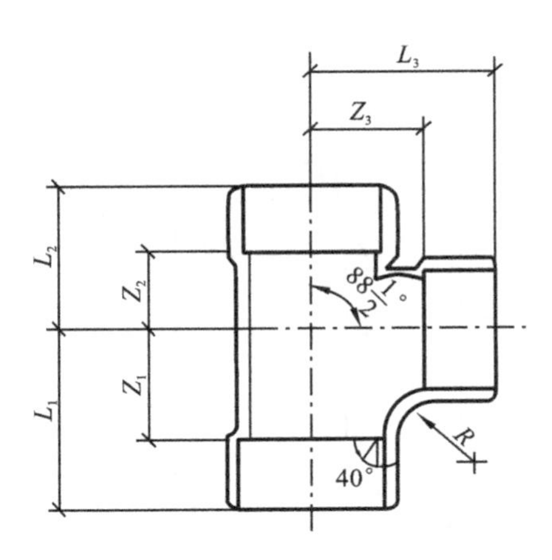

图 1-34　90°顺水三通

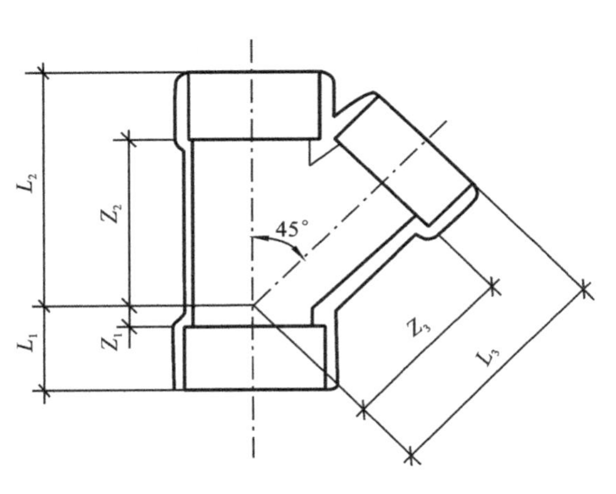

图 1-35　45°斜三通

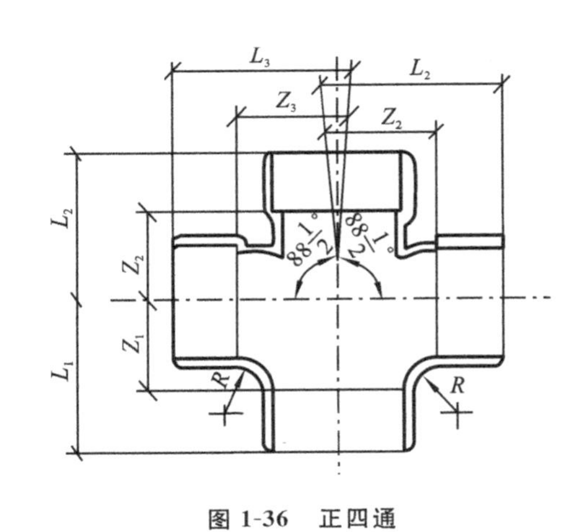

图 1-36　正四通

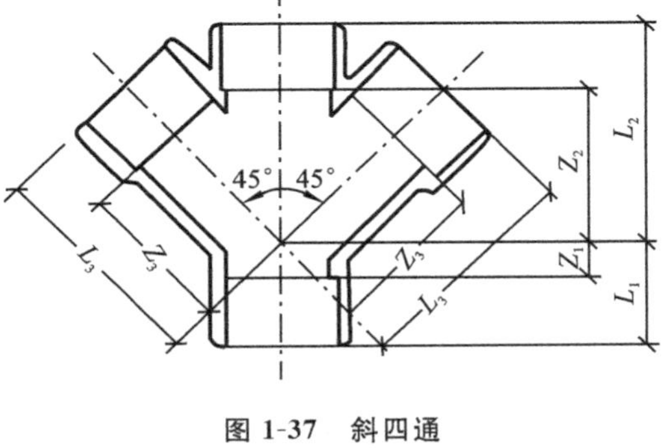

图 1-37　斜四通

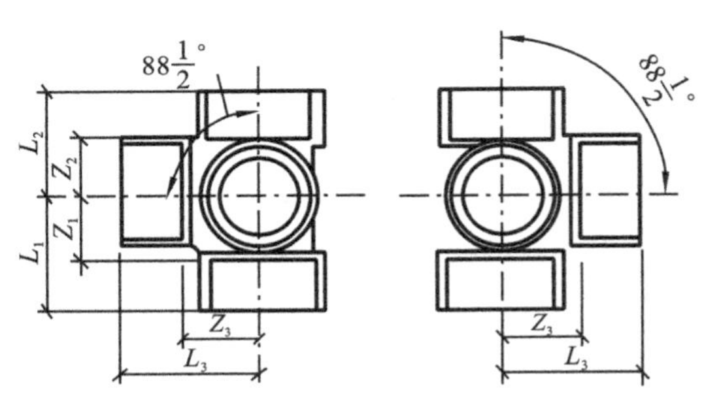

图 1-38　直角四通

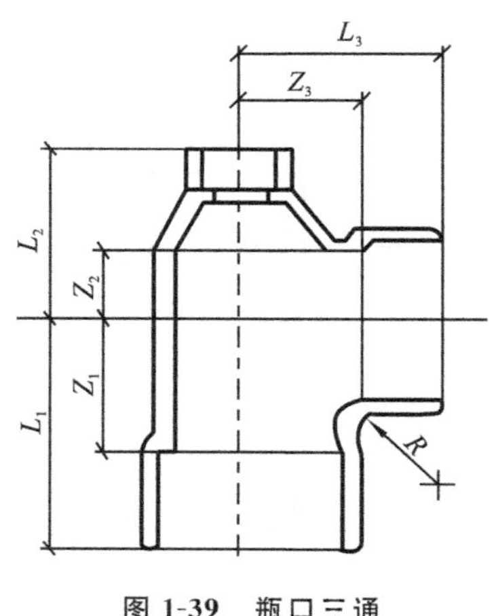

图 1-39 瓶口三通

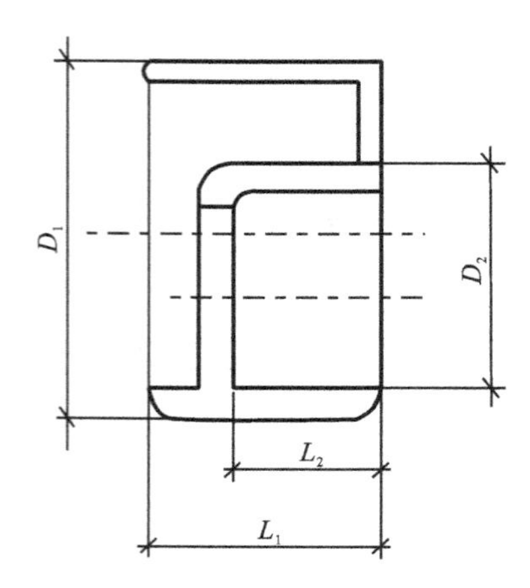

图 1-40 异径管箍

表 1-38 粘接型承口尺寸

单位:mm

公称直径 d_n	承口中部内径 d_e		承口最小深度 L
	最小尺寸	最大尺寸	
40	40.1	40.4	25
50	50.1	50.4	25
75	75.1	75.5	40
90	90.1	90.5	46
110	110.2	110.6	48
125	125.2	125.6	51
160	160.2	160.7	58

注:沿承口深度方向允许有1°以下脱模所需的锥度。

表 1-39 45°弯头、90°弯头及管箍管件规格

单位:mm

公称直径 d_n	45°弯头		90°弯头		管箍	
	Z_{min}	L_{min}	Z_{min}	L_{min}	$Z_{2\ min}$	$L_{1\ min}$
50	12	37	40	65	25	52
75	17	57	50	90	40	82
90	22	68	52	98	46	95
110	25	73	70	118	48	99
125	29	80	72	123	51	105
160	36	94	90	148	58	120

表 1-40 五种管件的规格 单位:mm

公称直径 d_n	90°顺水三通			45°斜三通			正 四 通			45°斜四通			直 角 四 通		
	L_1	L_2	L_3	L_1	L_2	L_3	L_1	L_2	L_3	L_1	L_2	L_3	L_1	L_2	L_3
50×50	55	51	60	38	89	89	55	51	60	38	89	89	55	51	60
75×75	87	79	94	58	134	134	87	79	94	58	134	134	87	79	84
110×50	78	77	90	32	142	135	78	77	90	32	142	135	78	77	90
110×75	96	89	112	47	161	161	46	89	112	47	161	161	96	89	112
110×110	116	103	125	73	186	186	116	103	125	73	186	186	116	103	125
160×160	155	141	168	92	257	257	155	141	168	92	257	257	155	141	168

表 1-41 异径管箍管件规格 单位:mm

公称直径 d_n	D_1	D_2	L_1	L_2
50×40	50	40	25	25
75×50	75	50	40	25
110×50	110	50	48	25
110×75	110	75	48	40
160×75	160	75	58	40
160×110	160	110	58	48

表 1-42 瓶口三通管件规格 单位:mm

公称直径 d_n	L_1	L_2	L_3
110×50	116	101	125
110×75	116	104	117

(3) 建筑排水用其他管件

建筑排水管道中的连接件除按国标规定用于连接的十种管件外,对于具备其他功能的连接件,如存水弯、检查口等均未列入标准。厂家可以根据市场需要进行设计制造。但是这些管件的承口尺寸、插端尺寸、壁厚及其物理力学性能必须满足 GB/T 5836.2—2006 中相应规格的有关规定。这些连接主要有下述几类。

① 具备水封作用的各型存水弯、地漏等。

② 与各种卫生设备相连的连接件,例如与洗脸池等陶瓷器件相连的排水栓、大便器连接件或缩节等。

③ 各种规格的检查口、清扫口、带堵弯头或管堵等。

④ 通向屋顶的通气罩。

⑤ 调节管线胀缩量的伸缩节或膨胀接头等。

这些产品的规格详见生产厂家的样品。此处仅举数例,如图 1-41~图 1-47 所示。

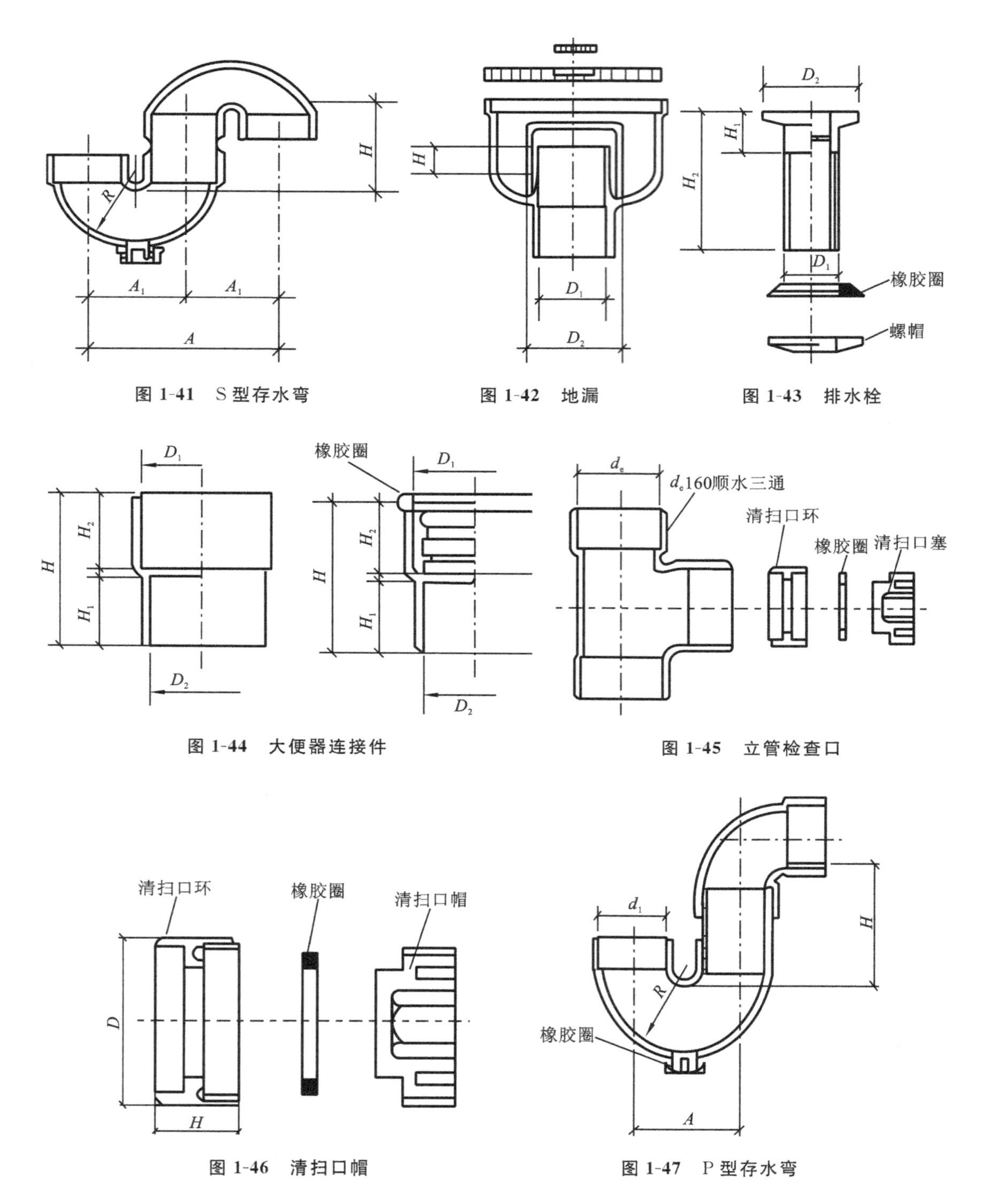

图 1-41　S 型存水弯　　图 1-42　地漏　　图 1-43　排水栓

图 1-44　大便器连接件　　图 1-45　立管检查口

图 1-46　清扫口帽　　图 1-47　P 型存水弯

(4) 管件外观质量及尺寸允许偏差

管件内外壁应光滑、平整，不允许有气泡、裂口和明显的痕纹、凹陷、色泽不匀及分解变色线。管件应完整无缺损，浇口及溢边应修理平整。

管件承口中部平均内径和承口深度应符合图 1-30 及表 1-38 的规定。管的壁厚应大于或等于表 1-35 规定的同规格管材的壁厚。

4. 应用

建筑排水用硬聚氯乙烯(PVC-U)管材、管件适用于民用建筑物内排水系统,在考虑材料的耐化学性和耐温性的条件下,也可用于工业排水系统。

1.7.2 排水用芯层发泡硬聚氯乙烯(PVC-U)管材

1. 概述

(1) 名称及简介

芯层发泡硬聚氯乙烯(PVC-U)管材是 PVC 三层共挤芯层发泡管材,是一种新型建筑管材,特别适合于建筑排水。

排水用芯层发泡硬聚氯乙烯(PVC-U)管由三层组成,如图 1-48 所示,内、外层的组成成分相同,是普通硬质 PVC-U 实壁管的材料,仅中间发泡层是由 PVC 树脂经过发泡之后形成的。根据国标《排水用芯层发泡硬聚氯乙烯(PVC-U)管材》(GB/T 16800—2008)规定,内外实壁层必须具有很好的力学性能,如拉伸强度不小于 43 MPa,又要有好的加工性能,一般选用 SG-4、SG-5 PVC 树脂。在生产 PVC-U 芯层发泡管时,芯层的挤出要求流动性稍高于实壁层,应选用 SG-6、SG-7 PVC 树脂。管材的芯层与内外皮层熔接一定要紧密。

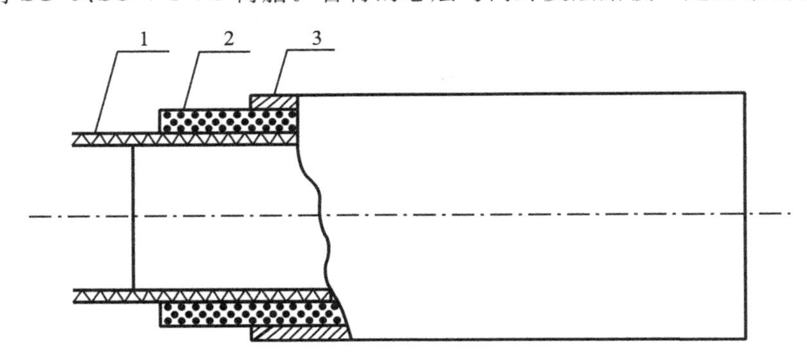

图 1-48　PVC-U 芯层发泡管剖面图

1,3—内外皮层;2—发泡芯层

皮层(内外实壁层)和芯层的厚度比例是发泡管生产的一个重要参数。若皮层占比例大,则管材的密度高,管壁较重,未能发挥发泡管用材少的优势;若皮层占比例少,则管较轻,但机械强度有些下降。有些厂家据多年生产经验,认为皮层和芯层的挤出量比例为 11∶13 时,管材质量既符合国家标准,又比较轻(这时管材的整体密度为 0.95 g/cm^3)。其产品的外观、规格尺寸、标志应符合《排水用芯层发泡硬聚氯乙烯(PVC-U)管材》(GB/T 16800—2008)的有关规定。

(2) 外观

管材内外壁应光滑平整,不允许有气泡、沙眼、裂口和明显的痕纹、杂质、凹陷、色泽不均及分解变色线;管材端口应平整且与轴线垂直;管材一般为白色或灰色。

管材芯层与内外皮层应紧密熔接,无分脱现象。

(3) 规格

根据 GB/T 16800—2008 规定产品分类与管材规格如下。

管材按连接形式分为直管、弹性密封圈连接型管材、胶黏剂粘接型管材。管材按环刚度分级，见表 1-43。

表 1-43 管材环刚度分级

级　　别	S2	S4	S8
环刚度/(kN・m^{-2})	2	4	8

注：S2 管材供建筑物排水选用；S4、S8 管材供埋地排水选用，也可用于建筑物排水。

管材规格用 d_n（公称外径）×e_n（壁厚）表示，管材截面尺寸如图 1-49 所示，管材规格见表 1-44。

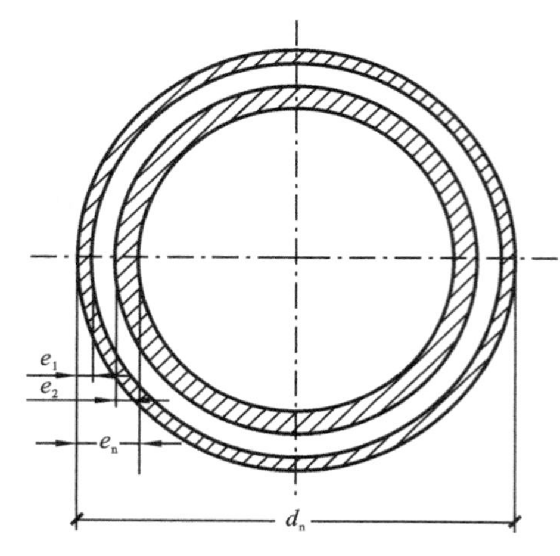

图 1-49 管材截面尺寸

表 1-44 管材规格　　单位：mm

公称外径 d_n	壁厚 e_n			公称外径 d_n	壁厚 e_n		
	S2	S4	S8		S2	S4	S8
40	2.0	—	—	60	3.2	4.0	5.0
50	2.0	—	—	200	3.9	4.9	6.3
75	2.5	3.0	—	250	4.9	6.2	7.8
90	3.0	3.0	—	315	6.2	7.7	9.8
110	3.0	3.2	—	400	—	9.8	12.3
125	3.2	3.2	3.9	500	—	—	15.0

(4) 标志

排水用芯层发泡硬聚氯乙烯(PVC-U)管材标记为

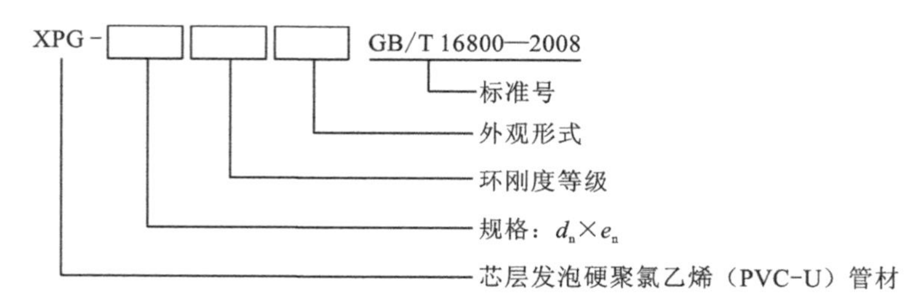

标记示例：规格为110×3.2、环刚度等级为S1的溶剂粘结型硬聚氯乙烯(PVC-U)管材标记为XPG-110×3.2S1 N GB/T 16800—2008。

2. 性能

(1) 主要性能特点

① 耐冲击强度显著提高，其环向刚度为普通硬质PVC的8倍。

② 使用温度范围宽广，可在−30～100 ℃下使用，而且温度变化时尺寸稳定性好。

③ 其特殊的芯层发泡结构提高了管材的隔音性能，发泡芯层能有效地阻隔噪声传播，水流噪声大为降低，可比实壁排水管降低排水噪声10 dB左右。

④ 隔热性好，比不发泡的实壁管材传热效率低35%。使用温度范围宽，表面不结露，用于冷热流体保温输送时，可节省保温费用。

⑤ 力学性能好，发泡芯层使内壁抗压能力大大提高，这种管材的截面设计特殊，在力学上更趋于合理，因而具有力学性能高、韧性好、抗折能力强等优点，减少了施工和使用中的破碎问题。

⑥ 由于中间发泡层的密度仅为0.7～0.9 g/cm³，比普通实壁管的低10%～35%，故口径越大的管材，发泡芯层占壁厚的比例越大，节省材料也就越多。平均来说，同等壁厚的PVC-U芯层发泡管比PVC-U实壁管节省材料约25%，每米成本降低32%。

⑦ 内外实壁层的维卡软化点≥83 ℃，拉伸强度≥45.4 MPa，断裂伸长率≥92%。

(2) 标准中的技术要求

管材应符合《排水用芯层发泡硬聚氯乙烯(PVC-U)管材》(GB/T 16800—2008)规定。

管材的物理机械性能应符合表1-45的规定。

表1-45 管材的物理机械性能

序号	试验项目	技术要求		
		S2	S4	S8
1	环刚度/($kN \cdot m^{-2}$)	≥2	≥4	≥8
2	表观密度/($g \cdot cm^{-3}$)	0.90～1.20		
3	扁平试验①	不破裂、不分脱		
4	落锤冲击试验②(DC)	真实冲击率法	通过法	
		TIR≤10%	12次冲击，11次不破裂	
5	纵向回缩率	≤5%，且不分脱、不破裂		
6	连接密封试验	连接处不渗漏、不破裂		
7	二氯甲烷浸渍	内外表面不劣于4L		

注：① 公称外径大于或等于200 mm的管材可以不作此项试验；

② 真实冲击率法适用于形式检验，通过法适用于出厂检验。

管材平均外径及偏差应符合图1-49和表1-46的规定。

管材壁厚及偏差应符合图1-49和表1-47的规定，内外皮层厚度应符合图1-49和表1-48的规定。

管材有效长度为4000^{+20}_{0} mm或6000^{+20}_{0} mm，也可由供需双方商定。管材有效长度(L)如图1-50所示。

表 1-46　管材平均外径及偏差

单位:mm

公称外径 d_n	平均外径		公称外径 d_n	平均外径	
	基本尺寸	极限偏差		基本尺寸	极限偏差
40	40	+0.3 0	160	160	+0.5 0
50	50	+0.3 0	200	200	+0.6 0
75	75	+0.3 0	250	250	+0.8 0
90	90	+0.3 0	315	315	+1.0 0
110	110	+0.4 0	400	400	+1.2 0
125	125	+0.4 0	500	500	+1.5 0

表 1-47　管材壁厚及偏差

单位:mm

公称外径 d_n	壁厚 e_n 及偏差			公称外径 d_n	壁厚 e_n 及偏差		
	S2	S4	S8		S2	S4	S8
40	$2.0^{+0.4}_{0}$	—	—	160	$3.2^{+0.5}_{0}$	$4.0^{+0.6}_{0}$	$5.0^{+1.3}_{0}$
50	$2.0^{+0.4}_{0}$	—	—	200	$3.9^{+0.6}_{0}$	$4.9^{+0.7}_{0}$	$6.3^{+1.6}_{0}$
75	$2.5^{+0.4}_{0}$	$3.0^{+0.5}_{0}$	—	250	$4.9^{+0.7}_{0}$	$6.2^{+0.9}_{0}$	$7.8^{+1.8}_{0}$
90	$3.0^{+0.5}_{0}$	$3.0^{+0.5}_{0}$	—	315	$6.2^{+0.9}_{0}$	$7.7^{+1.1}_{0}$	$9.8^{+2.4}_{0}$
110	$3.0^{+0.5}_{0}$	$3.2^{+0.5}_{0}$	—	400	—	$9.8^{+1.5}_{0}$	$12.3^{+3.2}_{0}$
125	$3.2^{+0.5}_{0}$	$3.2^{+0.5}_{0}$	$3.9^{+1.0}_{0}$	500	—	—	$15.0^{+4.2}_{0}$

表 1-48　管材内皮层与外皮层厚

单位:mm

公称外径 d_n	外皮层厚 e_{1min}	内皮层厚 e_{2min}		
		S2	S4	S8
40	0.2	0.2	—	—
50	0.2	0.2	—	—
75	0.2	0.2	0.2	—
90	0.2	0.2	0.2	—
110	0.2	0.2	0.4	—
125	0.2	0.2	0.4	0.4
160	0.2	0.2	0.5	0.5
200	0.2	0.2	0.6	0.6

续表

公称外径 d_n	外皮层厚 e_{1min}	内皮层厚 e_{2min}		
		S2	S4	S8
250	0.2	0.2	0.7	0.7
315	0.2	0.2	0.8	0.8
400	0.2	—	—	1.0
500	0.2	—	—	1.5

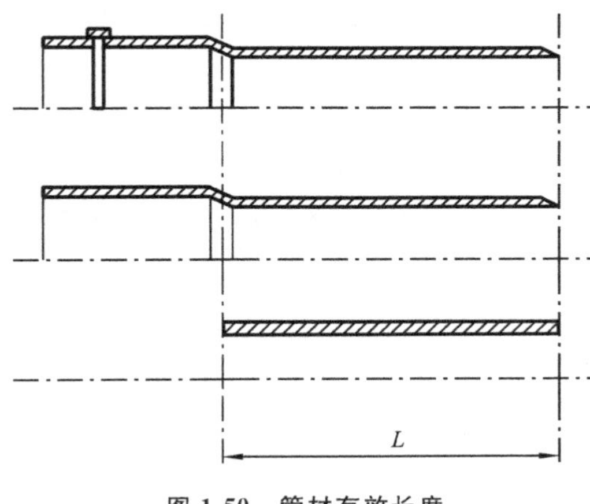

图1-50　管材有效长度

3. 管件与连接

连接通常采用承插溶剂粘接。

4. 应用

芯层发泡硬聚氯乙烯(PVC-U)管材主要应用于建筑排水系统，由于该类管材噪音低，更适合于高层建筑排水系统。

1.7.3　建筑排水用硬聚氯乙烯(PVC-U)内螺旋管材

1. 概述

(1) 名称及简介

建筑排水用硬聚氯乙烯内螺旋管材是以氯乙烯树脂单体为主，经挤压成型的内壁有数条凸出三角形螺旋肋(与管壁一起加工成型)的圆管，其三角形肋具有引导水流沿管内壁呈螺旋状下落的功能，是主要应用于建筑物内排水立管的专用管材。其产品的外观、规格尺寸、标志应符合《建筑排水用硬聚氯乙烯内螺旋管管道工程技术规程(附条文说明)》(CECS 94—2002)的有关规定。

(2) 外观

管材的颜色应一致，一般为灰色或白色，无色泽不均及分解变色线。内外壁应光滑、平整、无气泡、无裂纹、无脱皮和严重的冷斑及明显的痕纹、凹陷，管材轴向不得有异向弯曲，其直线度偏差小于1%；端口必须平整且垂直于轴线，在同一截面的壁厚偏差不得超过14%。

(3) 规格

内螺旋管材结构如图 1-51 所示，规格尺寸见表 1-49。

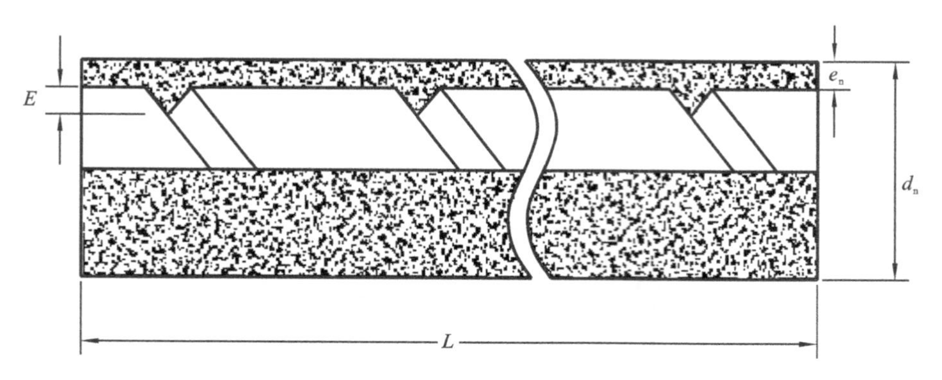

图 1-51　内螺旋管材结构

表 1-49　PVC-U 内螺旋管排水立管的规格尺寸　　单位：mm

公称外径 d_n		壁厚 e_n		螺旋高 E		长度 L	
基本尺寸	偏差	基本尺寸	偏差	基本尺寸	偏差	基本尺寸	偏差
75	+0.3	2.3	+0.4	3.0	+0.4	4000 或 6000	±10
110	+0.4	3.2	+0.6	3.0	+0.4		
160	+0.5	4.0	+0.6	3.0	+0.4		

(4) 标志

管材的颜色一般为灰色或白色，管材上应标有生产厂名称、规格及执行标准号。

2. 性能

(1) 主要性能特点

建筑物室内排水螺旋单立管系统主要是由螺旋管及与之配套的三通或四通组成的。由于管内螺旋肋的导流作用，管内水流沿管内壁呈螺旋旋转下落，管中心形成一个通畅空气柱，使通气能力提高 5～6 倍，管内壁形成较为稳定而密实的水流，大大提高了通水能力，显著降低了立管内的压力波动。三通或四通与排水立管相接不对中，能把横支管流来的污水从圆周切线方向导流进入立管，因而减少了水流碰撞，为降低排水管噪声创造了条件，同时可以削弱支管进水的水舌和避免形成水塞。在三通的下端还设有防止排水逆流的特殊构造。这种室内排水管系统经使用，证明其排水量和通气效果卓越，使用此排水管系统的建筑物无须再设辅助通气管，因此得到广泛应用。其特点主要有如下几点。

① 排水量大。例如，直径为 110 mm 的螺旋管最大通水能力达 6 L/s，由于该系统省略通气管系统，不但节省材料，节约人工等安装费用，同时增加了室内使用面积。

② 由于螺旋管比普通塑料管降低噪声 5～7 dB，因而创造了很好的家居环境。

③ 由于螺旋管良好的减压性能，因而大大提高了高层建筑排水管的安全系数，也降低了因各种原因形成的大便器返溢的可能性。

④ 由于管道系统采用丝扣柔性连接，不仅安装、维修方便，而且外观精美，抗震效果好。

(2) 标准中的技术要求

管材及管件应符合中国工程建设标准化协会2002年批准的《建筑排水用硬聚氯乙烯内螺旋管管道工程技术规程(附条文说明)》(CECS 94—2002)的有关规定。

管材的物理机械性能不得低于表1-50的规定。

表1-50 管材的物理机械性能

项目	技术指标	试验方法标准
拉伸屈服强度/MPa	≥40	GB/T 8804.1—2003
断裂伸长率/(%)	≥80	GB/T 8804.1—2003
维卡软化温度/℃	≥79	GB/T 8802—2001
扁平试验(压至外径的1/2)	无破裂	—
落锤冲击试验(20 ℃)TIR/(%)	9/10通过	GB/T 14152—2001
纵向回缩率/(%)	≤9	GB/T 6671—2001

3. 管件与连接

(1) 管件

管件的颜色应一致,无色泽不均及分解变色线,应完整无损、无变形,浇口及溢边应修剪平整,无开裂,内外表面平滑。管件的物理力学性能不得低于表1-51的规定。

表1-51 管件的物理力学性能

项目	技术指标	试验方法标准
维卡软化温度/℃	70	GB/T 8802—2001
烘箱试验	合格	GB/T 8803—2001
坠落试验	无破裂	GB/T 8801—2007

管道系统连接用的专用管件,可采用硬聚氯乙烯(PVC-U)、玻璃纤维增强聚丙烯(FRPP)等热塑性塑料注塑成型制造。用于接入立管的旋转进水型三通及四通的规格尺寸,可按下列规程中图、表或生产厂的规格采用。

旋转进水型管件规格尺寸(CECS 94—2002)如下所示。

① 三通(中心横向进水型),见表1-52及图1-52。

表1-52 中心横向进水型三通规格尺寸 单位:mm

规格	Z_1	Z_2	Z_3	L_1	L_2	L_3	L_4	W
75×50	73.5	30	74	131.5	86.5	110	165	110
75×75	73.5	30	84	131.5	91	143	198	110
110×50	95	31	96	149	96	132	204	144
110×75	84	33	104	148	97	160	232	144
110×110	83	33	113	146	96	176	248	144
160×110	107	54	126	182	129	199	299	200

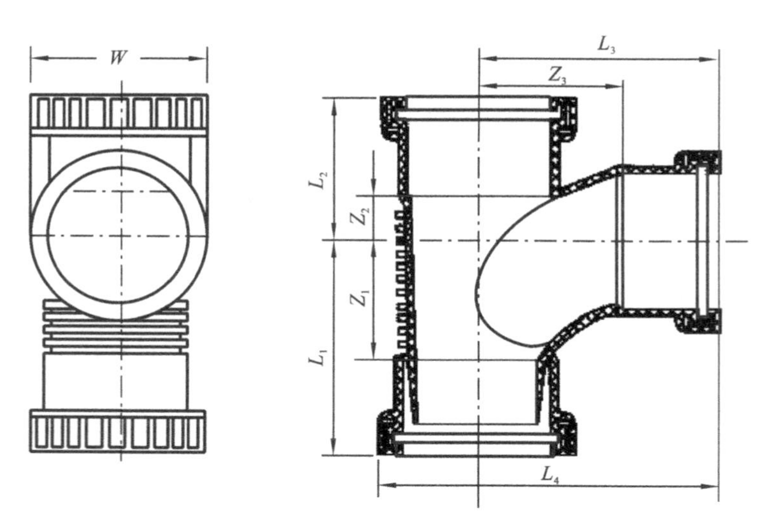

图 1-52　中心横向进水型三通

② 四通，见表 1-53、表 1-54 及图 1-53、图 1-54。

表 1-53　中心横向对称型四通规格尺寸

单位：mm

规　　格	Z_1	Z_2	L_1	L_2	L_3	L_4
110×110	12	106	268	84	167.5	335
160×110	183	127	310	86	203	406

表 1-54　中心横向直角进水型四通规格尺寸

单位：mm

规　　格	Z_1	Z_2	Z_3	L_1	L_2	L_3	L_4
110×110	91	36	115	146	100	179	251
160×110	107	54	107	179	129	199	300

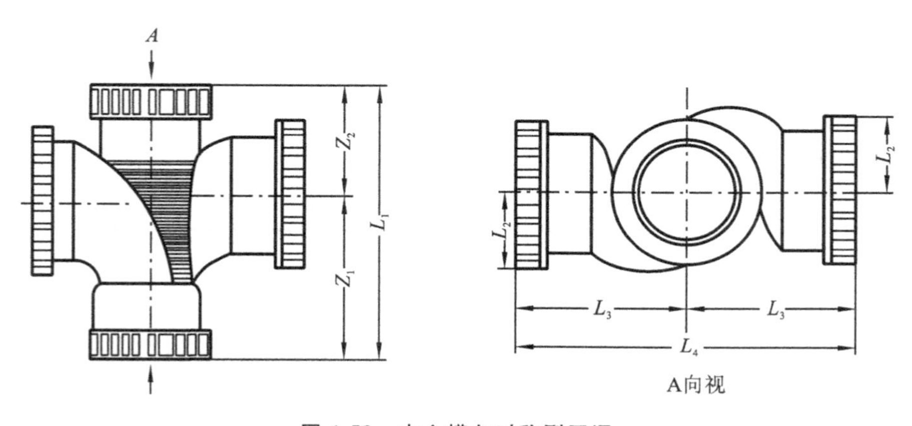

图 1-53　中心横向对称型四通

③ 用于横管系统的螺母挤压密封接头主要有弯头、三通、四通、异径管等管件，见表 1-55、表 1-56 及图 1-55～图 1-62。

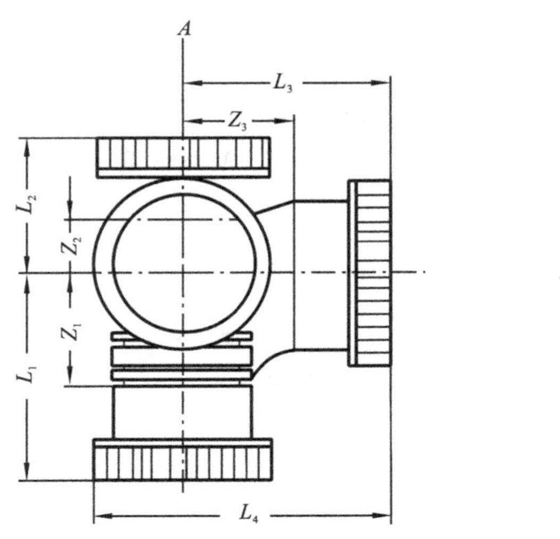

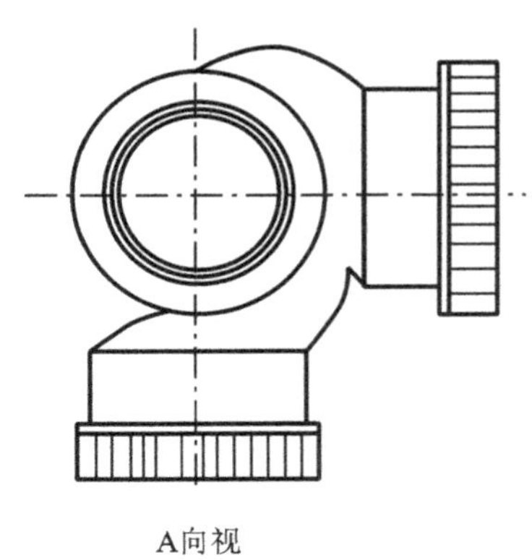

图 1-54　中心横向直角进水型四通

表 1-55　螺母挤压带止水翼密封圈接头规格尺寸　单位:mm

公称外径 d_n	D	L_1	L_2
50	77	25	22
75	111	40	24
110	144	48	29
160	200	58	33

表 1-56　螺母挤压圆形密封圈接头规格尺寸　单位:mm

公称外径 d_n	D	L_1	L_2
50	75.8	33	22.5
75	102.4	47	25
110	114.2	58	31
160	198.2	68	34

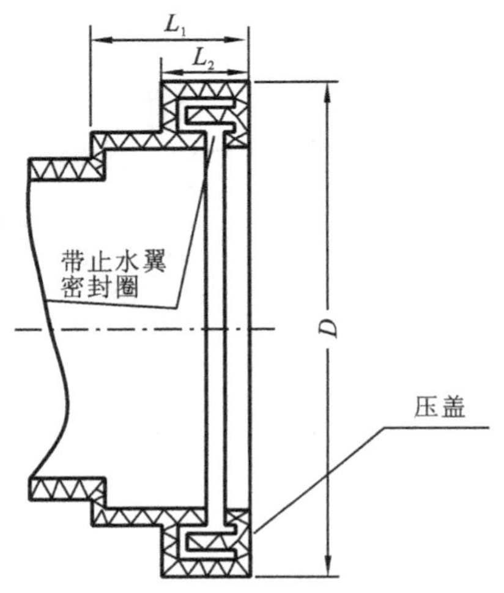

图 1-55　螺母挤压带止水翼密封圈接头

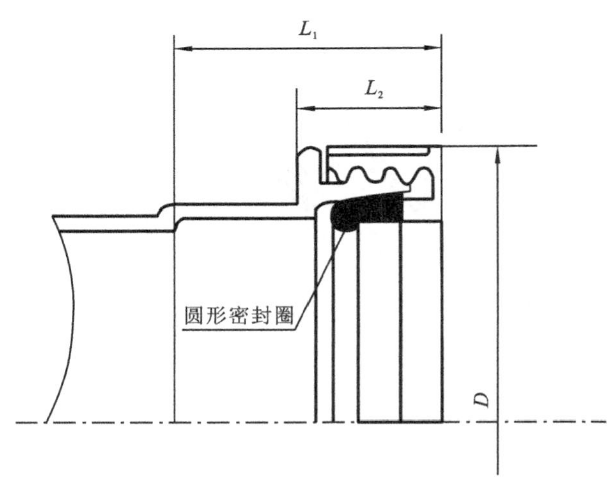

图 1-56　螺母挤压圆形密封圈接头

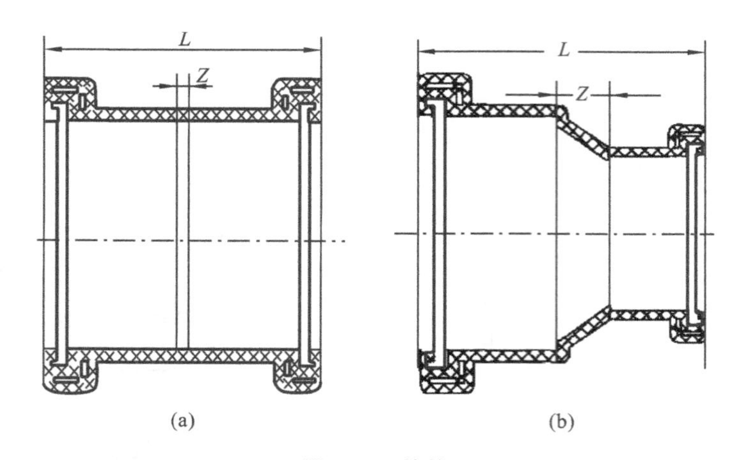

图 1-57　管箍

(a)管箍;(b)异径管箍

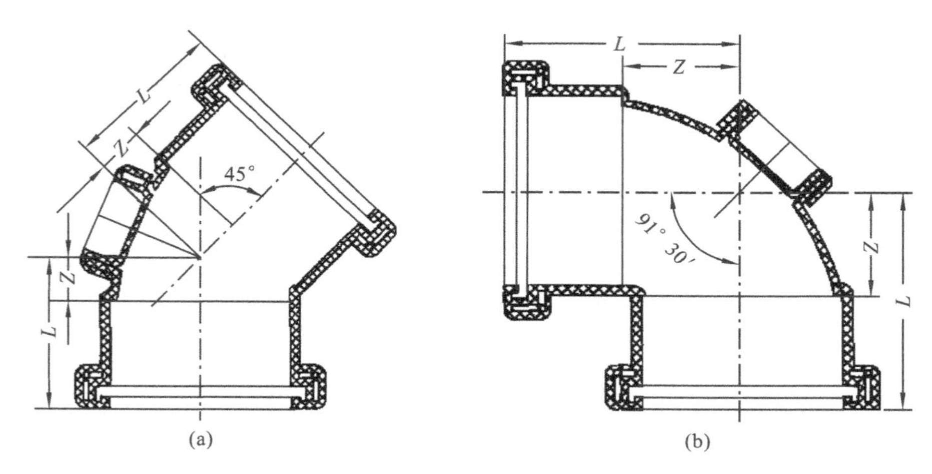

图 1-58　弯头

(a)45°弯头;(b)90°弯头

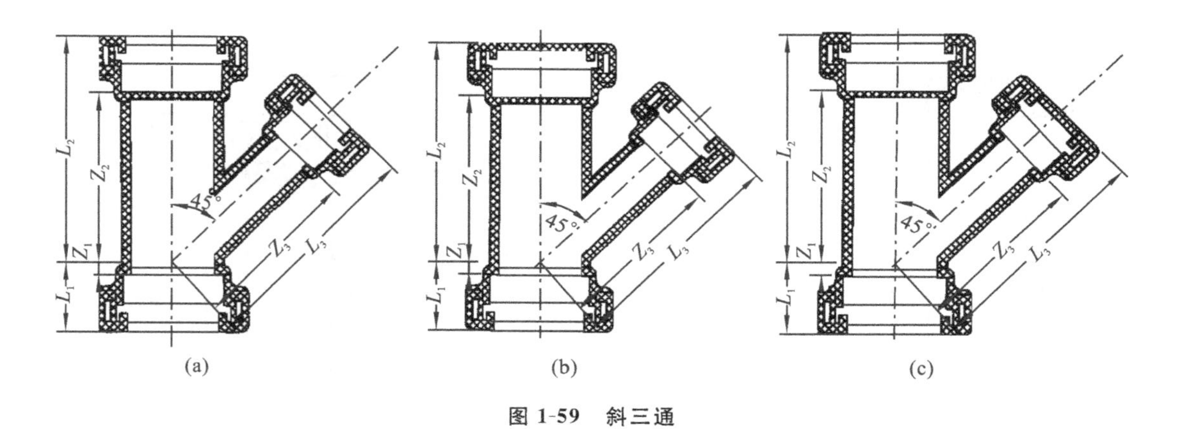

图 1-59　斜三通

(a)45°斜三通;(b)45°斜三通(上端封闭型);(c)45°斜三通(侧端封闭型)

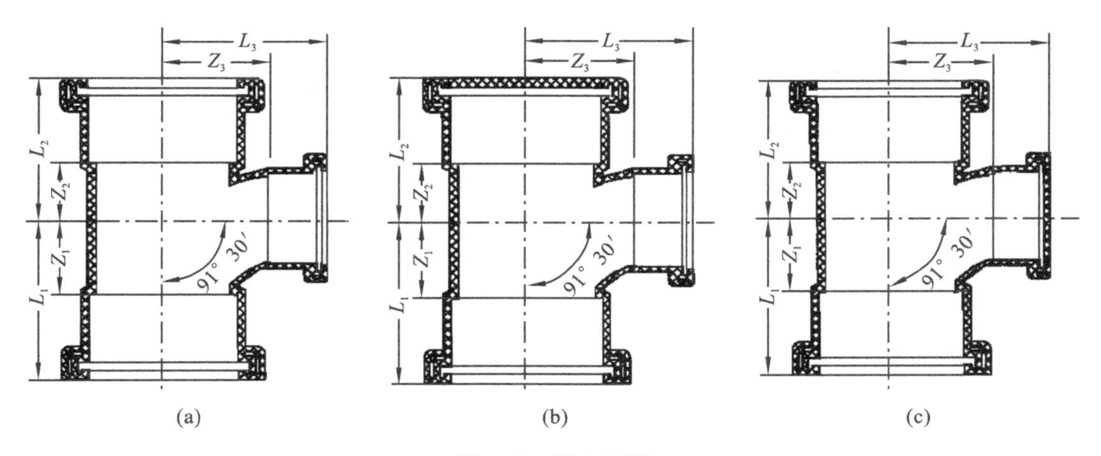

图1-60 顺水三通

(a)90°顺水三通;(b)90°顺水三通(上端封闭型);(c)90°顺水三通(侧端封闭型)

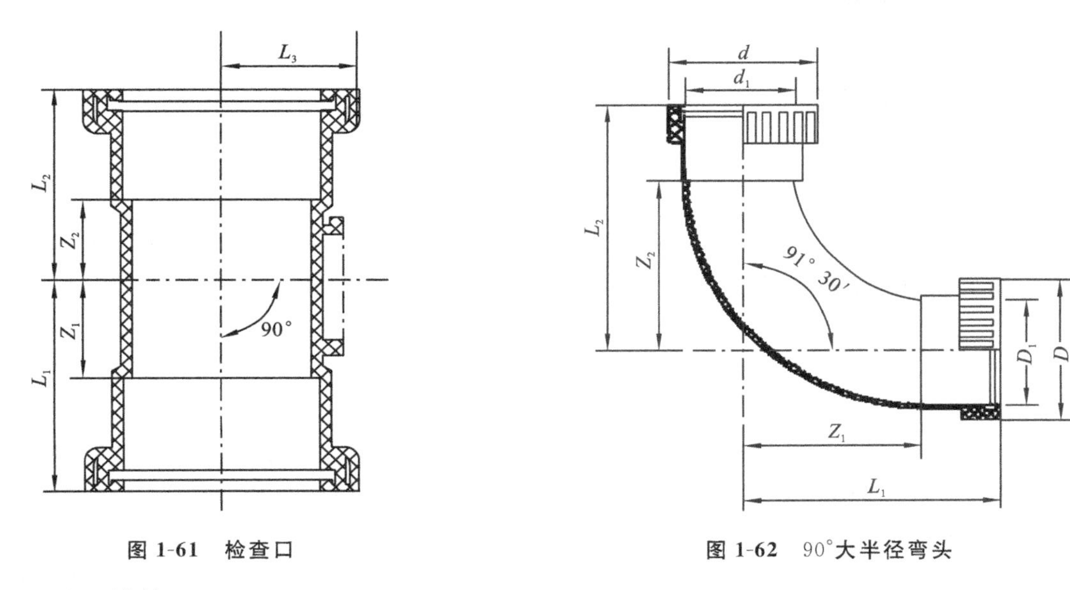

图1-61 检查口

图1-62 90°大半径弯头

(2) 连接

横管接入立管的三通及四通管件必须采用螺母挤压密封圈接头的旋转进水型管件。横管接头宜采用螺母挤压密封圈接头,也可采用粘接接头。

管道的螺纹胶圈滑动接头应符合下列规定。

① 应采用注塑螺纹管件,不得在管件上车制螺纹。

② 密封圈止水翼位置应正确。

③ 清除管子及管件上的油污杂物,接头上应保持清洁,管端插入接头允许滑动部分的伸缩量应按闭合温差计算确定,也可按表1-57的规定选取。

④ 插入深度确定后应试插一次,并按插入深度要求在管口表面画出标记。

⑤ 组装时,确认密封圈、螺帽等位置方向正确无误后,可将管端平直插入承口到底,再拔出到管壁画出标记的位置,螺帽先用手拧紧后再用专用工具。用力要适当,防止螺帽胀裂。

4. 应用范围

建筑排水用硬聚氯乙烯(PVC-U)内螺旋管材主要应用于建筑物内的排水立管。

表 1-57 管长为 4 m 时管口伸缩量表

施工现场温度/℃	设计最大升温/℃	设计最大降温/℃	伸量/mm	缩量/mm
10～25	30	35	8.4	9.2
20～35	20	45	5.6	12.6
0～15	40	25	11.2	7.0

注:① 本表以室内最高温度 40 ℃、最低温度 −10 ℃的温度差计算;
② 长度小于 4 m,可按长度比例增减;
③ 温差小的地区可按实际温差计算伸缩量。

1.8 市政给水用管材

1.8.1 给水用硬聚氯乙烯(PVC-U)管材

1. 概述

(1) 名称及简介

给水用硬聚氯乙烯(PVC-U)管材是以聚氯乙烯树脂为主要原料,加入适量助剂,经混合挤出加工成型的塑料管材,管材中不含增塑剂。给水用硬聚氯乙烯(PVC-U)管材的外观、规格尺寸和标志应符合标准《给水用硬聚氯乙烯(PVC-U)管材》(GB 10002.1—2006)的要求。

(2) 外观

管材内外表面应光滑、平整、无凹陷、无分解变色线和其他影响管材性能的表面缺陷。管材不应含有可见杂质。管材端面应切割平整并与轴线垂直,管材应不透光。

(3) 规格尺寸

给水用硬聚氯乙烯(PVC-U)管材的长度(L)一般为 4 m、6 m、8 m、12 m,也可由供需双方商定,偏差为+0.4%、−0.2%,长度测量位置如图 1-63 所示。管材规格尺寸为 d_n20～d_n1000 mm,管材公称压力为 0.6 MPa、0.8 MPa、1.0 MPa、1.25 MPa、1.6 MPa。

硬聚氯乙烯(PVC-U)管材的公称压力是指管材在 20 ℃条件下输送水的工作压力。

(4) 标志

对于给水用硬聚氯乙烯(PVC-U)管材,每根管材永久性标志不得少于两处。标志至少应包括下列内容。

① 生产厂名、厂址。

② 产品名称,应注明(PVC-U)饮用水或(PVC-U)非饮用水。

③ 规格尺寸。公称压力、公称外径和壁厚。

④ 管材标准号。

⑤ 生产日期。

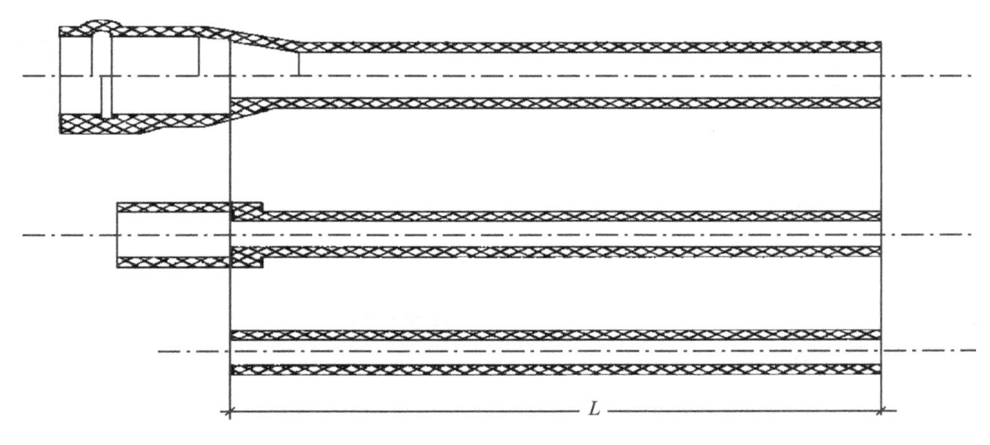

图1-63 管材长度

2. 性能

(1) 主要性能特点

给水用硬聚氯乙烯(PVC-U)管材具有如下主要性能特点。

① 机械性能好。管材耐水压强度、耐外压强度、耐冲击强度均良好。抗压性好，压至外径的1/2也不会破裂。

② 流动阻力小。PVC-U管材内壁光滑、流动阻力小、粗糙率为0.008～0.009，输水能力较铸铁管提高25%，较混凝土管提高50%。

③ 耐腐蚀，使用寿命长。PVC-U管材具有良好的耐腐蚀性，不受潮湿水分和土壤酸度的影响，不导电，对电介质腐蚀不敏感，管道铺设时无须做任何防腐处理。使用寿命长达50年以上。

④ 卫生性良好，不影响水质。PVC-U管材产品所用原料聚氯乙烯单体含量不超过5 mg/kg，所用助剂卫生无毒，可以确保管材的卫生性能符合饮用水卫生要求。管材在使用过程中不结垢、不滋生藻类和其他微生物，不会使自来水产生气味、味道和颜色，不会对水质造成二次污染。

⑤ 质量轻，装运方便。PVC-U管密度仅为钢、铸造铁管的1/5，混凝土的1/3。管材质量大约为同规格、同长度球墨铸铁的1/4、混凝土的1/10。因此搬运、装卸方便，运输费可降低1/3～1/2。

⑥ 连接方便，安装简便。由于PVC-U管质量轻，易连接，并且有一定的韧性，所以安装简便，施工工程费低廉。

⑦ 维修方便，维护费用更低。PVC-U管材修理容易，不需要昂贵的费用和复杂的工具。根据实际工程经验，PVC-U管材的维护费用仅为铸铁管或混凝土管的30%。

⑧ 耐候性。管材中添加防紫外线剂，能有效地防止紫外线对产品的影响。

(2) 技术要求

给水用硬聚氯乙烯(PVC-U)管材的技术要求主要包括管材的弯曲度、管材承口的最小深度、物理性能、力学性能等。

PVC-U管材的弯曲度应符合表1-58的规定。

表 1-58 管材的弯曲度

公称外径 d_n/mm	≤32	40～200	≥225
弯曲度/(%)	不规定	≤1.0	≤0.5

橡胶密封圈式连接的承口最小深度应符合图 1-64 和表 1-59 的规定。溶剂粘接型承口的最小深度、承口中部内径尺寸应符合图 1-65 和表 1-59 的规定。溶剂粘接型承口壁厚不得低于管材公称壁厚的 75%。

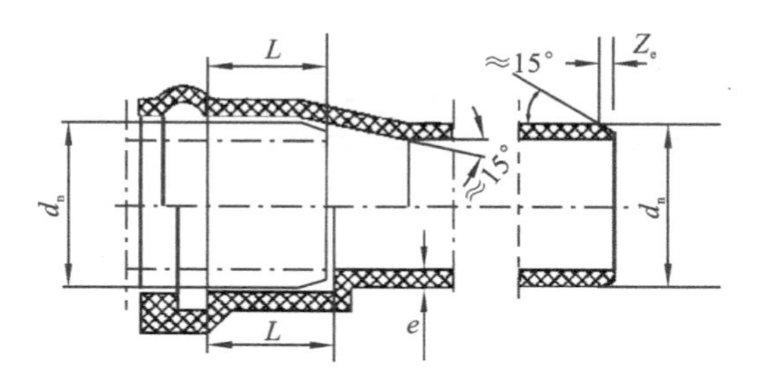

图 1-64 橡胶密封圈式连接的承口

图 1-65 溶剂粘接型承口

表 1-59 承口尺寸 单位:mm

公称外径 d_n	橡胶密封圈式承口深度 L	溶剂粘接型承口深度 L_{min}	溶剂粘接型承口中部平均内径	
			最小 $d_{sm,min}$	最大 $d_{sm,max}$
20	—	16.0	20.1	20.3
25	—	18.5	25.1	25.3
32	—	22.0	32.1	32.3
40	—	26.0	40.1	40.3
50	—	31.0	50.1	50.3
63	64	37.5	63.1	63.3
75	67	43.5	75.1	75.3
90	70	51.0	90.1	90.3
110	75	61.0	110.1	110.4
125	78	68.5	125.1	125.4
140	81	76.0	140.2	140.5
160	86	86.0	160.2	160.5
180	90	96.0	180.3	180.6
200	94	106.0	200.3	200.6
225	100	118.5	225.3	225.6
250	105	—	—	—
280	112	—	—	—
315	118	—	—	—
355	124	—	—	—

续表

公称外径 d_n	橡胶密封圈式承口深度 L	溶剂粘接型承口深度 L_{min}	溶剂粘接型承口中部平均内径	
			最小 $d_{sm,min}$	最大 $d_{sm,max}$
400	130	—	—	—
450	138	—	—	—
500	145	—	—	—
560	154	—	—	—
630	165	—	—	—

注：① 承口部分的平均内径，是指在承口深度 1/2 处所测定的相互垂直的两直径的算术平均值。承口深的最大倾角应不超过 0°30′；

② 弹性密封圈式承口深度是按管材长度达 12 m 的规定尺寸。

管材物理性能应符合表 1-60 的规定。管材的力学性能应符合表 1-61 的规定。

表 1-60　管材物理性能

项　目	技术指标	试验方法
密度	1350～1460 kg/m^3	GB 1033.1—2008
维卡软化温度	≥80 ℃	GB/T 8802—2001
纵向回缩率	≤5%	GB/T 6671—2001
二氯甲烷浸渍试验(15 ℃、15 min)	表面变化不劣于 4L	GB/T 13526—2007

表 1-61　管材的力学性能

项　目	技术指标	试验方法
落锤冲击实验(0 ℃)TIR	≤5%	GB/T 14152—2001
液压试验	无破裂，无渗漏	GB/T 6111—2003
连接密封试验	无破裂，无渗漏	GB/T 6111—2003

3. 管件与连接

(1) 给水用硬聚氯乙烯(PVC-U)管件

给水用硬聚氯乙烯(PVC-U)管件是以聚氯乙烯树脂为主要原料，经注塑成型或用管材二次加工成型的。按照连接方式不同，分为粘接式承口管件、弹性密封圈式承口管件、螺纹接头管件和法兰连接管件。按照加工方式的不同分为注塑管件和管材弯制成型管件。

管件内外表面应光滑，不允许有脱层、明显气泡、痕纹、冷斑以及色泽不匀等缺陷。

(2) 给水用硬聚氯乙烯(PVC-U)管材的连接

给水用硬聚氯乙烯(PVC-U)管材按连接形式分为弹性密封圈连接型和溶剂粘接型等。

4. 应用范围

给水用硬聚氯乙烯(PVC-U)管材的热变形温度较低，因此它不能在较高的温度条件下使用，适用于压力下输送温度不超过 45 ℃的一般用途液体和饮用水的输送，可广泛用于市政、建筑、农业等行业的管道系统。

1.8.2 给水用聚乙烯(PE)管材

1. 概述

(1) 名称及简介

给水用聚乙烯(PE)管材是以聚乙烯树脂为主要原料,采用挤出成型工艺生产。

(2) 外观

给水用聚乙烯(PE)管材的外观颜色:市政饮用水管材要求为蓝色或黑色,黑色管上应有蓝色色条,色条沿管材纵向至少有三条;其他用途水管可为蓝色和黑色。暴露在阳光下的敷设管道(如地上管道)必须是黑色。

管材的内外表面应清洁、光滑,不允许有气泡、明显的划伤、凹陷、杂质、颜色不均等缺陷。管端头应切割平整,并与管轴线垂直。

(3) 规格尺寸

聚乙烯给水管材按照材料不同分为PE63、PE80、PE100三个等级。不同等级原料生产的管材分别对应不同的公称压力。聚乙烯给水管材的公称压力和规格尺寸分别见表1-62～表1-64。

表1-62 PE63级聚乙烯给水管材公称压力和规格尺寸

公称外径 d_n/mm	公称壁厚 e_n/mm				
	标准尺寸比				
	SDR33	SDR26	SDR17.6	SDR13.6	SDR11
	公称压力 PN/MPa				
	0.32	0.4	0.6	0.8	1.0
16	—	—	—	—	2.3
20	—	—	—	2.3	2.3
25	—	—	2.3	2.3	2.3
32	—	—	2.3	2.4	2.9
40	—	2.3	2.3	3.0	3.7
50	—	2.3	2.9	3.7	4.6
63	2.3	2.5	3.6	4.7	5.8
75	2.3	2.9	4.3	5.6	6.8
90	2.8	3.5	5.1	6.7	8.2
110	3.4	4.2	6.3	8.1	10.0
125	3.9	4.8	7.1	9.2	11.4
140	4.3	5.4	8.0	10.3	12.7
160	4.9	6.2	9.1	11.8	14.6
180	5.5	6.9	10.2	13.3	16.4
200	6.2	7.7	11.4	14.7	18.2
225	6.9	8.6	12.8	16.6	20.5
250	7.7	9.6	14.2	18.4	22.7

续表

公称外径 d_n/mm	公称壁厚 e_n/mm				
	标准尺寸比				
	SDR33	SDR26	SDR17.6	SDR13.6	SDR11
	公称压力 PN/MPa				
	0.32	0.4	0.6	0.8	1.0
280	8.6	10.7	15.9	20.6	25.4
315	9.7	12.1	17.9	23.2	28.6
355	10.9	13.6	20.1	26.1	32.2
400	12.3	15.3	22.7	29.4	36.3
450	13.8	17.2	25.5	33.1	40.9
500	15.3	19.1	28.3	36.8	45.4
560	17.2	21.4	31.7	41.2	50.8
630	19.3	24.1	35.7	46.3	57.2
710	21.8	27.2	40.2	52.2	—
800	24.5	30.6	45.3	58.8	—
900	27.6	34.4	51.0	—	—
1000	30.6	38.2	56.6	—	—

表1-63 PE80级聚乙烯给水管材公称压力和规格尺寸

公称外径 d_n/mm	公称壁厚 e_n/mm				
	标准尺寸比				
	SDR33	SDR21	SDR17	SDR13.6	SDR11
	公称压力 PN/MPa				
	0.4	0.6	0.8	1.0	1.25
16	—	—	—	—	—
20	—	—	—	—	—
25	—	—	—	—	2.3
32	—	—	—	—	3.0
40	—	—	—	—	3.7
50	—	—	—	—	4.6
63	—	—	—	4.7	5.8
75	—	—	4.5	5.6	6.8
90	—	4.3	5.4	6.7	8.2
110	—	5.3	6.6	8.1	10.0
125	—	6.0	7.4	9.2	11.4
140	4.3	6.7	8.3	10.3	12.7

续表

公称外径 d_n/mm	公称壁厚 e_n/mm				
	标准尺寸比				
	SDR33	SDR21	SDR17	SDR13.6	SDR11
	公称压力 PN/MPa				
	0.4	0.6	0.8	1.0	1.25
160	4.9	7.7	9.5	11.8	14.6
180	5.5	8.6	10.7	13.3	16.4
200	6.2	9.6	11.9	14.7	18.2
225	6.9	10.8	13.4	16.6	20.5
250	7.7	11.9	14.8	18.4	22.7
280	8.6	13.4	16.6	20.6	25.4
315	9.7	15.0	18.7	23.2	28.6
355	10.9	16.9	21.1	26.1	32.2
400	12.3	19.1	23.7	29.4	36.3
450	13.8	21.5	26.7	33.1	40.9
500	15.3	23.9	29.7	36.8	45.4
560	17.2	26.7	33.2	41.2	50.8
630	19.3	30.0	37.4	46.3	57.2
710	21.8	33.9	42.1	52.2	—
800	24.5	38.1	47.4	58.8	—
900	27.6	42.9	53.3	—	—
1000	30.6	47.7	59.3	—	—

表 1-64　PE100 级聚乙烯给水管材公称压力和规格尺寸

公称外径 d_n/mm	公称壁厚 e_n/mm				
	标准尺寸比				
	SDR26	SDR21	SDR17	SDR13.6	SDR11
	公称压力 PN/MPa				
	0.6	0.8	1.0	1.25	1.6
32	—	—	—	—	3.0
40	—	—	—	—	3.7
50	—	—	—	—	4.6
63	—	—	—	4.7	5.8
75	—	—	4.5	5.6	6.8
90	—	4.3	5.4	6.7	8.2

续表

公称外径 d_n/mm	公称壁厚 e_n/mm				
	标准尺寸比				
	SDR26	SDR21	SDR17	SDR13.6	SDR11
	公称压力 PN/MPa				
	0.6	0.8	1.0	1.25	1.6
110	4.2	5.3	6.6	8.1	10.0
125	4.8	6.0	7.4	9.2	11.4
140	5.4	6.7	8.3	10.3	12.7
160	6.2	7.7	9.5	11.8	14.6
180	6.9	8.6	10.7	13.3	16.4
200	7.7	9.6	11.9	14.7	18.2
225	8.6	10.8	13.4	16.6	20.5
250	9.6	11.9	14.8	18.4	22.7
280	10.7	13.4	16.6	20.6	25.4
315	12.1	15.0	18.7	23.2	28.6
355	13.6	16.9	21.1	26.1	32.2
400	15.3	19.1	23.7	29.4	36.3
450	17.2	21.5	26.7	33.1	40.9
500	19.1	23.9	29.7	36.8	45.4
560	21.4	26.7	33.2	41.2	50.8
630	24.1	30.0	37.4	46.3	57.2
710	27.2	33.9	42.1	52.2	—
800	30.6	38.1	47.4	58.8	—
900	34.4	42.9	53.3	—	—
1000	38.2	47.7	59.3	—	—

关于管材的长度，直管长度一般为 6 m、9 m、12 m，长度的极限偏差为长度的＋0.4%，－0.2%；如果采用盘管，盘管的盘架直径应不小于管材外径的 18 倍。

(4) 标志

管材出厂时应有永久性标志，且间距不超过 2 m。标志至少应包括生产厂名或商标、公称外径、标准尺寸比(或 SDR)、材料等级(PE63、PE80 或 PE100)、公称压力(或 PN)、生产日期、采用标准号、水(或 water)(仅适用于饮水管)。

2. 性能

(1) 主要性能特点

给水用聚乙烯(PE)管材具有以下特点。

① 耐腐蚀。聚乙烯为惰性材料，除少数强氧化剂外，可耐多种化学介质的侵蚀。无电

化学腐蚀，不需要防腐层。

② 接头牢固、不泄漏。聚乙烯管道主要采用熔接连接（热熔或电熔连接），本质上保证了接口材质、结构与管体本身的统一性，杜绝了漏水的隐患。

③ 无毒、卫生。聚乙烯材质无毒性，加工时不添加重金属盐等稳定剂，卫生安全。管道运行时，管壁无结垢层，不滋生细菌，能很好地解决城市饮用水的二次污染问题。

④ 水力特性好，管道阻力小。聚乙烯管管壁光滑，沿程摩擦阻力比金属管道的小，可降低管网运行能耗。

⑤ 高韧性。聚乙烯管断裂伸长率一般超过 500%，对管基不均匀沉降的适应能力非常强。

⑥ 优良的挠性。聚乙烯管可以进行盘卷，以较长的长度供应，减少连接接口数量。

⑦ 聚乙烯管道具有良好的抵抗刮痕能力。

⑧ 良好的快速裂纹传递抵抗能力。

⑨ 使用寿命长，安全可靠，使用寿命可达 50 年以上。

⑩ 密度小，质量轻。聚乙烯材料的密度为 0.94～0.96 g/cm^3，仅为钢的 1/8。由于质量轻，因此装卸方便、易于安装，可大大减轻工人的施工劳动强度。

⑪ 原料可回收利用。聚乙烯在生产、施工、使用过程中对环境无污染，废料可回收利用，属于绿色产品。

(2) 技术要求

对于聚乙烯管材，主要在生产原料、静液压强度、物理性能和卫生性能方面作了相关规定。

3. 管件与连接

(1) 给水用聚乙烯(PE)管件

聚乙烯(PE)管件按连接方式分为三类：熔接连接管件、机械连接管件、法兰连接管件（见图 1-66）。熔接连接管件分为三类：电熔管件（见图 1-67）、插口管件、热熔承插连接管件。

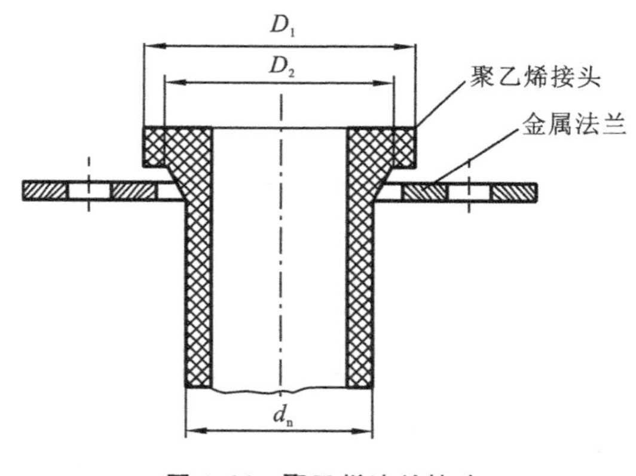

图 1-66 聚乙烯法兰接头

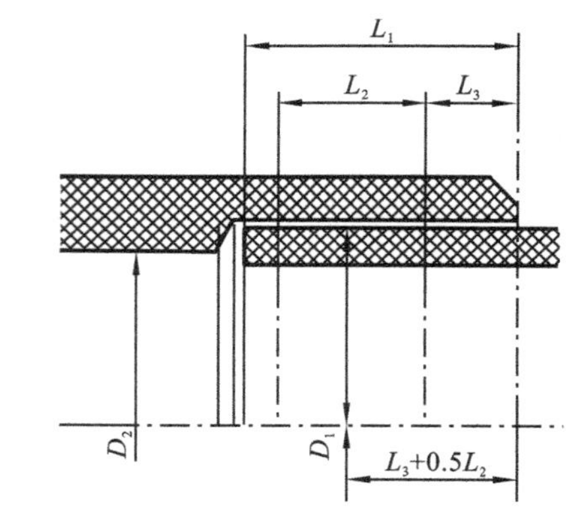

图 1-67 电熔管件承口示意图

(2) 给水用聚乙烯(PE)管材的连接

聚乙烯给水管的连接分为热熔连接和电熔连接。其熔接原理是聚乙烯一般可在 190～240 ℃的范围内被熔化，此时若将管材或管件熔化的部分充分接触，并保持适当的压力（电熔焊接的压力来源于焊接过程中聚乙烯自身产生的热膨胀),冷却后便可牢固地融为一体。

电熔连接通过对预埋于电熔管件内表面的电热丝通电而使其加热,从而使管件的内表面及管材(或管件)的外表面分别被熔化,冷却到要求的时间后而达到焊接的目的。电熔连接的特点是连接方便、迅速,接头质量好,外界因素干扰小,在口径较小的管道上应用比较经济。

热熔连接是采用热熔对焊机来加热管端,使其熔化,迅速将其贴合,保持一定时间,经冷却达到熔接的目的。各尺寸的PE管均可采取热熔对接方式连接,通常对于d_n63 mm(或壁厚5 mm)以上的管材采用对接热熔连接。

1.8.3 玻璃钢夹砂管(RPM)

1. 概述

(1) 名称及简介

玻璃纤维增强塑料夹砂管是以玻璃纤维及其制品为增强材料,以不饱和聚酯树脂、环氧树脂等为基体材料,以石英砂及碳酸钙等无机非金属材料为填料,按一定工艺方法制成的管道,通常简称玻璃钢夹砂管(RPM)。玻璃钢夹砂管生产工艺有三种:定长缠绕成型工艺、离心浇注成型工艺、连续缠绕工艺。

定长缠绕成型工艺是在长度一定的管模上,采用缠绕工艺在整个长度内由内至外逐层制造RPM管的一种生产方法;离心浇注成型工艺是把玻璃纤维、树脂、石英砂等按一定要求浇注到旋转着的模具内,加热固化后形成RPM管产品的一种生产方法;连续缠绕工艺是采用缠绕工艺逐段制造RPM管,由此形成任意长度的RPM管产品的一种生产方法。

(2) 外观

玻璃钢夹砂管的内外表面应光滑平整,无龟裂、分层、针孔、杂质、贫胶区及气泡,管端面应平齐、无毛刺,外表面无明显缺陷。

(3) 型号和规格尺寸

① 基本分类方法。玻璃纤维增强塑料夹砂管根据产品的工艺方法、压力等级和管刚度进行分级分类。

a. 工艺方法:Ⅰ——定长缠绕成型工艺;Ⅱ——离心浇注成型工艺;Ⅲ——连续缠绕工艺。

b. 压力等级PN:给水用玻璃钢夹砂管压力等级分为0.1 MPa、0.6 MPa、1.0 MPa、1.6 MPa、2.0 MPa、2.5 MPa。

c. 管刚度等级SN:管刚度等级分为1250 N/m^2、2500 N/m^2、5000 N/m^2、10000 N/m^2。

② 型号。一个完整的RPM管的型号表示方法如下:

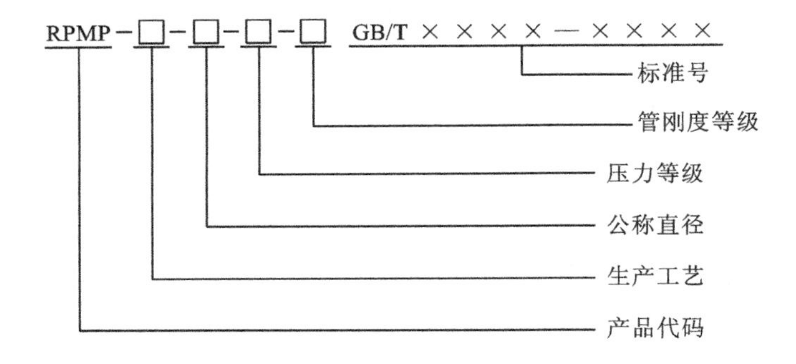

示例：采用定长缠绕工艺生产的公称直径为1200 mm，压力等级为0.6 MPa，管刚度等级为5000 N/m^2的玻璃钢夹砂管表示为RPMP-Ⅰ-1200-0.6-5000 GB/T 21238—2007。

③ 规格尺寸。

a. 玻璃钢夹砂管规格尺寸分为外径系列和内径系列两种，外径系列RPM管的规格尺寸见表1-65。

表1-65 外径系列RPM管的规格尺寸 单位：mm

公称直径	外直径	偏差
200	208	+2.0，−2.0
250	259	+2.1，−2.0
300	310	+2.3，−2.0
400	412	+2.5，−2.0
500	514	+2.8，−2.0
600	616	+3.0，−2.0
700	718	+3.3，−2.0
800	820	+3.5，−2.0
900	922	+3.8，−2.0
1000	1024	+4.0，−2.0
1200	1228	+4.5，−2.0
1400	1432	+5.0，−2.0
1600	1636	+5.5，−2.0
1800	1840	+6.0，−2.0
2000	2044	+6.5，−2.0
2200	2248	+7.0，−2.0
2400	2452	+7.5，−2.0
2500	2554	+8.0，−2.0

b. 内径系列RPM管的规格尺寸见表1-66。

c. 管的标准有效长度为6 m、12 m，长度偏差为±0.005L（L为管的有效长度）。

d. 管的最小壁厚应不小于标称厚度的87.5%，平均厚度应不小于标称厚度。

（4）标志

玻璃钢夹砂管至少应在一处做上标志，在正常装卸和安装中，字迹仍应保持清楚，标志应包括下列内容：生产厂名或商标、产品标志、批号及产品编号、生产日期。

表1-66 内径系列RPM管的规格尺寸 单位:mm

公称直径	内直径范围		偏差
	最小	最大	
200	196	204	±1.5
250	246	255	±1.5
300	296	306	±1.8
400	396	408	±2.4
500	496	510	±3.0
600	595	612	±3.6
700	695	714	±4.2
800	795	816	±4.2
900	895	918	±4.2
1000	995	1020	±4.2
1200	1195	1220	±5.0
1400	1395	1420	±5.0
1600	1595	1620	±5.0
1800	1795	1820	±5.0
2000	1995	2020	±5.0
2200	2195	2220	±5.0
2400	2395	2420	±6.0
2500	2495	2520	±6.0

2. 性能

(1) 主要性能特点

玻璃钢夹砂管具有以下优点。

① 轻质、高强。玻璃钢管因其强度高、刚度好、密度小(1.8～2.0 g/cm^3),故其比强度(材料的拉伸强度与其密度的比值)远远高于钢材、铸铁、混凝土等传统材料的比强度。

② 质量轻,运输方便。由于玻璃钢管道密度小、质量轻,等径条件下其单位长度质量约等于钢管的30%,是混凝土管质量的8%～10%,因此运输方便。

③ 具有优异的耐腐蚀性能。玻璃钢管具有特殊的耐化学腐蚀性能,可耐各种酸、碱、盐、氧化剂、有机溶剂、无机溶剂、污水、海水等,因此埋地使用可避免土壤中的电、化学腐蚀。

④ 内表面光滑,水阻系数小。其粗糙系数仅为0.0084,水力性能优异。在管径相同的情况下,玻璃钢管与钢管、铸铁管和混凝土管相比输送能力大、动力消耗小,可大大降低泵扬程,节省能源,降低运行费用。

⑤ 不爆管,接口可靠,安全性好。由于缠绕玻璃钢管具有特殊的结构和优异的性能,当

介质压力达到极限时，管道的破坏表现为冒汗或渗漏而不爆管，但压力下降到一定范围后，仍可正常使用，因此有助于提高城市供水的安全保障能力。

⑥ 无毒害、无二次污染。在使用过程中不结垢，不滋生藻类和其他微生物，不会对输送介质造成二次污染。对于提高城市供水质量有着十分重要的意义。

⑦ 热膨胀系数小。在使用中不需要加温度补偿措施，可在地表、地下、架空、海底、高寒、沙漠、冰冻、潮湿、酸碱等各种恶劣条件下正常使用。

⑧ 使用寿命长。管道设计使用寿命为50年，50年后管道的强度保留率仍不低于70%。

⑨ 设计灵活性大、适应性强。玻璃钢夹砂管可通过选择不同的树脂基体和增强材料来满足不同的化学介质和输送情况的要求。强度、刚度、压力、长度等可根据用户要求进行设计，通过改变设计和不同的材料选择，制造出各种规格、压力、刚度或其他特殊性能的产品，包括各种规格的管配件。可满足不同用户和不同工程条件下的使用要求，使用范围广。

（2）标准中的技术要求

玻璃纤维增强塑料夹砂管的有关标准分别对原材料、外观质量、尺寸、树脂中不可溶分含量、巴氏硬度、初始力学性能、24小时性能和长期性能等技术要求做出了规定。

3. 管件与连接

（1）玻璃钢夹砂管件

玻璃钢夹砂管件通常包括工厂内定型加工的管配件和现场制作的配件。玻璃钢管定型管配件常见的主要有弯头、三通、法兰、异径管等，其结构示意图如图1-68所示。在管道安装的过程中，往往根据实际情况需要现场制作管配件。这种管道配件常见的也如以上几种，但与定型配件所不同的是，配件的有关具体尺寸是根据现场管线的相对位置测量出来的。这种现场制作出来的管配件安装起来更方便、更迅速。

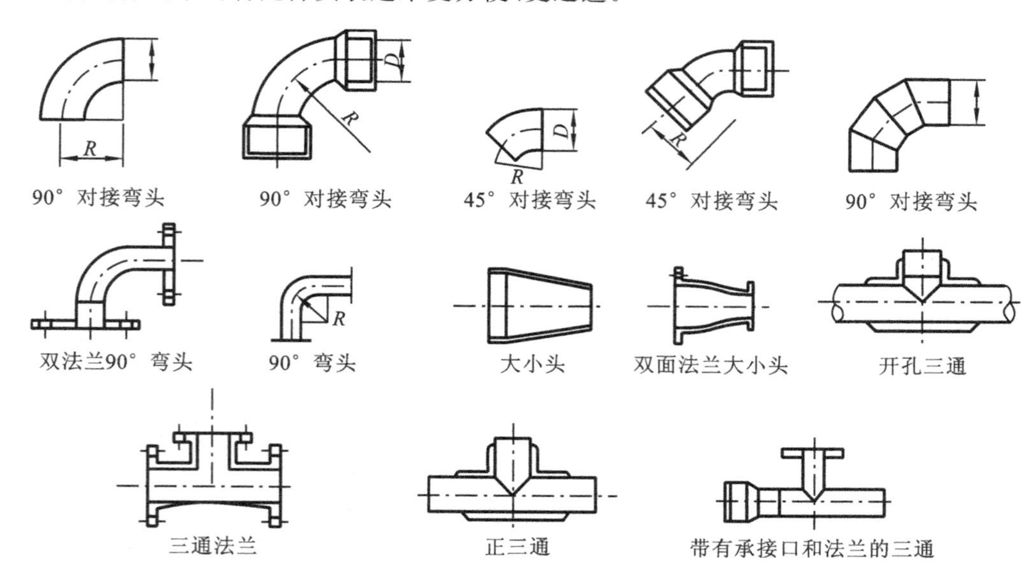

图1-68 玻璃钢管定型管配件结构示意图

（2）玻璃钢夹砂管的连接

玻璃钢夹砂管的连接分为无约束连接和约束连接。无约束连接指的是采用承插口式或套筒式带橡胶圈的连接形式，这种连接形式不能承受管轴方向的力。约束连接又分为粘接连接和法兰连接。粘接连接可以将管的连接端做成带一定锥度的承口和插口，用黏合剂将两者黏接成一体，或者将玻璃纤维增强材料用有催化剂作用的树脂基体进行浸渍，再将其铺到管结合处将两管连接成一体。法兰连接是指管端可制成与钢管、铸铁管及其管件或其他设备尺寸相匹配的法兰进行连接。法兰连接常用于经常拆卸的部位。

1.8.4 其他管材

1. ABS管材

(1) 概述

① 名称及简介。ABS即为丙烯腈-丁二烯-苯乙烯塑料，它综合了丙烯腈、丁二烯、苯乙烯共聚物各组分的特点，三种组分的共同作用使之成为一种综合性能良好的树脂：丙烯腈提供了良好的耐腐蚀性和表面硬度，丁二烯作为一种橡胶体提供了韧性，苯乙烯提供了良好的加工性能。用于生产管材和管件的ABS树脂中丙烯腈含量应大于20%，其他助剂含量不大于5%。

由于ABS管具有比PVC-U管材和PE管材更高的冲击韧性和耐热性，可以用于温度较高的场所，通常用于化工管道，也可用于市政给水、自来水、纯净水输送管等，但成本相对较高，用量较PVC-U管材和PE管材少。

② 外观。管材内表面应光滑平整，内外表面不允许有气泡、裂口、分解变色线及明显的划伤，管材两端应平整。

③ 规格尺寸。管材的长度一般为4 m或6 m，也可由供需双方商定；管材规格尺寸为d_n20～d_n400 mm，管材公称压力分为0.6 MPa、0.8 MPa和1.0 MPa等几个等级。管材公称压力和规格尺寸见表1-67。

④ 标志。对于给水用ABS管材，每根管有不得少于两处的永久性标志。标志应至少包括以下内容：生产厂名、管材标准号、规格尺寸、生产日期、产品代码。

表1-67 ABS管材的公称压力和规格尺寸 单位：mm

公称外径 d_n	壁厚 e_n			
	公称压力 PN			
	0.6 MPa	0.8 MPa	1.0 MPa	1.6 MPa
20	—	—	2.0	2.2
25	—	—	2.0	2.5
32	1.8	2.0	2.3	3.0
40	1.8	2.0	2.5	3.7
50	1.9	2.4	3.2	4.6
63	2.3	3.0	4.0	5.8
75	2.8	3.6	4.5	6.9
90	3.3	4.3	5.3	8.2
110	4.0	5.3	6.5	10.0
125	4.6	6.0	7.4	11.4

续表

公称外径 d_n	壁厚 e_n			
	公称压力 PN			
	0.6 MPa	0.8 MPa	1.0 MPa	1.6 MPa
140	5.1	6.7	8.3	12.8
160	5.8	7.7	9.5	14.6
200	7.3	9.6	11.8	18.2
225	8.2	10.8	13.3	20.5
250	9.1	11.9	14.8	22.8
280	11.4	15.0	18.6	28.6
315	12.9	16.9	20.9	32.3
355	14.5	19.1	23.6	36.4
400	16.3	21.5	26.5	41.0

(2) 性能

① 主要性能特点。ABS 管材是一种新型管材，具有许多优异的性能，主要表现在以下几个方面。

a. 抗内压强度高，抗冲击性能好，质地坚实而有韧性；以强大外力撞击，ABS 管不破裂，抗压强度大约是 PVC 管的 10 倍。

b. 无毒性：不含任何金属稳定剂，不会有重金属渗出污染，无毒和无二次污染。

c. 使用温度范围宽：使用温度范围为 −40～80 ℃，在此温度下可保持品质不变。

d. 化学性能稳定，耐腐蚀性好。

e. 不生锈、不结垢、内壁光滑阻力小。

f. 使用寿命长：正常使用 50 年以上。

g. 质量轻，易运输。

h. 连接方便：可采用螺纹连接、胶黏承插、法兰连接等多种方式，安装方便且质量可靠。

② 技术性能要求。

ABS 管材的技术性能要求主要有物理性能、力学性能和耐冲击性能等方面。

2. 钢丝骨架塑料复合管

(1) 概述

① 名称及简介。钢丝骨架塑料复合管（图 1-69）以钢丝为增强体，塑料（高密度聚乙烯 HDPE）为基体，采用钢丝点焊成网和挤出塑料真空填注同步进行，是在生产线上连续拉模成型的新型双面防腐压力管道。

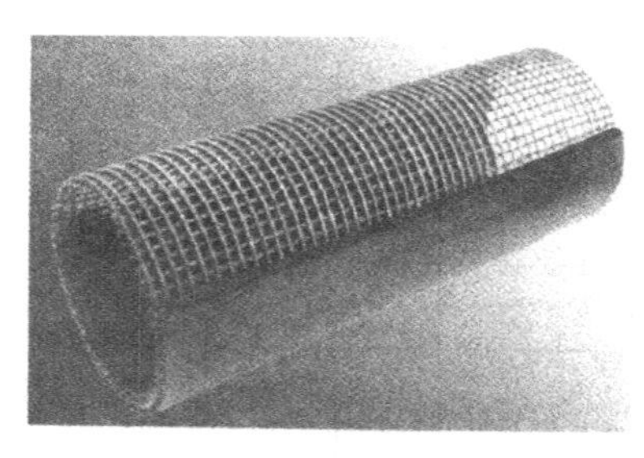

图 1-69 钢丝骨架塑料复合管外观

② 外观。管材内表面应光滑、平整，外表面应呈自然收缩状态，内外表面不允许有气泡、裂口、分解变色线及明显的划伤，管材两端应平整。法兰连接管的坡口凸台外观应光滑平整，无明显的凹坑或划痕，密封槽内无毛刺、气孔。

③ 规格尺寸。管材的长度一般为6 m、8 m、10 m、12 m，也可由供需双方商定；管材同一截面的壁厚极限偏差应不大于5.8%。管材规格尺寸为d_n50～d_n500 mm，管材公称压力分为1.0 MPa、1.25 MPa、1.6 MPa、2.0 MPa、2.5 MPa、3.0 MPa、3.5 MPa、4.0 MPa等几个等级。管材公称压力和规格尺寸见表1-68。

表1-68　钢丝骨架塑料复合管公称压力和规格尺寸

公称外径 d_n/mm	壁厚 e_n/mm	公称压力/MPa	壁厚 e_n/mm	公称压力/MPa
50	9.0	2.5	11.0	4.0
65	9.0	2.5	11.0	4.0
80	9.0	2.5	12.0	3.5
100	9.0	1.6	12.0	3.0
125	10.0	1.6	12.0	2.5
150	—	—	12.0	2.0
200	—	—	12.5	1.6
250	—	—	12.5	1.25
300	—	—	12.5	1.0
350	—	—	15.0	1.0
400	—	—	15.0	1.0
450	—	—	16.0	1.0
500	—	—	16.0	1.0

④ 标志。对于给水用钢丝骨架塑料复合管材，每根管有不得少于两处的永久性标志。标志应至少包括以下内容：生产厂名、管材标准号、规格尺寸、生产日期、产品代码。

(2) 主要性能特点

钢丝骨架塑料复合管克服了钢管耐压不耐腐、塑料管耐腐不耐压、钢塑管易脱层等缺陷，具有耐腐蚀、耐低温、抗老化、耐磨、摩擦阻力小、不易结垢等优点。由于受钢骨架的牵引，管材热膨胀系数小，抗脆裂性能大幅度提高，寿命长达50年。钢丝骨架塑料复合管综合成本随管径增大优势越明显，在非开挖铺设、定位示踪技术实施等方面也占有明显的优势。适用于市政工程给水、排水、煤气输送、热网管道，还可用于化学工业，矿山、油田、农业、船舶等方面。

(3) 管道的连接

钢丝骨架塑料复合管道系统的连接采用电热熔连接和法兰连接两种方式。连接处的性能与管材性能相同。电熔连接也采用电熔管件，利用管件内部发热体将管材外层塑料与管件内层塑料熔融，把管材与管件可靠地连接在一起，但为确保与整个管道系统承受相同的内压，电熔管件通常要采用加衬钢增强方式生产。

3. 给水用孔网钢带聚乙烯复合管

(1) 概述

① 名称及简介。给水用孔网钢带聚乙烯复合管(图1-70)是以聚乙烯为主要原料，孔网钢带为增强骨架，经挤出外层和内层为双面复合成型的一种新型复合压力管材。

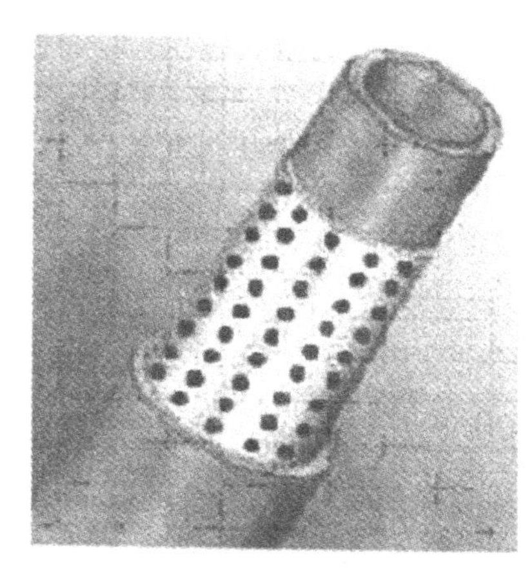
图 1-70 孔网钢带聚乙烯复合管

薄钢带位于管道横断面的中间层,其作用是作为增强体。此管是将经冲孔后的冷轧钢带卷焊成孔网钢管,用聚乙烯树脂,经挤出成型连续复合而成。由于多孔薄壁钢管增强体被包覆在连续聚乙烯塑料之中,大小和分布合理的孔起到铆定内外层塑料的作用,用来解决钢塑复合管管道因钢与塑料膨胀率数量级的差异而导致密封不牢、泄漏的问题。增强骨架与塑料相互包容成为一个整体,内外壁塑料层几乎不可被剥离,复合层内无黏合剂,作为管道连接无内外壁塑料与增强体剥离之忧。因此这种复合管克服了钢管与塑料管各自的缺点,而又具有钢管和塑料管的优点。钢板孔网骨架增强复合管可应用于市政给水工程中的建筑给水、饮用水输送管道。

② 外观。管材内外表面应光滑、平整,允许有不影响使用的表面收缩和流纹,不允许有气泡、裂口、分解变色线及明显的划伤,管材两端应切割平整。复合管端头口环与管材熔接良好,无裂缝,熔接处平整,无划伤、毛刺。

③ 规格尺寸。管材的长度一般为 6 m、9 m、12 m,也可由供需双方商定;管材规格尺寸为 d_n50～d_n630 mm,管材公称压力分为 1.0 MPa、1.25 MPa、1.6 MPa、2.0 MPa 等几个等级。管材公称压力和规格尺寸见表 1-69。

表 1-69 孔网钢带聚乙烯复合管公称压力和规格尺寸

公称外径及偏差 d_n/mm	公称壁厚及偏差 e_n/mm	不圆度/mm	公称压力/MPa	最小 S 值*/mm
$50^{+0.5}_{0}$	$4.0^{+0.5}_{0}$	1.0	2.0	1.5
$63^{+0.6}_{0}$	$4.5^{+0.6}_{0}$	1.2	2.0	1.5
$75^{+0.7}_{0}$	$5.0^{+0.7}_{0}$	1.5	2.0	1.5
$90^{+0.9}_{0}$	$4.5^{+0.8}_{0}$	1.8	2.0	1.5
$110^{+1.0}_{0}$	$6.0^{+0.9}_{0}$	2.2	2.0	1.5
$140^{+1.1}_{0}$	$8.0^{+1.0}_{0}$	2.8	1.6	2.5
$160^{+1.2}_{0}$	$10.0^{+1.1}_{0}$	3.2	1.6	2.5
$200^{+1.3}_{0}$	$11.0^{+1.2}_{0}$	4.0	1.6	2.5
$250^{+1.4}_{0}$	$12.0^{+1.3}_{0}$	5.0	1.6	3.5
$315^{+1.5}_{0}$	$13.0^{+1.4}_{0}$	6.3	1.25	3.5
$400^{+1.6}_{0}$	$15.0^{+1.5}_{0}$	8.0	1.25	3.5
$500^{+1.7}_{0}$	$16.0^{+1.6}_{0}$	10.0	1.0	4.0
$630^{+1.8}_{0}$	$17.0^{+1.7}_{0}$	12.3	1.0	4.0

注:(*)为增强体外径到管材外表面的距离。

(2) 主要性能特点

给水用孔网钢带聚乙烯复合管具有如下特点。

① 具有超过塑料管的较高强度、刚度、抗冲击性;具有类似钢管的低线膨胀系数和抗蠕变性。

② 双面防腐,具有与塑料管相同的防腐性能,而且耐腐蚀的使用温度提高。

③ 导热系数低,冬季使用外壁无须保温,夏季使用也不结露。

④ 内壁光洁,不结垢,水头损失比钢管的低30%。

⑤ 可设计性。调整钢带厚度及聚乙烯厚度,可以制造不同压力等级的管材。

⑥ 质量轻,施工方便,成本低廉,卫生、无毒。

⑦ 管材总体可靠性高,使用寿命可达50年。

(3) 管道的连接

给水用孔网钢带聚乙烯复合管道与钢丝骨架塑料复合管道的连接均可采用电熔管件连接和法兰连接两种方式,连接处的性能与管材性能相同。电熔连接利用管件内部发热体将管材外层塑料与管件内层塑料熔融,把管材与管件可靠地连接在一起,但为确保与整个管道系统承受相同的内压,电熔管件通常也要采用加衬钢增强的方式生产。

给水用孔网钢带聚乙烯复合管材安装时,需要注意的是切断的端面应做严格的防锈处理。值得注意的是,孔网钢带聚乙烯复合管道采用不停水引接分支管时,孔口切面锈蚀问题较难处理,这将是此类管材应用中的弱点。

综上所述,适用于市政给水领域的塑料管道种类较多,当进行适用品种、规格选择时应根据管材综合评价进行技术经济分析,并从以下五个方面评定。

① 管材卫生安全、性能可靠,能承受要求的内压和外荷载。

② 管材来源有保证,管件配套方便,运输费用低。

③ 施工机具齐全,管道安装方便。

④ 使用寿命长,维修工作量少。

⑤ 保持长期输水能力相同的条件下,工程造价低。

1.9 市政用埋地排水排污管材

埋地管道一般分刚性管道和柔性管道两大类。刚性管道是指变形会引起结构性破坏的管道;柔性管道属于至少能变形2%而结构无损的管道。混凝土管、陶瓷管和铸铁管都属于刚性管道;钢管、铝管和塑料管属于柔性管道。

用于市政埋地排水、排污的塑料管材的主要品种有:硬聚氯乙烯(PVC-U)双壁波纹管、硬聚氯乙烯(PVC-U)加筋管、聚乙烯(PE)双壁波纹管、聚乙烯(PE)缠绕结构壁管,还有硬聚氯乙烯(PVC-U)平壁管、玻璃纤维增强塑料夹砂管(RPM)和塑料螺旋管等。作为埋地塑料管材,它们都有具有承受埋地环境下负载能力的合适的强度和刚度、质量轻、水力特性好、密封性好、使用寿命长、便于铺设安装和较为经济等特点。

1.9.1 硬聚氯乙烯(PVC-U)双壁波纹管

1. 概述

(1) 名称及简介

硬聚氯乙烯(PVC-U)双壁波纹管是以聚氯乙烯(PVC)树脂为主要原料,加入有利于管材性能的添加剂挤出成型，管壁截面为双层结构，内壁光滑平整，外壁为等距排列的具有梯形或弧形中空结构的管材。

(2) 外观

管材内外壁不允许有气泡、砂眼、明显的杂质和不规则的波纹，内壁应光滑平整，不应有明显的波纹，管材的两端应平整并与轴线垂直，色泽均匀一致，管材凹部内外壁应紧密熔接，不应出现脱开现象。

(3) 标记与规格尺寸

① 标记。

标记示例：公称外径为 110 mm、环刚度等级为 S1 的管材标记为 SBG-110-S1 GB/T 18477.1—2007。

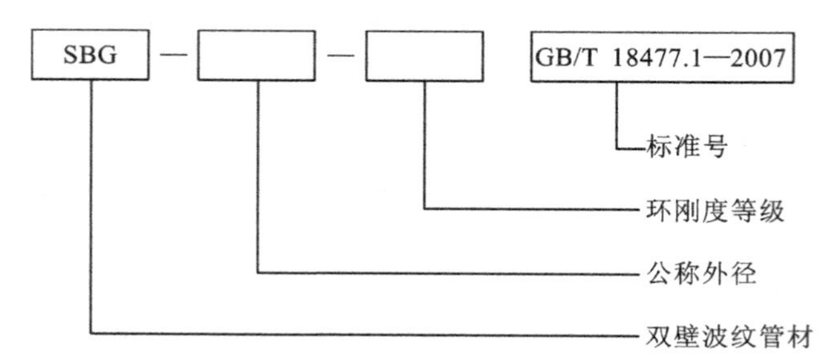

② 管材按环刚度分级，见表 1-70。

表 1-70 管材环刚度分级 单位：kN/m^2

级　别	SN2	SN4	SN8	SN16
环刚度	2	4	8	16

注：仅在公称外径 $d_n \geqslant 500$ mm 管材中允许有 S0 级。

③ 规格尺寸。管材形状属欧洲标准草案 prEN13476—1 中的 B 型结构壁管，如图 1-71 所示，其规格尺寸应符合表 1-71 的规定。管材有效长度一般为 4 m、6 m、8 m，且不允许有负偏差。

表 1-71 管材规格尺寸 单位：mm

公称外径 d_n	最小平均外径 $d_{em,min}$	最大平均外径 $d_{em,max}$	最小平均内径 $d_{im,min}$	最小壁厚 $e_{y,min}$
110	109.4	110.4	97	1.0
125	124.3	125.4	107	1.1
140	139.2	140.5	118	1.2
160	159.1	160.5	135	1.2
180	179	180.6	155	1.3
200	198.8	200.6	172	1.4
225	223.7	225.7	194	1.5
250	248.5	250.8	216	1.7
280	278.4	280.9	243	1.8
315	313.2	316.0	270	1.9

续表

公称外径 d_n	最小平均外径 $d_{em,min}$	最大平均外径 $d_{em,max}$	最小平均内径 $d_{im,min}$	最小壁厚 $e_{y,min}$
355	352.9	356.1	310	2.1
400	397.6	401.2	340	2.3
450	447.3	451.4	383	2.5
500	497.0	501.5	432	2.8
560	556.7	561.7	486	3.0
630	626.3	631.9	540	3.3
710	705.8	712.1	614	3.8
800	795.2	802.4	680	4.1
900	894.6	902.7	766	4.5
1000	994.0	1003.0	864	5.0
1100	1093.4	1103.3	951	5.0
1200	1192.8	1203.6	1037	5.0

注：最小壁厚 $e_{y,min}$ 为 GB/T 18477.1—2007 附录提示尺寸。

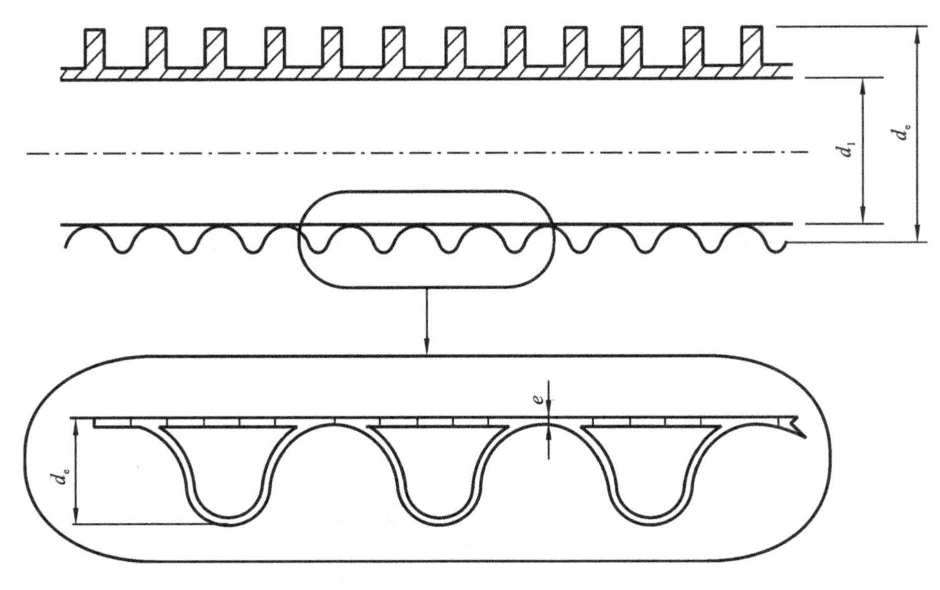

图 1-71　管材形状示例

（4）标志

产品上至少应有下列明显标志：产品标志、生产厂名、厂址和生产日期。

2. 性能

（1）主要性能与特点

硬聚氯乙烯（PVC-U）双壁波纹管造型美观，结构特殊，环刚度可大于 16 kN/m^2，接口利用弹性密封橡胶圈柔性连接，具有连接牢靠、不易泄漏、搬运轻便、施工方便等特点，综合造价比铸铁管、混凝土管低，寿命长达 50 年，是世界各国埋地排水、排污塑料管中应用最多的管道。

(2) 标准中的技术要求

管材的物理力学性能应符合《埋地排水用硬聚氯乙烯(PVC-U)结构壁管道系统　第1部分:双壁波纹管材》(GB/T 18477.1—2007)规定的技术要求,见表1-72。

表1-72　管材的物理力学性能

项　目		指　标
环刚度	SN2	≥2 kN/m²
	SN4	≥4 kN/m²
	SN8	≥8 kN/m²
	SN16	≥16 kN/m²
冲击强度		TIR≤10%
环柔性		试样圆滑,无反向弯曲,无破裂,两壁无脱开
二氯甲烷浸泡		内、外壁无分离,内、外表面变化不劣于4L
烘箱试验		无分层,无开裂
蠕变率		≤2.5

3. 管件与连接

管材与管材的连接一般采用承插密封圈连接,其管材承插口尺寸应符合图1-72的规定。

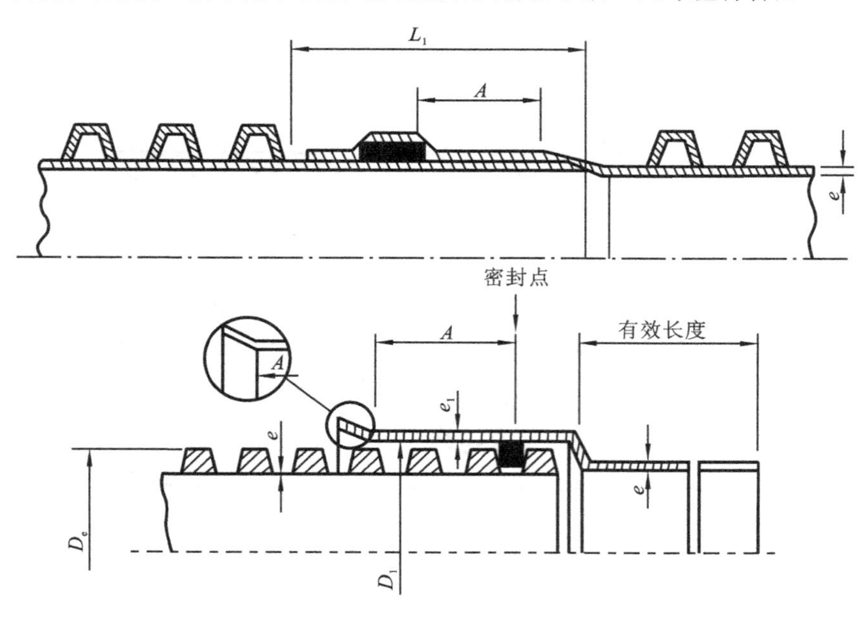

图1-72　管材承插口尺寸

4. 应用范园

硬聚氯乙烯(PVC-U)双壁波纹管应用于新建、扩建和改建的无内压作用的室外、埋地排水管道工程,如市政工程、住宅小区地下埋设的排水、排污管道,排入管道的水温不高于40 ℃。

1.9.2 硬聚氯乙烯(PVC-U)加筋管材(GB/T 18477.2—2011)

1. 概述

(1) 名称及简介

硬聚氯乙烯(PVC-U)加筋管材是以聚氯乙烯(PVC)树脂为主要原料,加入适当助剂,由挤出机挤出成型,管内壁光滑、外壁带有等距排列环形肋(垂直加强筋)的管材。

(2) 外观

加筋管内外表面应平整,无气泡、明显杂质或气孔及其他影响产品性能的表面缺陷,管端面切割平整并与轴线垂直;颜色一般为白色。

(3) 规格尺寸

管材的有效长度一般为 3 m、5 m 或 6 m,其他长度也可由供需双方商定,管材有效长度不允许有负偏差。PVC-U 加筋管如图 1-73 所示,其规格尺寸应符合表 1-73 的规定。

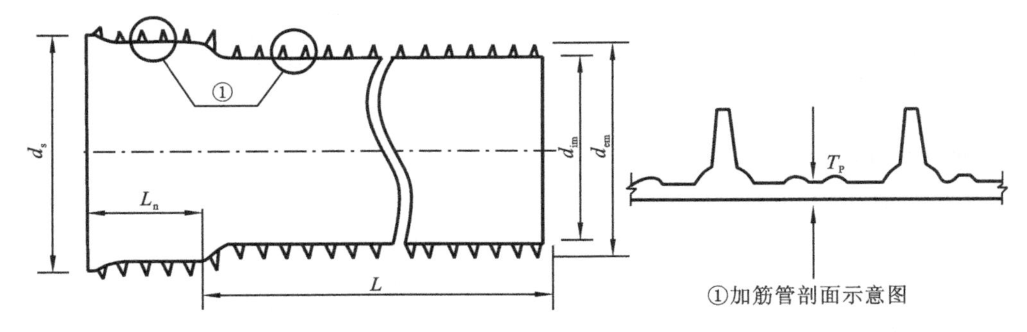

图 1-73 PVC-U 加筋管示意图

表 1-73 加筋管及承口尺寸 单位:mm

项目		规格 DN 150	225	300	400	500	600
管材	平均内径 d_{im}≥	149.0	223.0	298.0	398.0	498.0	598.0
	壁厚 e_n≥	1.3	1.7	2.0	2.5	3.0	3.5
	长度 L≥	3000,5000,6000,也可由供需双方商定					
	平均外径 d_{em}	168.0~171.0	247.0~251.5	331.5~336.5	442.0~448.0	550.0~558.0	658.0~667.0
承口	平均内径 d_s≥	171.0	252.0	337.0	449.0	559.0	668.0
	深度 L_n≥	100	130	150	180	190	220

(4) 标志

产品上至少有下列标志:产品名称、公称内径、生产厂名(商标)、生产日期、环刚度等级和标准号。

2. 性能

(1) 主要性能特点

硬聚氯乙烯(PVC-U)加筋管结构独特,由于外壁采用工字钢原理及可靠的接口方式,使得 PVC-U 加筋管具有独特的性能优势。强度高,环刚度大于 8 kN/m²,施工简便,抗泄漏与地面不均匀沉降能力强，使用寿命大于 50 年。PVC-U 加筋管已在国内外排水、排污系统中得到广泛应用。

(2) 标准中的技术要求

管材的物理力学性能应符合有关标准的要求，见表 1-74。

表 1-74 管材的物理力学性能

项　　目	指　　标
维卡软化温度/℃	≥79
落锤冲击试验 TIR/(%)	≤10
环刚度/($N \cdot m^{-2}$)	SN4≥4000，SN8≤8000
连接密封试验	无渗漏、无破裂
环柔性	呈标准椭圆形，无损坏
二氯甲烷浸渍(15±0.5) ℃、30 min	内外表面变化不劣于 4*L*
烘箱试验(150±2) ℃、30 min	无分层、开裂、起泡
密度/($g \cdot cm^{-3}$)	1.35～1.50

3. 管件与连接

硬聚氯乙烯(PVC-U)加筋管道接口，应采用柔性接口。管材生产厂已配有橡胶圈接口，应按产品规定的接口形式配套使用。加筋管接口剖面如图 1-74 所示。

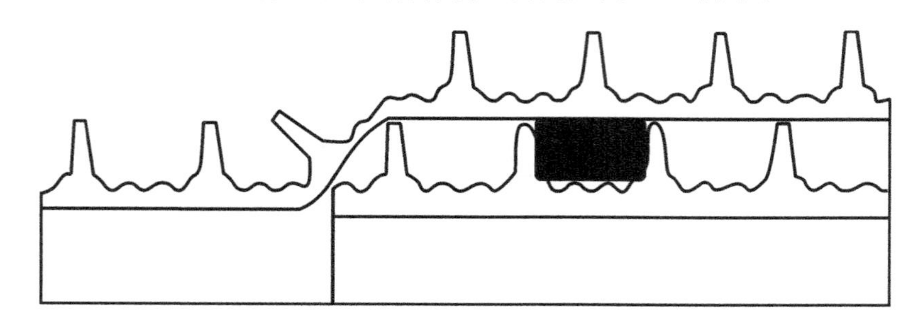

图 1-74　PVC-U 加筋管接口剖面示意图

4. 应用范围

PVC-U 加筋管属无压力管，主要用于埋地排水、排污。加筋管现有六种规格，即 *DN*150、*DN*225、*DN*300、*DN*400、*DN*500、*DN*600，应用于市政排水、埋地无压农田排水和建筑物外排水，包括市政工程中较小口径的道路连管、污水管起始段和住宅小区较大口径的排水、排污管道，同时还适用于大型体育场馆、化工领域的排水、排污工程。排水、排污管道的水温不应高于 40 ℃。

1.9.3 聚乙烯(PE)双壁波纹管材

1. 概述

(1) 名称及简介

聚乙烯(PE)双壁波纹管是以聚乙烯(PE)树脂为主要原料，加入适当的可提高性能的助剂，经塑化挤出成型。管壁截面为双层结构，其内壁光滑平整，外壁为等距排列的具有梯形或弧形中空结构的管材。

(2) 外观

管材内外壁不允许有气泡、凹陷、明显的杂质和不规则波纹;管材的两端应平整,与轴线垂直并位于波谷区;管材波谷区内外壁应紧密熔接,不应出现脱开现象。

管材的内外层各自的颜色应均匀一致,外层一般为黑色。

(3) 标记与规格尺寸

① 标记。

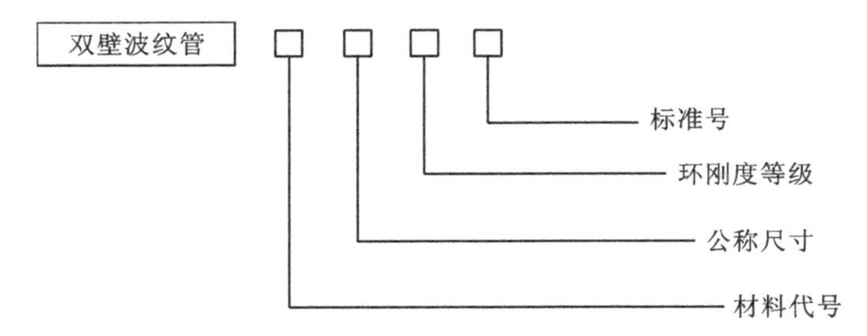

标记示例如下:

公称内径为 500 mm、环刚度等级为 SN8 的 PE 双壁波纹管材的标记为

双壁波纹管 PE *DN/ID*500 SN8 GB/T 19472.1—2004

② 管材按环刚度分类,见表 1-75。

表 1-75 公称环刚度等级

等 级	SN2	SN4	(SN6.3)	SN8	(SN12.5)	SN16
环刚度/(kN·m^{-2})	2	4	(6.3)	8	(12.5)	16

注:仅在 $d_e \geqslant 500$ mm 的管材中允许有 SN2 级,括号内数值为非首选等级。

③ 规格尺寸。管材结构壁形状属欧洲 prEN13476-1 中的 B 型结构壁管,如图 1-75 所示。管材用公称外径(*DN/OD* 外径系列)表示尺寸,也可用公称内径(*DN/ID* 内径系列)表示尺寸,分别应符合表 1-76 和表 1-77 的要求,管材和连接件的承口壁厚应符合表 1-78 规定。无论是外径系列管材还是内径系列管材,其承口的最小平均内径应不小于管材的最大平均外径。管材有效长度 *L* 一般为 6 m。

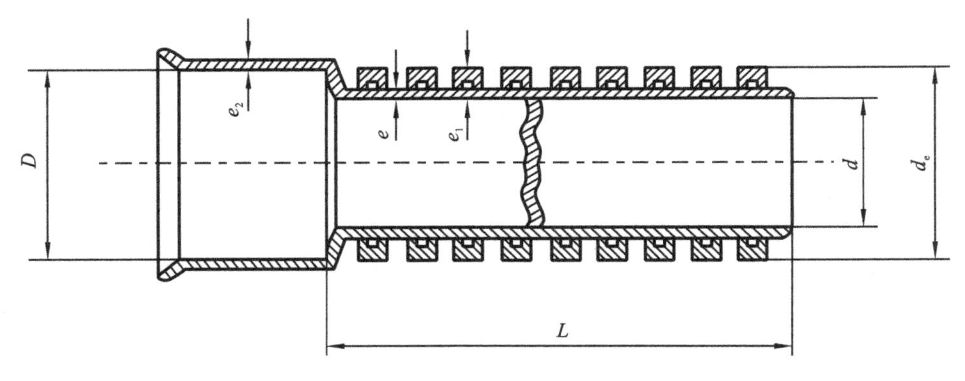

图 1-75 带扩口管材结构示意图

表 1-76　外径系列管材的尺寸　　单位:mm

公称外径 DN/OD	最小平均外径 $d_{em,min}$	最大平均外径 $d_{em,max}$	最小平均内径 $d_{im,min}$	最小层压壁厚 $e_{y,min}$	最小内层壁厚 $e_{1,min}$	接合长度 A_{min}
110	109.4	110.4	90	1.0	0.8	32
125	124.3	125.4	105	1.1	1.0	35
160	159.1	160.5	134	1.2	1.0	42
200	198.8	200.6	167	1.4	1.1	50
250	248.5	250.8	209	1.7	1.4	55
315	313.2	316.0	263	1.9	1.6	62
400	397.6	401.2	335	2.3	2.0	70
500	497.0	501.5	418	2.8	2.8	80
630	626.3	631.9	527	3.3	3.3	93
800	795.2	802.4	669	4.1	4.1	110
1000	994.0	1003.0	837	5.0	5.0	130
1200	1192.8	1203.6	1005	5.0	5.0	150

注:最小接合长度(A_{min})是指连接密封处与承口内壁圆柱端接合长度的最小允许值。

表 1-77　内径系列管材的尺寸　　单位:mm

公称内径 DN/ID	最小平均内径 $d_{im,min}$	最小层压壁厚 $e_{y,min}$	最小内层壁厚 $e_{1,min}$	接合长度 A_{min}
100	95	1.0	0.8	32
125	120	1.2	1.0	38
150	145	1.3	1.0	43
200	195	1.5	1.1	54
225	220	1.7	1.4	55
250	245	1.8	1.5	59
300	294	2.0	1.7	64
400	392	2.5	2.3	74
500	490	3.0	3.0	85
600	588	3.5	3.5	96
800	785	4.5	4.5	118
1000	985	5.0	5.0	140
1200	1185	5.0	5.0	162

表1-78　管材与连接件的承口最小壁厚　单位:mm

管材外径	$e_{2,min}$
$d_e \leqslant 500$	$(d_e/33) \times 0.75$
$d_e > 500$	11.4

(4) 标志

产品上应有下列永久性标志:产品标志、生产厂名和商标、生产日期等。

2. 性能

(1) 主要性能与特点

HDPE双壁波纹管造型美观、结构特殊、环刚度好、口径大,具有良好的柔韧性和低温抗冲击性能。接口采用弹性密封橡胶圈柔性连接,连接牢靠,不易泄漏,搬运施工方便,是大口径埋地塑料排水、排污管的主要品种。

(2) 技术要求

管材的技术要求主要规定了物理力学性能,见表1-79。

表1-79　管材的物理力学性能

项目		要求
环刚度/$(kN \cdot m^{-2})$	SN2	≥2
	SN4	≥4
	(SN6.3)	≥6.3
	SN8	≥8
	(SN12.5)	≥12.5
	SN16	≥16
冲击性能(TIR)/(%)		≤10
环柔性		试样圆滑,无反向弯曲,无破裂,两壁无脱开
烘箱试验		无气泡、无分层、无开裂
蠕变比率		≤4

注:括号内数值为非首选的环刚度等级。

3. 管件与连接

管材与管材一般可使用弹性橡胶密封圈连接,也可使用其他连接形式,如管件连接和哈夫外固连接等,如图1-76所示。

4. 应用范围

HDPE双壁波纹管应用于新建、扩建和改建的无内压作用的室外埋地排水管道工程,如市政工程、住宅小区地下埋放的排水、排污管道,排入管道的水温不高于40℃。

1.9.4　聚乙烯(PE)缠绕结构壁管材

1. 概述

(1) 名称及简介

聚乙烯(PE)缠绕结构壁管材是以聚乙烯(PE)树脂为主要原料,以相同或不同材料作为

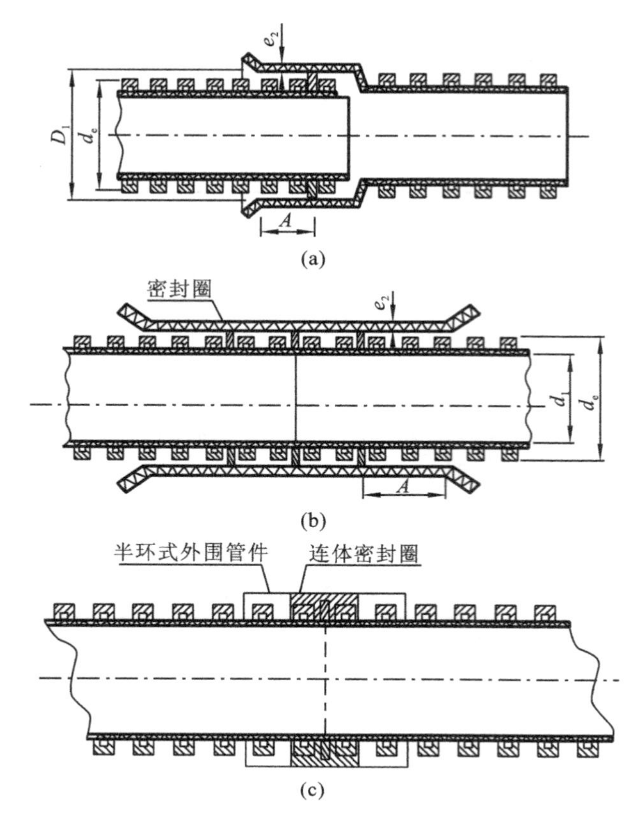

图 1-76 管材连接示意图

(a)承插式连接;(b)管件连接;(c)哈夫外固连接

辅助支撑结构,采用缠绕成型工艺,经加工制成的结构壁管材。管材的结构形式分 A 型和 B 型两类。

(2) 外观

A 型结构壁管具有平整的内外表面,在内外壁之间由内部的螺旋形肋连接的管材如图 1-77(a)所示,内表面光滑、外表面平整、管壁中埋螺旋形中空管的管材如图 1-77(b)所示。

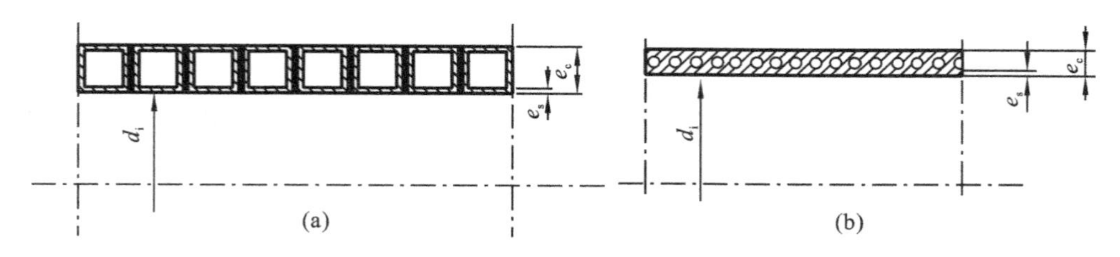

图 1-77 A 型结构壁管的典型示例

B 型结构壁管是内表面光滑、外表面为中空螺旋形肋的管材,如图 1-78 所示。

聚乙烯缠绕结构壁管管材内表面应平整光滑,外表面应规整,管材内外壁应无气泡和可见杂质,熔缝无脱开。管材切割后的断面应平整,无毛刺。管材的颜色应为黑色,且色泽均匀。

(3) 标记与规格尺寸

① 管材标记。缠绕结构壁管材的标记如下所示。

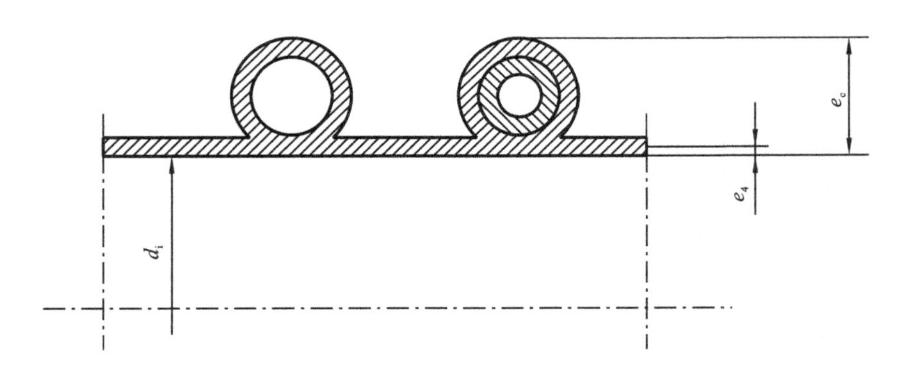

图 1-78　B 型结构壁管的典型示例

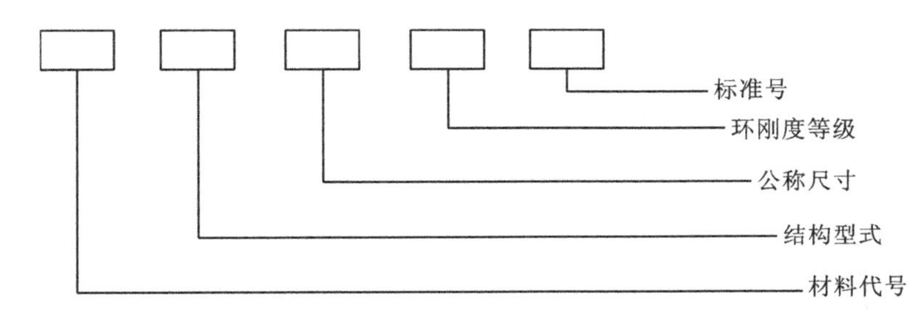

示例：公称尺寸为 800 mm，环刚度等级为 SN4 的 B 型聚乙烯缠绕结构壁管材的标记为缠绕结构壁管材 PE B *DN*/*ID*800 SN4 GB/T 19472.2—2004。

② 管材按环刚度分类，见表 1-80。

表 1-80　环刚度等级

等　　级	SN2	SN4	(SN6.3)	SN8	(SN12.5)	SN16
环刚度/(kN·m^{-2})	2	4	(6.3)	8	(12.5)	16

注：① 括号内数值为非首选等级；

② 管材 *DN*/*ID*≥500 mm 时，允许有 SN2 等级；管材 *DN*/*ID*≥1200 mm 时，可按工程条件选用环刚度低于 SN2 的产品。

③ 规格尺寸。

a. 长度。管材有效长度一般为 6 m，管材的有效长度不允许有负偏差。

b. 内径和壁厚。A 型和 B 型管材、管件的最小平均内径，A 型管材、管件空腔部分最小内层壁厚，B 型管材、管件最小内层壁厚均应符合相关标准的规定。管材、管件的平均外径和结构高度由生产商确定。

c. 承口和插口尺寸。承口和插口连接尺寸：管材、管件采用弹性密封件连接的最小接合长度和采用承插口电熔焊接连接的最小熔接件长度应符合相关规定。承口和插口壁厚：管材、管件在采用实壁插口和(或)承口的情况下，壁厚 e 应符合相关规定。

(4) 标志

产品上应有下列永久性标志：产品标志、生产厂名和(或)商标、生产日期等。

2. 性能

（1）主要性能特点

聚乙烯（PE）缠绕结构壁管，采用工字形管壁结构，具有刚度好、强度高、耐冲击、耐低温、耐老化、质量轻、连接方便等特点。

（2）标准中的技术要求

管材的物理力学性能应符合相关规定要求。

3. 管件与连接

（1）管件种类

管件可采用符合要求的相应类型的结构壁管材或实壁管二次加工成型，主要有各种连接方式的弯头、三通和管堵等。典型管件示意图如图 1-79～图 1-81 所示。

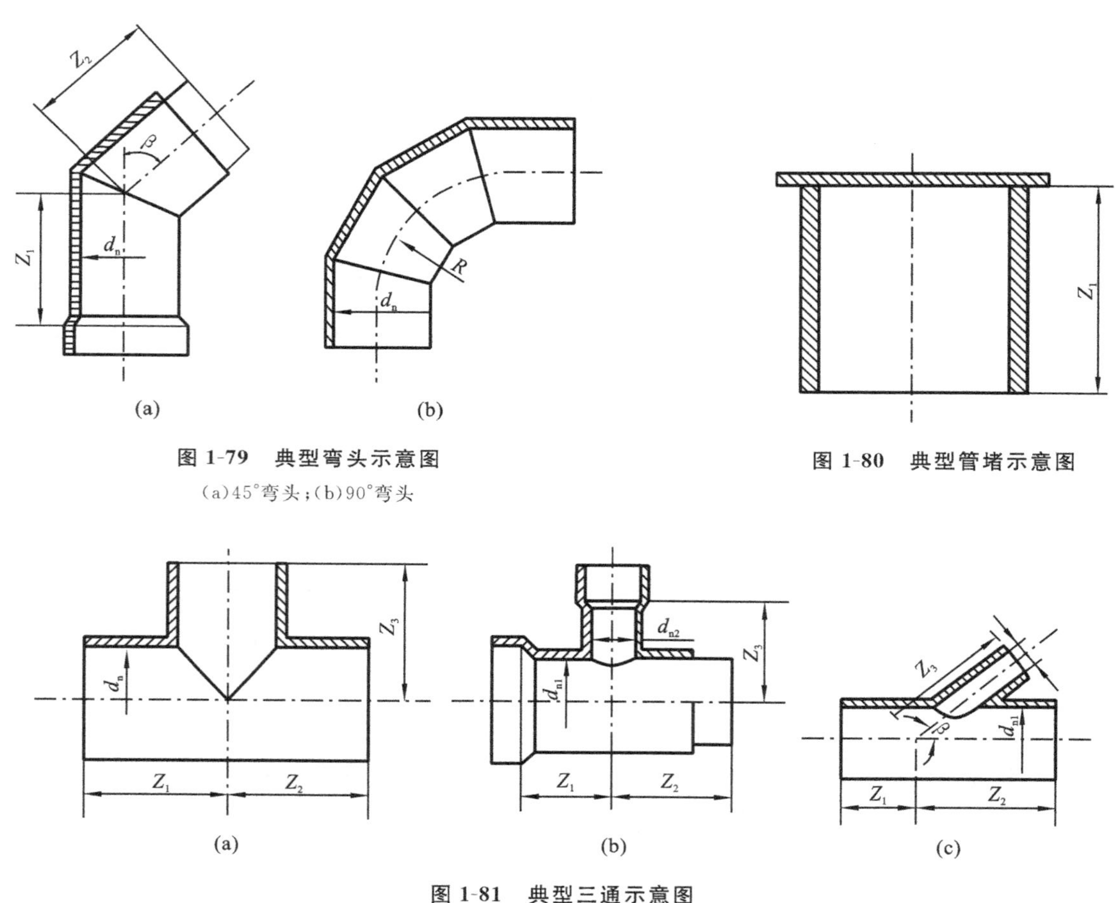

图 1-79 典型弯头示意图

(a)45°弯头；(b)90°弯头

图 1-80 典型管堵示意图

图 1-81 典型三通示意图

(a)三通；(b)异径直三通；(c)异径斜三通

（2）典型的连接方式

管材、管件的连接可采用弹性密封件连接与承插口电熔焊接连接，见图 1-82 和图 1-83，也可采用其他连接方式，即双向承插弹性密封件连接、位于插口的密封件连接、承插口焊接连接、热熔对焊连接、V 型焊接连接、热收缩套连接、电热熔带连接、法兰连接，如图1-84～图 1-91 所示。

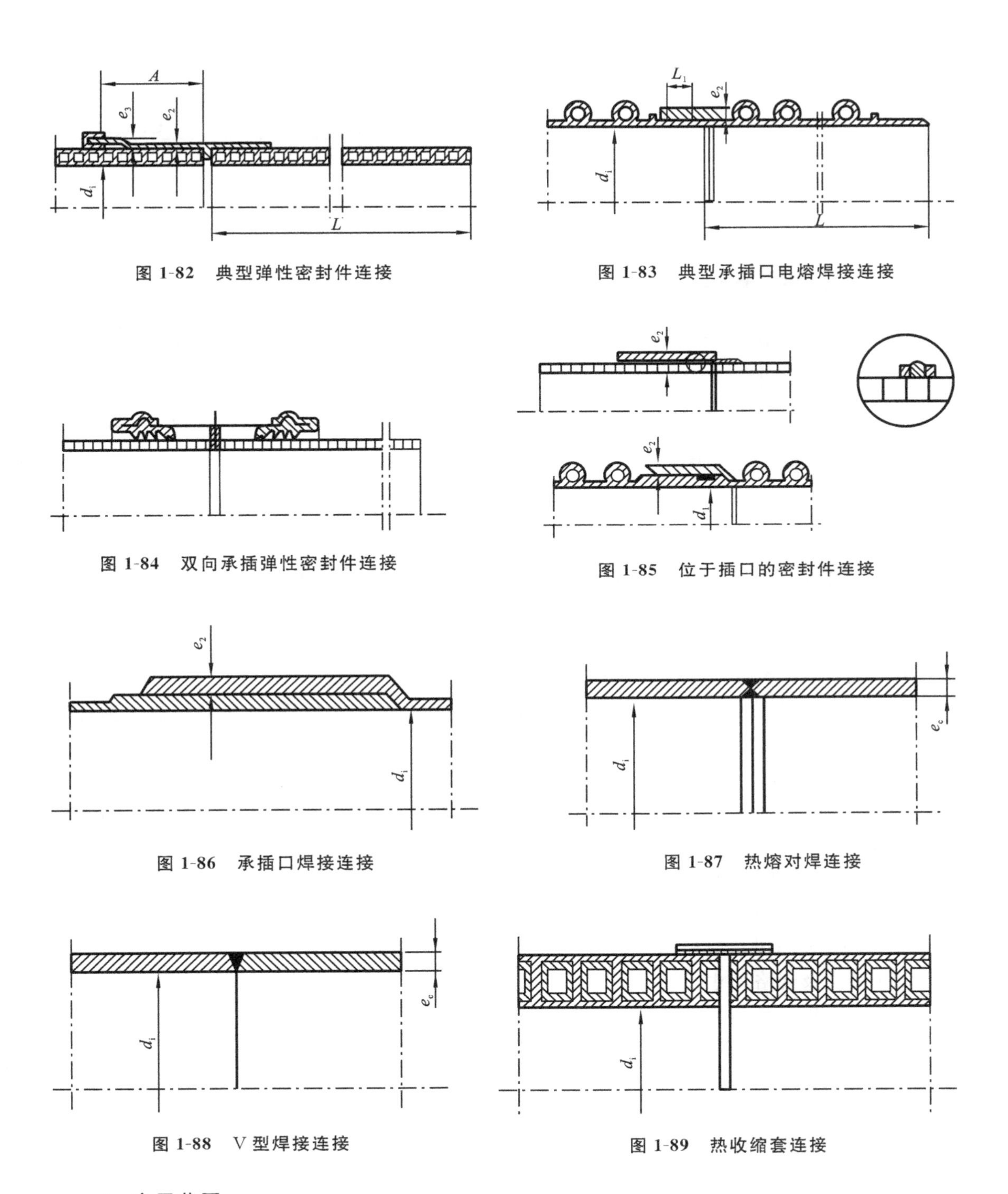

图 1-82　典型弹性密封件连接

图 1-83　典型承插口电熔焊接连接

图 1-84　双向承插弹性密封件连接

图 1-85　位于插口的密封件连接

图 1-86　承插口焊接连接

图 1-87　热熔对焊连接

图 1-88　V 型焊接连接

图 1-89　热收缩套连接

4. 应用范围

聚乙烯缠绕结构壁管应用于新建、扩建和改建的室外埋地排水、排污管道工程和埋地农用排水工程等，在直径大于 1 m 的大口径排水、排污管道中具有明显的优势。排入管道的水温不高于 40 ℃。

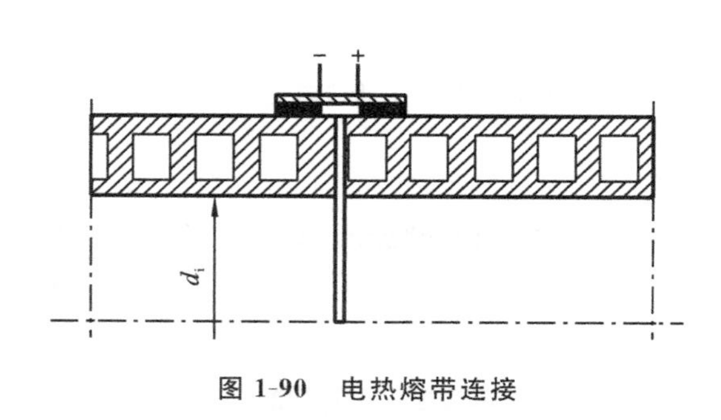

图 1-90 电热熔带连接

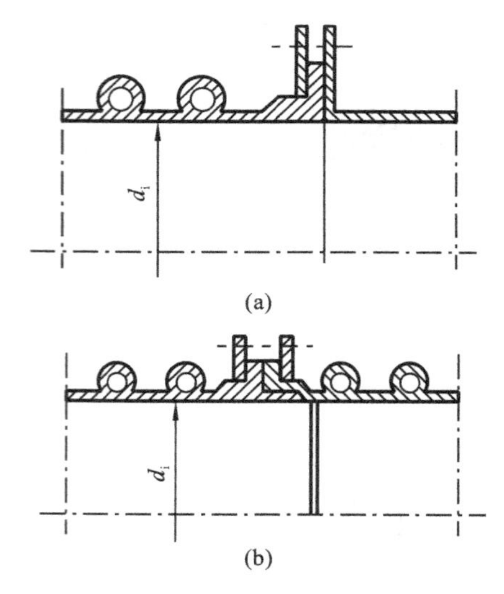

图 1-91 法兰连接

1.10 建筑给水用复合管材——铝塑复合管

1. 概述

(1) 名称及简介

铝塑复合压力管是用搭接焊铝管或对接焊铝管作为嵌入金属层，通过共挤热熔黏合剂与内外层聚乙烯(或交联聚乙烯)塑料复合而成的复合管道。

(2) 外观

铝塑管内外表面应清洁、光滑，不应有气泡、明显的划伤、凹陷、杂质等缺陷；外表面不应有颜色不均等现象。铝塑管外层宜采用以下颜色标示不同用途。

① 冷水用铝塑管：黑色、蓝色或白色。

② 冷热水用铝塑管：橙红色。

室外用铝塑管外层应采用黑色，但管道上应标有表示用途颜色的色标。

(3) 分类及规格尺寸

① 分类：铝塑复合管根据中间铝层成型方式的不同，可分为搭接式和对接式两种。

② 规格尺寸：搭接焊式管材的结构尺寸见表 1-81。对接焊式管材的结构尺寸见表 1-82。

表 1-81 搭接焊式管材的结构尺寸 单位：mm

公称外径 d_n		参考内径 d_i	圆度		管壁厚 e_m		内层塑料最小壁厚 e_n	外层塑料最小壁厚 e_w	铝管最小壁厚 e_a
			盘管	直管	最小值	公差			
12	+0.3 0	8.3	≤0.8	≤0.4	1.6	+0.5 0	0.7	0.4	0.18
16	+0.3 0	12.1	≤1.0	≤0.5	1.7	+0.5 0	0.9	0.4	0.18

续表

公称外径 d_n		参考内径 d_i	圆度		管壁厚 e_m		内层塑料最小壁厚 e_n	外层塑料最小壁厚 e_w	铝管最小壁厚 e_a
			盘管	直管	最小值	公差			
20	+0.3 0	15.7	≤1.2	≤0.6	1.9	+0.5 0	1.0	0.4	0.23
25	+0.3 0	19.9	≤1.5	≤0.8	2.3	+0.5 0	1.1	0.4	0.23
32	+0.3 0	25.7	≤2.0	≤1.0	2.9	+0.5 0	1.2	0.4	0.28
40	+0.3 0	31.6	≤2.4	≤1.2	3.9	+0.6 0	1.7	0.4	0.33
50	+0.3 0	40.5	≤3.0	≤1.5	4.4	+0.7 0	1.7	0.4	0.47
63	+0.4 0	50.5	≤3.8	≤1.9	5.8	+0.9 0	2.1	0.4	0.57
75	+0.6 0	59.3	≤4.5	≤2.3	7.3	+1.1 0	2.8	0.4	0.67

表 1-82　对接焊式管材的结构尺寸　　单位：mm

公称外径 d_n	公称外径公差	参考内径 d_i	圆度		管壁厚 e_m		内层塑料壁厚 e_n		外层塑料最小壁厚 e_w	铝管层壁厚 e_a	
			盘管	直管	公称值	公差	公称值	公差		公称值	公差
16	+0.3 0	10.9	≤1.0	≤0.5	2.3	+0.5 0	1.4	±0.1	0.3	0.28	±0.04
20	+0.3 0	14.5	≤1.2	≤0.6	2.5	+0.5 0	1.5	±0.1	0.3	0.36	±0.04
25 (26)	+0.3 0	18.5 (19.5)	≤1.5	≤0.8	3.0	+0.5 0	1.7	±0.1	0.3	0.44	±0.04
32	+0.3 0	25.5	≤2.0	≤1.0	3.0	+0.5 0	1.6	±0.1	0.3	0.60	±0.04
40	+0.4 0	32.4	≤2.4	≤1.2	3.5	+0.6 0	1.9	±0.1	0.4	0.75	±0.04
50	+0.6 0	41.4	≤3.0	≤1.5	4.0	+0.6 0	2.0	±0.1	0.4	1.00	±0.04

（4）标志

铝塑管应有间距不超过 2 m 的牢固标志，标志不应造成管材出现裂痕或其他形式的损伤，标志应持久、易识别。铝塑管外层的标志应包括以下内容。

① 产品标志。

② 生产企业名称或代号、商标。

③ 铝塑管最大允许工作压力、最高允许工作温度。

④ 生产日期或生产批号。

⑤ 长度标识(盘卷供应时)。

⑥ 卫生标志。

⑦ 执行标准号。

2. 性能

(1) 主要性能特点

铝塑管是一种多层复合管,由金属、塑料复合而成,安装使用有许多优点。

① 很小的热胀冷缩(类似于金属),因此可以作长距离连接,节省开支。

② 抗氧渗透、密封性好。由于中间加了一层铝质层,所以可百分之百保证氧密性。

③ 通过弹性背压力的调整来保持形状的稳定性。塑管具有易弯曲的性能,需要使用诸如弯管、弯角之类的许多附件,而铝塑管可节约许多配件。

④ 高柔性。用手便可弯曲。

⑤ 出色的耐久性。非交联聚乙烯铝塑管可在 60 ℃以下(承压<1 MPa)长期使用,交联聚乙烯铝塑管可在 70 ℃以下(承压<1 MPa)正常使用。

⑥ 任意选择性。有多种口径不同的管子,且长度可以任意选择,一般浪费较少。

⑦ 使用方便,无须铜焊、电焊或车螺纹。

⑧ 优良的防腐性能。

(2) 标准中的技术要求

铝塑复合管现行的国家标准《铝塑复合压力管　铝管搭接焊式铝塑管》(GB/T 18997.1—2003)、《铝塑复合压力管　铝管对接焊式铝塑管》(GB/T 18997.2—2003)对管材列举了相应的技术指标和要求。

① 管环径向拉力性能和爆破试验要求见表 1-83、表 1-84。

表 1-83　搭接焊式铝塑管管环径向拉力及爆破压力

公称外径/mm	管环径向拉力/N		爆破压力/MPa
	MDPE	HDPE、PEX	
12	2000	2100	7.0
16	2100	2300	6.0
20	2400	2500	5.0
25	2400	2500	4.0
32	2500	2650	
40	3200	3500	
50	3500	3700	3.8
63	5200	5500	
75	6000	6000	

表 1-84　对接焊式铝塑管管环径向拉力及爆破压力

公称外径/mm	管环径向拉力/N		爆破压力/MPa
	MDPE	HDPE、PEX	
16	2300	2400	8.00
20	2500	2500	7.00
25(26)	2890	2990	6.00
32	3270	3320	5.50
40	4200	4300	5.00
50	4800	4900	4.50

② 管环最小平均剥离力见表 1-85、表 1-86。管环扩径后，其内外层和嵌入金属层间不应出现脱胶，内外层管壁不应出现损坏。

表 1-85　搭接焊式铝塑管管环最小平均剥离力

公称外径/mm	12	16	20	25	32	40	50	63	75
最小平均剥离力/N	25	25	28	30	35	40	50	60	70

表 1-86　对接焊式铝塑管管环最小平均剥离力

公称外径/mm	16	20	25	32	40	50
最小平均剥离力/N	25	28	30	35	40	50

③ 对盘卷式铝塑管进行气密性试验时，管壁应无泄漏；通气试验时，管道内应通畅。

④ 铝塑管静液压试验要求见表 1-87～表 1-89；对于交联塑管，其内外层塑料的交联度在出厂时应符合要求。

表 1-87　搭接焊式铝塑管静液压强度试验

<table>
<tr><th rowspan="2">公称外径/mm</th><th colspan="2">冷　水　管</th><th colspan="3">热　水　管</th><th rowspan="2">试验时间/h</th><th rowspan="2">要　　求</th></tr>
<tr><th>试验压力/MPa</th><th>试验温度/℃</th><th colspan="2">试验压力/MPa</th><th>试验温度/℃</th></tr>
<tr><td>12</td><td rowspan="5">2.72</td><td rowspan="9">60</td><td colspan="2" rowspan="5">2.72</td><td rowspan="9">82</td><td rowspan="9">10</td><td rowspan="9">应无破裂、无局部球形膨胀、无渗漏</td></tr>
<tr><td>16</td></tr>
<tr><td>20</td></tr>
<tr><td>25</td></tr>
<tr><td>32</td></tr>
<tr><td>40</td><td rowspan="4">2.10</td><td rowspan="4">2.00</td><td rowspan="4">2.10[a]</td></tr>
<tr><td>50</td></tr>
<tr><td>63</td></tr>
<tr><td>75</td></tr>
</table>

注：([a])是采用中密度聚乙烯(乙烯与辛烯共聚物)材料生产的铝塑管。

表 1-88 对接焊式铝塑管 1 小时静液压强度试验

铝塑管代号	公称外径 d_n/mm	试验温度/℃	试验压力/MPa	试验时间/h	要求
XPAP1 XPAP2	16～32	95±2	2.42±0.05	1	应无破裂、无局部球形膨胀、无渗漏
	40～50		2.00±0.05		
PAP3	16～50	70±2	2.10±0.05		

表 1-89 对接焊式铝塑管 1000 小时静液压强度试验

铝塑管代号	公称外径 d_n/mm	试验温度/℃	试验压力/MPa	试验时间/h	要求
XPAP1 XPAP2	16～32	95±2	1.93±0.05	1000	应无破裂、无局部球形膨胀、无渗漏
	40～50		1.90±0.05		
PAP3	16～50	70±2	1.50±0.05		

⑤ 铝塑管的卫生性能应符合 GB/T 17219—1998 的规定。

⑥ 系统适应性。冷热水用铝塑管应将管材和管件连接成管道系统进行冷热水循环(表 1-90)、循环压力冲击(表 1-91)、真空(表 1-92)、耐拉拔(表 1-93)四种系统适应性试验。

表 1-90 冷热水循环试验条件

最高试验温度[a]/℃	最低试验温度/℃	试验压力/MPa	循环次数	每次循环时间[b]/min
T_0+10	20±2	P_0±0.05	5000	30±2

注:([a])最高试验温度不超过 90 ℃;

([b])每次循环冷热各(15±1) min。

表 1-91 循环压力冲击试验条件

最高试验压力/MPa	最低试验压力/MPa	试验温度/℃	循环次数	循环频率/(次/min)	试样数量
1.5±0.05	0.1±0.05	23±2	10000	≥30	1

表 1-92 真空试验参数

项目	试验参数		要求
真空密封性	试验温度	23 ℃	真空压力变化≤0.005 MPa
	试验时间	1 h	
	试验压力	−0.08 MPa	
	试样数量	3	

表 1-93　耐拉拔性能

公称外径/mm	短期拉拔性能		长期拉拔性能	
	拉拔力/N	试验时间/h	拉拔力/N	试验时间/h
12	1100	1	700	800
16	1500		1000	
20	2400		1400	
25	3100		2100	
32	4300		2800	
40	5800		3900	
50	7900		5300	
63				
75				

3. 管件与连接

铝塑复合管一般采用类似于交联聚乙烯管的卡圈式锁紧管件进行连接。管材首先按照敷设要求进行调直并截断，然后用复圆工具将切口复圆，倒角后将螺帽和 C 形环套入管材端口，最后通过螺纹锁紧，达到连接密封。

4. 应用范围

铝塑复合管主要用于采暖系统、生活冷热水系统和地下灌溉系统等流体输送系统，一般口径较小。

本章小结

通过本章的学习，应掌握如下几点。

1. 了解室外给水系统的组成部分，掌握室外配水管网的布置方法。
2. 了解室内给水系统的分类方法、组成部分、给水方式。
3. 了解室内给水管材、附件与设备。
4. 了解室外排水系统的组成，了解污水局部处理构筑物的作用及原理。
5. 了解室内排水系统的分类方法、组成部分、通气系统。
6. 了解室内排水管材与设备。

思考题

1. 室外给水系统有哪些组成部分？如何布置配水管网？
2. 室内给水系统有哪些组成部分？有哪些给水方式？

3. 室内给水管材有哪些?
4. 建筑室内排水系统由哪几部分组成?各有何作用?
5. 建筑排水系统常用的管材有哪些?如何连接?
6. 为什么室内污水管道要设置通气管?
7. 简述室外排水系统的组成。

第2章　电气设备安装工程

【学习目标】

1. 掌握常用电气材料的分类及组成。

2. 了解常用电气材料的适用范围。

在民用建筑安装工程中，电气材料是工程建设的一个重要组成部分，它一般由电线导管、电线电缆、开关、插座等组成。如何加强对电气材料的管理和选用，确保工程质量，与人们的日常生活、办公作业密切相关。因此电气材料的管理应该是企业综合管理的一部分，必须加以重视。它主要反映在两个方面：一是使用功能、安全性能必须得到有效的保障；二是质量、成本、利润和消耗必须得到有效的控制。

电气材料品种繁多，从预埋配管开始，到管线敷设、导线穿入、电柜电箱和照明器具安装，所用的电气材料有几十种。下面主要对电线导管、电线电缆，以及开关与插座进行介绍。

2.1　电线导管

1. 电线导管的分类

电线导管分为绝缘导管、金属导管和柔性导管。

(1) 绝缘导管

绝缘导管又称PVC电气导管，有三种规格：轻型管、中型管和重型管。由于轻型管不适用于建筑工程，根据规范要求，目前在建筑工程中通常使用中型管和重型管，其产品规格见表2-1。

表2-1　中型管、重型管的产品规格

序　号	公称直径		外径尺寸	壁　厚		极限偏差
	mm	in	mm	中型管/mm	重型管/mm	mm
1	16	5/8	16	1.5	1.9	−0.3
2	20	3/4	20	1.57	2.1	−0.3
3	25	1	25	1.8	2.2	−0.4
4	32	$1\frac{1}{4}$	32	2.1	2.7	−0.4
5	40	1	40	2.3	2.8	−0.4
6	50	2	50	2.85	3.4	−0.5
7	63	$2\frac{1}{2}$	63	3.3	4.1	−0.6

（2）金属导管

金属导管分为薄壁钢管和厚壁钢管两种。

① 薄壁钢管又分为非镀锌薄壁钢管（俗称电线管）和镀锌薄壁钢管（俗称镀锌电线管）两种，其产品规格见表 2-2、表 2-3。

表 2-2　非镀锌薄壁钢管的产品规格

序　　号	公称直径		外径尺寸	壁　　厚	理论重量
	mm	in	mm	mm	kg/m
1	16	5/8	15.88	1.6	0.581
2	20	3/4	19.05	1.8	0.766
3	25	1	25.40	1.8	1.048
4	32	$1\frac{1}{4}$	31.75	1.8	1.329
5	40	$1\frac{1}{2}$	38.10	1.8	1.611
6	50	2	63.5	2.0	2.407
7	63	$2\frac{1}{2}$	76.2	2.5	3.76

表 2-3　镀锌薄壁钢管的产品规格

序　　号	公称直径		外径尺寸	壁　　厚	理论重量
	mm	in	mm	mm	kg/m
1	16	5/8	15.88	1.6	0.605
2	20	3/4	19.05	1.8	0.796
3	25	1	25.40	1.8	1.089
4	32	$1\frac{1}{4}$	31.75	1.8	1.382
5	40	$1\frac{1}{2}$	38.10	1.8	1.675
6	50	2	63.5	2.0	2.503
7	63	$2\frac{1}{2}$	76.2	2.5	3.991

② 厚壁钢管又分为焊接钢管（俗称“黑铁管”）和镀锌焊接钢管（俗称“白铁管”），其产品规格见表 2-4、表 2-5。

表 2-4　焊接钢管的产品规格

序　　号	公称直径		外径尺寸	壁　　厚	理论重量
	mm	in	mm	mm	kg/m
1	15	1/2	21.3	2.75	1.26
2	20	3/4	26.8	2.75	1.63
3	25	1	33.5	3.25	2.42
4	32	$1\frac{1}{4}$	42.3	3.25	3.13
5	40	$1\frac{1}{2}$	48.0	3.50	3.84
6	50	2	60.0	3.50	4.88
7	65	$2\frac{1}{2}$	77.5	7.75	6.64

续表

序　　号	公称直径		外径尺寸	壁　　厚	理论重量
	mm	in	mm	mm	kg/m
8	80	3	88.5	4.00	8.34
9	100	4	114.0	4.00	10.85

表 2-5　镀锌焊接钢管的产品规格

序　　号	公称直径		外径尺寸	壁　　厚	理论重量
	mm	in	mm	mm	kg/m
1	15	1/2	21.3	2.75	1.34
2	20	3/4	26.8	2.75	1.73
3	25	1	33.5	3.25	2.57
4	32	$1\frac{1}{4}$	42.3	3.25	3.32
5	40	$1\frac{1}{2}$	48.0	3.50	4.07
6	50	2	60.0	3.50	5.17
7	65	$2\frac{1}{2}$	77.5	7.75	7.04
8	80	3	88.5	4.00	8.84
9	100	4	114.0	4.00	11.50

（3）柔性导管

柔性导管又分为绝缘柔性导管、金属柔性导管和镀塑金属柔性导管三种。它的产品规格应与电线导管相匹配。

2. 适用范围

（1）绝缘导管

绝缘导管主要适用于住宅、公共建筑和一般工业厂房的照明系统，它可以直接埋设在混凝土中，可以在墙面开槽后暗敷，可以在粉刷层外明敷，也可以在吊顶内敷设，作为照明电源的配管。

（2）金属薄壁钢管

金属薄壁钢管一般用于工程内的照明系统，作为弱电系统的配管，它的适用范围与绝缘导管相同，但不能在潮湿、易燃易爆场合、室外及埋地敷设。

（3）金属厚壁钢管

金属厚壁钢管主要用于工程内的动力系统，可以直接在潮湿、易燃易爆场合、室外及埋地敷设等，也可以用于与绝缘导管相同的敷设范围。

（4）柔性导管

柔性导管主要用于电源的接线盒、接线箱与照明灯具、机械设备、母线槽和穿越建筑物变形缝等的连接，但不能代替绝缘导管、金属导管使用。

3. 电线导管的连接

（1）绝缘导管的连接

对于绝缘导管，无论是导管与导管之间的连接，还是导管与配件的连接，都只能采用粘接方法进行连接。因此，在选用绝缘导管时，应配备胶黏剂。

（2）非镀锌薄壁钢管的连接

根据规范规定，非镀锌薄壁钢管的连接必须采用内螺丝配件作螺纹连接，钢筋电焊接地跨接，严禁采用对口熔焊连接和套管熔焊连接。

（3）镀锌薄壁钢管的连接

① 螺纹连接：这种连接方法与非镀锌薄壁钢管相同，但导管的接口处严禁钢筋电焊接地跨接，必须采用导线跨接，因此选用镀锌薄壁钢管螺纹连接方法，应根据施工规范配备专用接地卡和 4 mm^2 的铜芯软线。

② 套接紧定式连接：套管不用套丝，不进行导线接地跨接。因该套接的管接头之间有一道用滚压工艺压出的凹槽，而形成一个锥度，可以使导管插紧定位，确保接口处密封，将导管预埋在混凝土中或预埋在水泥、砂浆中时，水泥浆水不能渗入导管内部。管凹槽的深度与导管的壁厚一致，当管接头两端导管塞入后，内壁平整光滑，导线穿越时，不影响绝缘层。因此，当工程中电线导管的连接决定采用紧定式连接方法，在选用镀锌薄壁钢管时，应考虑选购紧定式接头。

③ 套接扣压式连接：该导管连接方法和功能与紧定式基本相同。所不同的是一个采用螺丝紧压固定，另一个采用扣压器扣压固定。因此，当工程中电线导管的连接决定采用扣压式连接方法，在选购镀锌薄壁钢管时，应考虑选购扣压式接头。

（4）厚壁钢导管的连接

厚壁钢导管的连接根据要求分为螺纹连接和套管熔焊连接两种。凡钢导管直径在2 in及以下时，应采用螺纹连接，钢筋接地跨接。当钢导管直径在 2 in 以上时，可采用螺纹连接，亦可采用套管熔焊连接，不得采用驱动器熔焊连接。套管的直径应与钢导管采用同一个规格。

（5）镀锌厚壁钢导管的连接

根据规范要求，镀锌厚壁钢导管的连接处不得熔焊跨接接地线。因此该导管的连接只能采用螺纹连接，导线跨接。当选用镀锌厚壁钢导管时，应配备相应规格专用接地卡和 4 mm^2 的铜芯软线。

（6）柔性导管的连接

因该导管主要用于接线盒、接线箱与照明灯具、机械设备、母线槽和穿越建筑物变形缝等的连接，因此在选用柔性导管时，应根据柔性导管的规格，配备专用的柔性导管接头。金属柔性导管严禁中间有接头，这主要是为了防止导线穿越时，损坏绝缘层。

4. 验收

（1）绝缘导管的验收

绝缘导管在验收时，首先应检查它是否有政府主管部门认可的、由检测机构出具的产品检验报告和企业的产品合格证，然后对产品的实物进行检验，主要有三个方面：一是查看导管表面，是否有间距不大于 1 m 的连续阻燃标记和生产厂标；二是进行明火试验，检查是否为阻燃；三是用卡尺检查导管壁厚，看管壁是否达到标准规定的厚度，以防止因导管厚度偏薄而在施工受压变形和弯曲时圆弧部位出现弯瘪现象，影响导线穿越和更换。

（2）金属导管的验收

首先应查看金属导管产品合格证内各种金属元素的成分是否符合要求，然后进行实物检查。镀锌导管应检查导管表面锌层的质量，查看是否有漏镀和起皮现象。检查焊接导管的焊缝，将导管进行弯曲，查看弯曲部位焊缝是否出现裂开现象。根据标准，用卡尺进行壁厚检查，防止壁厚未达标的导管用在工程上。另外，要防止导管验收时按质量算或按长度算，如按质量算，一些供货商会提供壁厚超标的导管，按长度算，则会提供一些壁厚未达标的导管。

(3) 柔性导管的验收

验收柔性导管，首先应检查产品合格证，然后对不同种类的导管进行实物检查。对于绝缘柔性导管，要进行明火试验，检查是否能阻燃自灭，以及导管是否有压扁现象。对于镀塑金属柔性导管，应对镀塑层进行阻燃自灭试验，还应检查其镀锌质量。

2.2　电线电缆

导体材料是用于输送和传导电流的一类金属，它具有电阻低、熔点高、机械性能好、密度小的特点，工程中通常选用铜或铝作导体材料。

1. 电线

电线又叫导线，在选用时，电线的额定电压与电流必须大于线路的工作电压。在一般民用建筑工程中，如住宅、公共建筑和一般工业厂房，使用的照明和动力电压一般为 220 V 和 380 V。因此，当我们采购电线时，应选用额定电压不低于 500 V 的电线。

(1) 橡皮绝缘系列电线

橡皮绝缘系列电线供室内敷设用，有铜芯和铝芯之分，在结构上分单芯、双芯和三芯。长期使用温度不得超过 60 ℃。橡皮绝缘电线具有良好的耐老化性能和不延燃性，并具有一定的耐油、耐腐蚀性能，适用于户外敷设，其型号、用途及其他指标见表 2-6、表 2-7。

表 2-6　橡皮绝缘电线的型号和主要用途

型　号	名　称	主要用途
BX	铜芯橡皮线	供干燥和潮湿场所固定敷设用，用于交流额定电压 250 V 和 500 V 的电路中
BXR	铜芯橡皮软线	供干燥和潮湿场所连接电气设备的移动部分用，交流额定电压 500 V
BLX	铝芯橡皮线	与 BX 型电线相同
BXF	铜芯氯丁橡皮线	固定敷设，尤其适用于户外
BLXF	铝芯氯丁橡皮线	

表 2-7　橡皮绝缘电线的芯数和截面范围

序　号	型　号	芯　数	截面范围/mm^2
1	BX	1	0.75～500
2	BX	2、3、4	1.0～95
3	BXR	1	0.75～400
4	BLX	1	2.5～630
5	BLX	2、3、4	2.5～120
6	BXF	1	0.75～95
7	BLXF	1	2.5～95

(2) 聚氯乙烯系列绝缘电线

聚氯乙烯系列绝缘电线(简称塑料线)具有耐油、耐燃、防潮、不发霉及耐日光、耐大气老化和耐寒等特点,可供各种交直流电器装置、电工仪表、电信设备、电力及照明装置配线用。其线芯长期允许工作温度不超过65 ℃,敷设温度不低于−15 ℃,主要性能见表2-8、表2-9。

表2-8 聚氯乙烯绝缘电线的型号和主要用途

型 号	名 称	主要用途
BLV(BV)	铝(铜)芯塑料线	交流电压500 V以下,直流电压1000 V以下,室内固定敷设
BLVV(BVV)	铝(铜)芯塑料护套线	
BVR	铜芯塑料软线	交流电压500 V以下,要求电线在比较柔软的场所敷设

表2-9 聚氯乙烯绝缘电线的芯数和截面范围

序 号	型 号	芯 数	截面范围/mm^2
1	BV	1	0.03～185
2	BLV	1	1.5～185
3	BVR	1	0.75～50
4	BVV	2、3	0.75～10
5	BLVV	2、3	1.5～10

(3) 聚氯乙烯绝缘电线(软)

聚氯乙烯绝缘系列电线(软)(简称塑料软线),可供各种交直流移动电器、电工仪表、电器设备及自动化装置接线用,其线芯长期允许工作温度不超过65 ℃,敷设温度不低于−15 ℃。截面面积为0.06 mm^2及以下的电线,只适用于作低压设备内部接线,其有关性能指标见表2-10、表2-11。

表2-10 聚氯乙烯绝缘电线(软)的型号和用途

型 号	名 称	主要用途
RV	铜芯聚氯乙绝缘软线	供交流250 V及以下各种移动电器接线用
RVB	铜芯聚氯乙烯绝缘平型软线	
RVB	铜芯聚氯乙烯绝缘绞型软线	
RVS	铜芯聚氯乙烯绝缘双绞型软线	
RVV	铜芯聚氯乙烯绝缘护套软线	供交流250 V及以下各种移动电器接线用,额定电压为500 V及以下

表2-11 聚氯乙烯绝缘电线(软)的芯数和截面范围

序 号	型 号	芯 数	截面范围/mm^2
1	RV	1	0.012～6
2	RVB(平型)	2	0.012～2.5
3	RVB(绞型)	2	0.012～2.5
4	RVS	2	0.012～2.5

续表

序　号	型　号	芯　数	截面范围/mm^2
5	RVV	2、3、4	0.012～6
6	RVV	5、6、7	0.012～2.5
7	RVV	10、12、14、16、19	0.012～1.5

(4) 丁腈聚氯乙烯复合物绝缘软线

丁腈聚氯乙烯复合物绝缘软线(简称复合物绝缘软线),可供各种移动电器、无线电设备和照明灯座等接线用。其线芯的长期允许工作温度为70 ℃。其主要性能指标见表2-12、表2-13。

表2-12　丁腈聚氯乙烯复合物绝缘软线的型号和主要用途

型　号	名　称	主要用途
RFB	铜芯丁腈聚氯乙烯复合物平型软线	供交流250 V及以下和直流500 V及以下各种移动电器接线使用
RFS	铜芯丁腈聚氯乙烯复合物绞型软线	

表2-13　丁腈聚氯乙烯复合物绝缘软线的芯数和截面范围

序　号	型　号	芯　数	截面范围/mm^2
1	RFB	2	0.12～2.5
2	RFS	2	0.12～2.5

(5) 橡皮绝缘棉纱编织软线

橡皮绝缘棉纱编织软线适用于室内干燥场所,供各种移动式日用电器设备和照明灯座与电源连接用。线芯长期允许工作温度不超过65 ℃。其主要性能指标见表2-14、表2-15。

表2-14　橡皮绝缘棉纱编织软线的型号和主要用途

型　号	名　称	主要用途
RXS	橡皮绝缘棉纱编织双绞软线	供交流250 V以下和直流500 V以下各种移动式日用电器设备和照明灯座与电源连接用
RX	橡皮绝缘棉纱总编织软线	

表2-15　橡皮绝缘棉纱编织软线的芯数和截面范围

序　号	型　号	芯　数	截面范围/mm^2
1	RXS	1	0.2～2
2	RX	2	0.2～2
3	RX	3	0.2～2

(6) 聚氯乙烯绝缘尼龙护套电线

聚氯乙烯绝缘尼龙护套电线是铜芯镀锡,用于交流250 V以下、直流500 V以下的低压线路中。线芯长期允许工作温度为−60～+80 ℃,在相对湿度为98%的条件下使用时,环境温度应小于45 ℃。型号为FVN的聚氯乙烯绝缘尼龙护套电线的芯数为1,截面范围为0.3～3 mm^2。

(7) 不同型号电线的标称截面与线芯结构见表 2-16、表 2-17、表 2-18。

表 2-16 BX、BLX、BV、BLV、BVV、BXF、BLXF 等型号电线的标称截面与线芯结构

标称截面/ mm^2	线 芯 结 构	标称截面/ mm^2	线 芯 结 构	标称截面/ mm^2	线 芯 结 构
	根数/线径		根数/线径		根数/线径
0.03	1/0.20 mm	1.5	1/1.37 mm	70	19/2.4 mm
0.06	1/0.3 mm	2.5	1/1.76 mm	95	19/2.5 mm
0.12	1/0.4 mm	4	1/2.24 mm	120	37/2.0 mm
0.2	1/0.5 mm	6	1/2.73 mm	150	37/2.24 mm
0.3	1/0.6 mm	10	7/1.33 mm	185	37/2.5 mm
0.4	1/0.7 mm	16	7/1.7 mm	240	61/2.24 mm
0.5	1/0.8 mm	25	7/2.12 mm	300	61/2.5 mm
0.75	1/0.97 mm	35	7/2.5 mm	400	61/2.85 mm
1.0	1/1.13 mm	50	19/1.83 mm	—	—

表 2-17 BVR 型号电线的标称截面与线芯结构

标称截面/ mm^2	线 芯 结 构	标称截面/ mm^2	线 芯 结 构	标称截面/ mm^2	线 芯 结 构
	根数/线径		根数/线径		根数/线径
0.75	7/0.37 mm	4	19/0.52 mm	25	98/0.58 mm
1.0	7/0.43 mm	6	19/0.64 mm	35	133/0.58 mm
1.5	7/0.52 mm	10	49/0.52 mm	50	133/0.68 mm
2.5	19/0.41 mm	16	49/0.64 mm	—	—

表 2-18 RFB、RFS、RXS、RX 型号电线的标称截面与线芯结构

标称截面/ mm^2	线 芯 结 构	标称截面/ mm^2	线 芯 结 构	标称截面/ mm^2	线 芯 结 构
	根数/线径		根数/线径		根数/线径
0.12	7/0.15 mm	0.5	28/0.15 mm	2.0	64/0.2 mm
0.2	12/0.15 mm	0.75	42/0.15 mm	2.5	77/0.2 mm
0.3	16/0.15 mm	1.0	32/0.2 mm	—	—
0.4	23/0.15 mm	1.5	48/0.2 mm	—	—

2. 电缆

电缆的种类很多,它是根据用途对象、敷设部位及电缆本身的结构而选用的。通常电缆分两大类,即电力电缆和控制电缆。电力电缆用于输送和分配大功率电能,由于在目前的工程中,电源的高压部分由供电部门负责施工,因此在一般情况下,选用额定电压为 1 kV 的电缆。控制电缆在配电装置中用于传导操作电流、连接电气仪表、继电保护等。在选用时应根据图纸要求,选用满足功能要求的多芯控制电缆。

电缆的种类很多且用途较广,在电缆的选用上,往往着重于使用功能而忽略其阻燃性能。据有关资料反映,在我国的火灾事故中,有相当一部分人因吸入电缆燃烧时释放出来的有毒气体而窒息死亡。因此人们必须根据电缆的有关性能，结合电缆敷设的环境、部位和施工图，严格选用适当的电缆型号。常见的辐照交联、低烟无卤、阻燃、耐热电缆在燃烧时具有低烟无卤、无毒等特点。

（1）电力电缆

① 135 ℃辐照交联低烟无卤阻燃聚乙烯绝缘电缆。

该电缆导体允许长期最高工作温度不大于 135 ℃，当电源发生短路，电缆温度升至 280 ℃时，仍可持续工作 5 min。电缆敷设时环境温度不得低于 −40 ℃，施工时应注意电缆弯曲半径一般不应小于电缆直径的 20 倍。常见的 135 ℃辐照交联低烟无卤阻燃聚乙烯绝缘电缆的型号、名称、用途、芯数及截面范围见表 2-19、表 2-20，其他型号电缆性能指标见表 2-21、表 2-22、表 2-23。

表 2-19 阻燃聚乙烯绝缘电缆的型号和主要用途

型 号	名 称	主要用途
WJZ-BYJ(F)	铜芯辐照交联低烟无卤阻燃聚乙烯绝缘电线电缆	固定布线
WJZ-BYJ(F)R	软铜芯辐照交联低烟无卤阻燃聚乙烯绝缘电线电缆	固定布线，要求柔软场合
WJZ-RYJ(F)	铜芯辐照交联低烟无卤阻燃聚乙烯绝缘软电线电缆	固定布线，要求柔软场合
WJZ-BYJ(F)EB	铜芯辐照交联低烟无卤阻燃聚乙烯绝缘护套扁平电线电缆	固定布线
WDZN-BYJ(F)	铜芯辐照交联低烟无卤阻燃聚乙烯绝缘耐火电线电缆	固定布线

表 2-20 阻燃聚乙烯绝缘电缆的芯数及截面范围

序 号	型 号	芯 数	截面范围/mm^2
1	WJZ-BYJ(F)	1	0.5～400
2	WJZ-BYJ(F)R	1	0.75～300
3	WJZ-RYJ(F)	1	0.5～300
4	WJZ-BYJ(F)EB	2、3	0.75～10
5	WDZN-BYJ(F)	1	0.5～400

表 2-21 WDZ-BYJ(F)型号电缆的标称截面与线芯结构

标称截面/mm^2	线芯结构	标称截面/mm^2	线芯结构	标称截面/mm^2	线芯结构
	根数/线径		根数/线径		根数/线径
0.5	1/0.80 mm	10	7/1.35 mm	120	37/2.03 mm
0.75	7/0.37 mm	16	7/1.70 mm	150	37/2.25 mm
1	7/0.43 mm	25	7/2.14 mm	185	37/2.52 mm
1.5	7/0.52 mm	35	7/2.52 mm	240	61/2.25 mm
2.5	7/0.68 mm	50	19/1.78 mm	300	61/2.52 mm
4	7/0.85 mm	70	19/2.14 mm	400	61/2.85 mm
6	7/1.04 mm	95	19/2.52 mm	—	—

表 2-22 WDZ-BYJ(F)R 型号电缆的标称截面与线芯结构

标称截面/ mm^2	线芯结构	标称截面/ mm^2	线芯结构	标称截面/ mm^2	线芯结构
	根数/线径		根数/线径		根数/线径
0.75	19/0.22 mm	10	49/0.52 mm	95	259/0.68 mm
1	19/0.26 mm	16	49/0.64 mm	120	427/0.60 mm
1.5	19/0.32 mm	25	133/0.49 mm	150	427/0.67 mm
2.5	19/0.41 mm	35	133/0.58 mm	185	427/0.74 mm
4	19/0.52 mm	50	133/0.68 mm	240	427/0.85 mm
6	49/0.40 mm	70	259/0.58 mm	300	549/0.83 mm

表 2-23 WDZ-RPJ(F)型号电缆的标称截面与线芯结构

标称截面/ mm^2	线芯结构	标称截面/ mm^2	线芯结构	标称截面/ mm^2	线芯结构
	根数/线径		根数/线径		根数/线径
0.5	16/0.20 mm	10	77/0.40 mm	120	610/0.50 mm
0.75	24/0.20 mm	16	133/0.40 mm	150	732/0.50 mm
1	32/0.20 mm	25	190/0.40 mm	185	915/0.52 mm
1.5	30/0.25 mm	35	285/0.40 mm	240	1220/0.50 mm
2.5	50/0.25 mm	50	399/0.40 mm	300	1525/0.50 mm
4	56/0.30 mm	70	350/0.50 mm	—	—
6	84/0.30 mm	95	481/0.50 mm	—	—

② 辐照交联低烟无卤阻燃聚乙烯电力电缆。

该电缆导体允许长期最高工作温度不大于 135 ℃，当电源发生短路，电缆温度升至 280 ℃时，仍可持续工作 5 min。电缆敷设时环境温度不得低于－40 ℃，施工时应注意单芯电缆弯曲半径应大于或等于电缆外径的 20 倍，多芯电缆弯曲半径应大于或等于电缆外径的 15 倍。其性能指标见表 2-24、表 2-25。

表 2-24 辐照交联低烟无卤阻燃聚乙烯电力电缆的型号及主要用途

型号	名称	主要用途
WDZ-YJ(F)E WDZ-YJ(F)Y	铜芯或铝芯辐照交联低烟无卤阻燃聚乙烯绝缘护套电力电缆	敷设在室外，可经受一定的敷设牵引，但不能用在承受机械外力作用的场合；单芯电缆不允许敷设在磁性管道中
WDZ-YJ(F)E22 WDZ-YJ(F)Y22	铜芯或铝芯辐照交联低烟无卤阻燃聚乙烯绝缘钢带铠装护套电力电缆	适用于埋地敷设，以承受机械外力作用，但不能承受大的拉力
WDZN-YJ(F)E WDZN-YJ(F)Y	铜芯辐照交联低烟无卤阻燃聚乙烯绝缘护套耐火电力电缆	敷设在室外，可经受一定的敷设牵引，但不能用在承受机械外力作用的场合；单芯电缆不允许敷设在磁性管道中

续表

型　　号	名　　称	主要用途
WDZN-YJ(F)E22 WDZN-YJ(F)Y22	铜芯辐照交联低烟无卤阻燃聚乙烯绝缘钢带铠装护套耐火电力电缆	适用于埋地敷设，以承受机械外力作用，但不能承受大的拉力
辐照交联低烟无卤阻燃聚乙烯电力电缆线芯可参照 135 ℃辐照交联低烟无卤阻燃聚乙烯绝缘电缆		

表 2-25　辐照交联低烟无卤阻燃聚乙烯电力电缆的芯数及截面范围

序　　号	型　　号	芯　　数	截面范围/mm^2
1	WDZ-YJ(F)E WDZ-YJ(F)Y	1～5	1.5～300
2	WDZ-YJ(F)E22 WDZ-YJ(F)Y22	1～5	4～300
3	WDZN-YJ(F)E WDZN-YJ(F)Y	1～5	1.5～300
4	WDZN-YJ(F)E22 WDZN-YJ(F)Y22	1～5	4～10

注：芯数 1 为单芯电缆，标称截面为 1×(导线截面)；芯数 2 为双芯电缆，标称截面为 2×(导线截面)；芯数 3 为三芯电缆，标称截面为 3×(导线截面)；芯数 4 为四芯电缆，标称截面为 4×(导线截面)。

(2) 控制电缆

辐照交联低烟无卤阻燃聚乙烯控制电缆允许长期最高工作温度不大于 135 ℃，当电源发生短路，电缆温度升至 280 ℃时，仍可持续工作 5 min。电缆敷设时环境温度不得低于−40 ℃，施工时应注意电缆弯曲半径不得小于电缆直径的 10 倍。其性能指标见表2-26、表 2-27。

表 2-26　辐照交联低烟无卤阻燃聚乙烯控制电缆的型号和主要用途

型　　号	名　　称	主要用途
WDZ-KYJ(F)E	铜芯辐照交联低烟无卤阻燃聚乙烯绝缘及低烟无卤阻燃聚乙烯护套控制电缆	报警系统、消防系统、门示系统、BA 系统、可视系统等弱电系统，亦可用于强电配电柜箱内二次线的连接
WDZ-KYJ(F)E22	铜芯辐照交联低烟无卤阻燃聚乙烯绝缘及低烟无卤阻燃聚乙烯护套钢带铠装控制电缆	
WDZ-KYJ(F)E32	铜芯辐照交联低烟无卤阻燃聚乙烯绝缘及低烟无卤阻燃聚乙烯护套细钢丝铠装控制电缆	
WDZ-KYJ(F)	铜芯辐照交联低烟无卤阻燃聚乙烯绝缘及低烟无卤阻燃聚乙烯护套铜丝编织屏蔽控制电缆	
WDZ-KYJ(F)EP	铜芯辐照交联低烟无卤阻燃聚乙烯绝缘及低烟无卤阻燃聚乙烯护套铜带屏蔽控制电缆	
WDZN-KYJ(F)E	铜芯辐照交联低烟无卤阻燃聚乙烯绝缘及低烟无卤阻燃聚乙烯护套耐火控制电缆	

表 2-27 辐照交联低烟无卤阻燃聚乙烯控制电缆的芯数和标称截面

芯数	标称截面/mm²					芯数	标称截面/mm²				
	1	1.5	2.5	4	6		1	1.5	2.5	4	6
4	有	有	有	有	有	24	有	有	有	—	—
5	有	有	有	有	有	27	有	有	有	—	—
6	有	有	有	有	有	30	有	有	有	—	—
7	有	有	有	有	有	33	有	有	有	—	—
8	有	有	有	有	有	37	有	有	有	—	—
10	有	有	有	有	有	44	有	有	有	—	—
12	有	有	有	有	有	48	有	有	有	—	—
14	有	有	有	有	有	52	有	有	有	—	—
16	有	有	有	—	—	61	有	有	有	—	—
19	有	有	有	—	—						

3. 验收

产品验收前，首先应查看该型号产品的生产许可证，并有国家认可的检测机构出具的检测报告和该批产品的合格证，其次查看产品实物。产品实物主要从七个方面查看：一是查看导线表面上是否有产品生产厂家的全称和有关技术参数；二是检查金属导体的质量，是否有可塑性，防止再生金属用于产品上；三是用卡尺对金属导体的直径进行测量，检查是否达到产品规定的要求；四是截取一段多股导线，剥离绝缘层进行根数检查，查验多股导线的总根数是否达到产品规定的根数；五是进行长度测量，检查是否有“短斤缺两”现象；六是根据检测报告，检查导线表面的绝缘层的厚度；七是检查导线各种型号的数量，是否满足工程的需要。

2.3 开关与插座

在电源线路中，开关的作用是切断或连通电源，而插座是为用电设备提供电源的一个连接点。常见的微型断路器具有当导线过载、短路或电压突然升高时进行保护的作用，并具有隔离功能。微型断路器的外壳是采用高绝缘性和高耐热性材料制成的，燃烧时没有熔点，即使是明火，也只会逐步碳化而不熔化，故使用相当安全。86 系列开关与插座外形美观，操作方便，使用灵活，它的面板采用耐高温、抗冲击、阻燃性能好的聚碳酸酯材料制成。开关采用纯银触点，最大限度地减小了接触电阻，长时间使用，不会形成发热现象，且通断自如，使用次数高达 40000 次。插座采用加厚磷青铜，弹性极佳，插头与插座接触紧密，当设备用电负荷过大时不形成升温现象，延长了使用寿命。因此微型断路器、86 型系列开关与插座，目前在工程中被广泛使用。

1. 微型断路器与开关插座的分类

(1) 微型断路器型号说明

微型断路器的型号可按型号、极数、特性、额定电流顺序或按型号、极数、直流/交流、特性、额定电流顺序标记，具体如下。

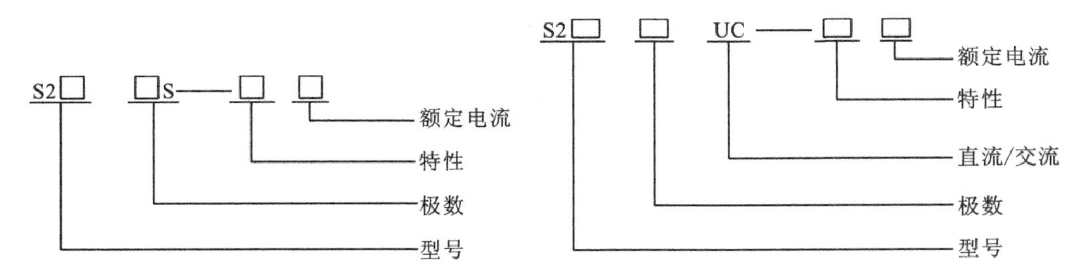

特性C——对高感性负荷和高感照明系统提供线路保护。

特性D——对高感性负荷有较大冲击电流产生的配电系统提供线路保护。

特性K——对额定电流40 A以下的电动机系统及变压器配电系统提供可靠保护。

微型断路器品种及性能指标见表2-28。

表2-28 S250S、S260、S270、S280、S280DC、S290系列产品

系列名称	额定电流(A)	一极	二极	三极	四极
S250S-C	1-63	S251S-C(1-63)	S252S-C(1-63)	S253S-C(1-63)	S254S-C(1-63)
S250S-D	4-63	S251S-D(4-63)	S252S-D(4-63)	S253S-D(4-63)	S254S-D(4-63)
S250S-K	1-40	S251S-K(1-40)	S252S-K(1-40)	S253S-K(1-40)	S254S-K(1-40)
S260-C	0.4-63	S261-C(0.4-63)	S262-C(0.4-63)	S263-C(0.4-63)	S264-C(0.4-63)
S260-D	0.4-63	S261-D(0.4-63)	S262-D(0.4-63)	S263-D(0.4-63)	S264-D(0.4-63)
S270-C	6-63	S271-C(6-63)	S272-C(6-63)	S273-C(6-63)	S274-C(6-63)
S280-C	80-100	S281-C(80-100)	S282-C(80-100)	S283-C(80-100)	S284-C(80-100)
S280UC-C	0.4-63	S281UC-C(0.4-63)	S282UC-C(0.4-63)	S283UC-C(0.4-63)	—
S280UC-K	0.4-63	S281UC-K(0.4-63)	S282UC-K(0.4-63)	S283UC-K(0.4-63)	—
S290-C	80-125	S291-C(80-125)	S292-C(80-125)	S293-C(80-125)	S294-C(80-125)

注：① 额定电流系列有0.5、1、2、3、4、6、10、16、20、25、32、40、50、63共十四种规格；

② 表内额定电流(0.4-63)是系列十四种规格的合写；

③ 应根据用电负荷量，按微型断路器的额定电流系列的规格，选择满足功能要求的微型断路器。

(2) 开关与插座

开关的主要规格有：10 A 250 V单联单控开关、10 A 250 V单联双控开关；10 A 250 V双联单控开关、10 A 250 V双联双控开关；10 A 250 V三联单控开关、10 A 250 V三联双控开关；10 A 250 V四联单控开关、10 A 250 V四联双控开关；10 A 250 V五联单控开关、10 A 250 V五联双控开关。

插座的主要规格有：10 A 250 V单相三极插座；10 A 250 V单相二极和单相三极插座；10 A 250 V单相三极带开关组合插座；10 A 250 V双联单相二极扁圆双用插座；16 A 250 V双联美式电脑插座；13 A 250 V单相三极方脚插座；10 A 250 V单相三极万能插座，10 A 250 V单相二极和单相三极组合万能插座；25 A 440 V三相四极插座；一位四线美式电话插座，二位四线美式电话插座，一位六线美式电话插座；一位普通型电视插座，二位普通型电视插座；0.5 A 220 V轻触延时开关，0.5 A 220 V声光控延时开关；250 V门铃开关，250 V门

铃开关带指示;调速开关;开关防潮面板,插座防潮面板等。

2. 适用范围

微型断路器的用途广泛,在民用住宅、公共建筑、工业厂房内均可使用。在民用住宅适用于电表箱和室内分户箱内。在公共建筑适用于楼层照明控制、会议室和配电间。在工业厂房适用于办公用房和车间内照明。它的特点是:容量和控制范围大,能同时切断某个部位的电源,并对电源电流量升高提供线路保护。

3. 验收

微型断路器、开关与插座验收时,应先查看企业的生产许可证和产品合格证,其次进行实物检查。实物检查的主要内容:一是微型断路器的型号与规格是否与图纸要求相符;二是检查接线桩头是否完好,螺丝是否齐全;三是检查开关启闭是否灵活;四是检查是否具有阻燃性。

目前市场上的假冒伪劣产品主要反映在两个方面:一是用劣质的原料加工成面板;二是用再生铜加工成铜片。当这些伪劣产品流入市场,在多次使用后,铜片发热,刚性退化,使连接点处的电阻增大,热量上升,从而引发烧毁现象,所以在采购和验收时应特别注意。

第3章　通风空调工程

【学习目标】

1. 掌握通风系统的分类与组成、空调系统的分类与组成。
2. 了解常用空气处理设备。

3.1　建筑通风概述及通风系统的分类与组成

3.1.1　建筑空间空气的卫生条件

1. 空气的供氧量、温度、湿度和流速

(1) 供氧量

氧气是人生存的基本要素，为了能够保证建筑物内人们的身体健康，就必须向建筑物提供人们所需的新鲜空气，对有污染的工业厂房、民用和公共建筑输送足够的新风。

(2) 温度

人体与周围环境之间存在着热量传递，它与人体的表面温度、环境温度、空气流动速度、人的衣着厚度和劳动强度及姿势等因素有关。因此在建筑通风设计计算中，应根据当地气候条件、建筑物的类型、服务对象等，选取适宜的室内计算温度。

(3) 相对湿度

人体在气温较高时需要更多的水分。相对湿度的设计极限应根据人体生理需求和承受能力来确定。而生产车间的相对湿度设计，除了考虑人体舒适的需求外，还应考虑生产工艺的要求。

(4) 空气流动速度

人体周围空气的流动速度是影响人体对流散热和水分蒸发的主要因素之一，气流速度增大时对流散热速度加快，气流速度减慢时对流散热速度减小。舒适条件对室内空气流动速度也有要求。气流流速过大会引起吹风感，气流流速过小会有闷气、呼吸不畅的感觉。

空气洁净度等对人体生理也有一定影响。建筑空间中众多空气的各种物理因素之间互相关联。

2. 空气中有害物浓度、卫生标准和排放标准

衡量有害物在空气中的含量，一般以浓度来表示。空气总有害物浓度指单位体积空气中所含有害物质的质量或体积，即质量浓度(mg/m^3)和体积浓度(mL/m^3)。

3.1.2　建筑通风的任务与内容

建筑通风的主要任务是控制生产过程中产生的粉尘、有害气体、高温、高湿，控制室内有害物含量不超过卫生标准，创造良好的生产、生活环境，保护空气环境。

对空气参数有严格要求的建筑，除了要满足所需的新鲜空气量外，还应对送入的空气进行冷却、加热、减湿、加湿等处理，且在任何自然环境下，都应将室内空气维持在所要求的参数范围内。

工业生产厂房中，生产过程中可能散发大量热量、粉尘以及有害气体和蒸汽，必然危害工作人员身体健康，影响正常生产过程与产品质量，损坏设备和建筑结构。这些空气排入大气，还将导致环境污染，而且有些工业的粉尘和气体是值得回收的原材料，因此通风的任务就是要用新鲜空气替代室内的污染空气，消除其对工作人员和生产过程的危害，并尽可能对未燃物进行回收。

3.1.3 通风系统的分类及组成

通风，简单地说，就是把整个或局部建筑物内不符合卫生标准的污浊空气排出室外，把新鲜空气或经过净化处理符合卫生标准的空气送入室内，前者称为排风，后者称为送风。

1. 按照通风动力分类

按照通风动力的不同，通风系统可分为自然通风和机械通风两大类。自然通风是依靠室内外空气的温度差所造成的热压或室外风力造成的风压使空气流动的。自然通风按建筑构造设置情况又分为有组织通风和无组织通风。有组织通风指具有一定调节风量能力的自然通风，在一般工业厂房中，为改善工作区劳动条件，应采取有组织的自然通风方式；在一般的民用及公共建筑中，大多采用开启的外窗进行无组织的自然换气。

在热压或风压的作用下，一部分窗孔室外风的压力高于室内的压力，这时，室外空气就会通过这些窗孔进入室内；另一部分窗孔室外风的压力低于室内压力，室内部分空气就会通过这些窗孔而流出室外，由此可知，窗孔内外的压力差是造成空气流动的主要因素。

机械通风是依靠风机的动力使空气流动的，由于配置了动力设备（通风机），可使空气通过风道输送，并可对所输送的空气进行净化（空气过滤），因此，它有自然通风无可比拟的优越性。其缺点是投资大，运行及维护费用较高。

2. 按照通风作用范围分类

按照通风作用范围的不同，通风系统可分为全面通风和局部通风两大类。全面通风又称稀释通风，它用清洁空气稀释室内空气中有害物浓度，同时把污染的空气排出室外，使室内空气中的有害物浓度不超过国家卫生标准规定的最高允许浓度。由于全面通风所需风量大，相应的设备也较庞大，设计全面通风系统时，要选择合理的气流组织，合理地布置送风口和排风口，使得送入室内的新鲜空气以最短的路程送入工作区，同时使得污浊的空气以最短的路程排至室外。

局部通风系统可分为局部进风和局部排风两种形式。它们都是利用局部气流使某工作区不受有害物的污染，创造良好的工作环境。局部通风系统由于风量小、造价低，设计时应优先考虑。

局部进风即只向局部工作区输送新鲜空气，在局部地点创造良好的空气环境。局部进风系统有系统式和分散式两种。系统式局部进风是将室外空气经过集中处理，待达到室内卫生标准要求后直接送入局部工作区。分散式局部进风一般采用轴流风机或喷雾风扇来增加工作地点的风速或降低局部空间的气温。局部进风系统的组成包括室外进风口、空气处理设备、风道、风机及喷头等。系统式局部进风系统常用于卫生条件较差、室内散发有害物和粉尘而又不允许有水滴存在的车间。

局部排风即把局部工作区产生的有害物(空气)收集起来,通过风机排至室外。局部排风系统一般由局部排风罩(密闭罩)、风道、除尘器(有害气体净化器)、通风机等组成。

当室内有突然散发有毒气体或危险性爆炸气体的可能性时,应当设置事故排风系统。

通风系统由于设置场所的不同,其系统组成也各不相同,一般的通风系统主要由以下各部分组成:进风系统由进风百叶窗、空气过滤器(加热器)、通风机(离心式、轴流式、贯流式)、风道以及送风口等组成;排风系统一般由排风口(排气罩)、风道、过滤器(除尘器、空气净化器)、风机、风帽等组成。

3.2 通风系统的主要设备和构件

机械送风系统一般由进风室、空气处理设备、风机、风道和送风口等组成。机械排风系统一般由排风口、排风罩、净化除尘设备、排风机、排风道和风帽等组成。此外还应设置必要的调节通风量和启闭系统运行的各种控制部件,即各式阀门。

3.2.1 室内送、排风口

室内送风口是送风系统中风道的末端装置。送风道输入的空气通过送风口以一定的速度均匀地分配到指定的送风地点。室内排风口是排风系统的始端吸入装置,车间内被污染的空气经过排风口进入排风道内,室内送、排风口的装置决定了通风房间的气流组织形式。室内送排风口的形式有多种,分别介绍如下。

1. 百叶式送回风口

百叶式送回风口是通风、空调工程中最常用的一种送回风口形式,通常可分为单层(双层)百叶式送回风口,单层(双层)百叶带调节阀式送回风口,单层(双层)百叶带调节阀过滤层式送回风口等。百叶式送回风口通常由铝合金制成,外形美观,选用方便,调节灵活,安装简单。

2. 侧向送回风口

侧向送回风口结构简单,是直接在风道侧壁开孔或在侧壁加装凸出的矩形风口,为控制风量和气流方向,孔口处常设挡板或插板。此种风口的缺点是各孔口风速不均匀,风量也不易调节均匀,通常用在对空调精度要求不高的工程中。

3. 散流器

散流器是由上向下送风的送风口,通常都安装在送风管道端部,明装或暗装于顶棚上,散流器一般分为平送式、下送式两种。

平送式散流器是将气流从散流器出来后贴附着棚顶向四周流入室内,使之与室内空气更好地混合后进入工作区。

下送式散流器是将气流直接向下扩散进入室内,这种下送气流可使工作区被笼罩在送风气流中。

4. 喷射式送风口

喷射式送风口为一段送风短管,这种送风口不装调节叶片或网栅,风速大、射程远,适用于体育馆、剧院等大空间的公共建筑。

3.2.2 风管

1. 风管材料的选用

风管一般采用钢板制作。对于洁净度要求高或有特殊要求的工程常采用不锈钢或铝板制作；对于有防腐要求的工程可采用塑料或玻璃钢制作，也可用砖、加气块、钢筋混凝土制作。风管在输送空气的过程中，为了防止风管对某空间的空气参数产生影响，均应考虑风管的保温处理。保温材料主要有软木、泡沫塑料、玻璃纤维板等。保温层厚度应根据保温要求进行计算。

2. 风管形式的确定

一般采用圆形或矩形风管。圆形风管耗材少，强度高，但加工复杂，不易布置，常用于暗装；矩形风管易布置，易加工，使用较普遍，矩形宽高比宜小于6，最大不应超过10。

3.2.3 室外进、排风装置

室外进、排风装置按其使用场合和作用的不同，有室外进风装置与室外排风装置之分。

1. 室外进风装置

室外进风装置的作用是采集室外新鲜空气供室内送风系统使用。根据进气装置设置位置的不同，可分为窗口型、进气塔型两种，这两种进气口的设计应符合下列要求。

① 进气口应设在空气新鲜、灰尘少、远离排气口的地方。

② 进气口的高度应高出地面2.5 m，并应设在主导风向上风侧，设于屋顶上的进气口应高出屋面1 m以上，以免被积雪堵塞。

③ 进气口应设百叶格栅，防止雨、雪、树叶、纸片等杂物被吸入。在百叶格栅里还应设保温门作为冬季关闭进气口之用(北方地区)。

④ 进气口的大小应根据系统风量及通过进气口的风速来确定。

2. 室外排风装置(即排风道的出口)

室外排风装置的作用是将排风系统中收集到的污浊空气排至室外。排气口经常设计成塔式安装于屋面。排气口的设计应符合下列要求。

① 当进、排风口都设于屋面时，其水平距离要大于10 m，并且进气口要低于排气口。

② 自然通风系统须在竖排风道的出口处安装风帽以加强排风效果。

③ 排风口设于屋面上时应高出屋面1 m以上，且出口处应设排风帽或百叶窗。

④ 自然通风的排风塔内风速可取1.5 m/s，机械通风排风塔内风速可取1.5～8 m/s，两者风速取值均不能小于1.5 m/s，以防止冷风渗入。

3.2.4 风机

风机按其作用原理可分为离心式、轴流式和贯流式三种类型，大量使用的是离心式和轴流式风机。在一些特殊场所使用的还有耐高温通风机、防爆风机、防腐风机和耐磨风机等。

1. 离心式风机的构造、工作原理和分类

(1) 构造

离心式风机主要由叶轮、机壳、机轴、吸气口、排气口以及轴承、底座等组成。

(2) 工作原理

风机叶轮在电动机的带动下随机轴高速旋转，叶片间的气体在离心力作用下由径向甩出，到达风机出口后被压向风道，同时在叶轮的吸口处形成一定真空，这时，外界气体在大气压力作用下被吸入叶轮内以补充排出的气体，如此源源不断地将气体输送到所需要的场所。

(3) 分类

按产生压力的不同，通风机可分为三类：低压风机，$P\leqslant1000$ Pa；中压风机，1000 Pa$<P\leqslant3000$ Pa；高压风机，$P>3000$ Pa。按输送气体性质的不同，通风机可分为普通风机、排尘风机、防腐风机、防爆风机等。

2. 轴流式风机的构造、工作原理

(1) 构造

轴流式风机由叶轮、机壳、吸入口、扩压器及电动机组成。

(2) 工作原理

当叶轮在机壳中转动时，由于叶轮有斜面形状，空气一方面随叶轮转动，一方面沿轴向推进，由于空气在机壳中的流动始终沿着轴向，故称为轴流式风机。

3.2.5 空气净化设备

空气净化设备主要有除尘器、空气过滤器、洁净室、空气吹淋室、超净工作台、空气自净器、洁净层流罩等。

1. 除尘器

除尘器的作用是把含尘量较大的空气经处理后排到大气中，对于含尘浓度较高、灰尘分散度及物理性质差别很大的气体，可采用不同类型除尘器进行净化。常用除尘器有重力除尘器、离心式除尘器、过滤除尘器、电除尘器、筛板除尘器等。

2. 空气过滤器

空气过滤器的作用是把含尘量不大的空气经净化后送入室内。空气过滤器按作用原理可分为浸油金属网格过滤器、干式纤维过滤器和静电过滤器三种。

3. 洁净室

洁净室是指对空气中的颗粒物质及温度、湿度、压力实行控制的密闭空间(房间)。洁净室主要应用于航空仪表、光学机械、医疗等行业中，洁净室可分为普通洁净室、层流洁净室(分垂直式层流洁净室、水平式层流洁净室)、并用型洁净室(普通型带洁净工作台)。

4. 空气吹淋室

可防止污染空气进入洁净室，利用高速洁净空气流吹掉工作人员身上的灰尘，常与洁净室配套使用。

5. 超净工作台

使洁净的层流空气通过工作台，迅速排除工作台上的灰尘，并不妨碍操作。同时可防止周围空气尘埃落入工作台内。它的特点是可使局部工作区保持很高的洁净度。

6. 空气自净器

对空气循环提供局部洁净工作环境的空气净化设备。室内空气由风机吸入，经粗效过滤器和高效过滤器后压出，从出风面吹出的洁净空气使局部环境连续使用，可提高全室洁净度。

7. 洁净层流罩

由低噪声风机、高效过滤器组成，安装在有一定洁净度的工作区，风机可吸入空调系统、技术夹层或室内的空气，经过滤后送入工作区，从而保证工作区的空气有较高的洁净度。

3.3 空调系统的分类与组成

空气调节是保证空调房间空气参数的方法，空气参数有温度、相对湿度、空气流速、空气的洁净度、细菌及有害气体。对于舒适性空调，一般要求保证室内的温度和相对湿度以及空气流速。而对于工艺性空调，要求的参数较多，如对于实验室，振动、噪声要求就比较严格；对于制药车间，粉尘的含量及有害气体含量要求就十分严格。每个空调房间要保持什么样的空气参数，要根据具体工艺要求来定。

3.3.1 空气调节的内容与基本参数

1. 空气调节的内容

空气调节是人为地对建筑物的温度、湿度、气流速度、细菌、尘埃和有害气体等进行控制，为室内提供足够的室外新鲜空气，创造和维持人们工作、生活所需要的环境或特殊生产工艺所要求的特定环境。

空调根据其使用环境、服务对象可分为如下几类。

(1) 舒适空调

以室内人员为服务对象，以创造舒适环境为任务而设置的空调，用于如商场、办公楼、宾馆、饭店、公寓等建筑物。

(2) 工业空调

以保护生产设备和有益于产品精度或材料为主，以满足室内人员舒适要求为次而设置的空调，用于如车间、仓库等场所。

(3) 洁净空调或洁净空调系统

对空气尘埃浓度有一定要求而设置的空调，用于如生物医药研究室、计算机房等场所。

2. 空气调节的基本参数

大多数空调系统主要是控制空气的温度和相对湿度，常用空调基数和空调精度来表示空调房间对设计的要求。

(1) 空调基数

空调基数也称空调基准温湿度，指根据生产工艺或人体舒适要求所指定的空气温度(t)和相对湿度(ϕ)。

(2) 空调精度

空调精度指空调区域内满足生产工艺和人体舒适要求所允许的温湿度偏差，例如：$t_n=(20\pm1)$℃，$\phi=60\%\pm5\%$，表示空调区域内基准温度为20 ℃，基准湿度为60%，空调温度的允许波动范围是±1 ℃，湿度的允许波动范围为±5%。需要将温度和相对湿度严格控制在一定范围内的空调，称为恒温恒湿空调。

3.3.2 空调系统的组成

在某一建筑物采用空调，则必须由空气处理设备、空气输送管道、空气分配装置、电气控制部分及冷、热源部分来共同实现。室外新鲜空气(新风)和来自空调房间的部分循环空气

(回风)进入空气处理室,经混合后进行过滤除尘、冷却和减湿(夏季)或加热和加湿(冬季)等各种处理,以达到符合空调房间要求的送风状态,再由风机、风道、空气分配装置进入各空调房间。送入室内的空气经过吸热、吸湿或散热、散湿后,再经风机、风道排至室外,或由回风道和风机吸收一部分回风循环使用,以节约能量。

空调的冷、热源与空气处理设备通常分别单独设置。空调系统的热源有自然热源和人工热源两种。自然热源是指太阳能、地热,人工热源是指以油、煤、燃气作燃料的锅炉生产的蒸汽和热水。

3.3.3　空调系统的分类

空气调节系统常见有以下几种分类方法。

1. 根据空调系统空气处理设备的布置情况分类

(1) 集中式空气调节系统

集中式空气调节系统的主要设备都集中在空调机房内,以便集中管理。空气经集中处理后,再用风管分送到各个空调房间,如图 3-1 所示。

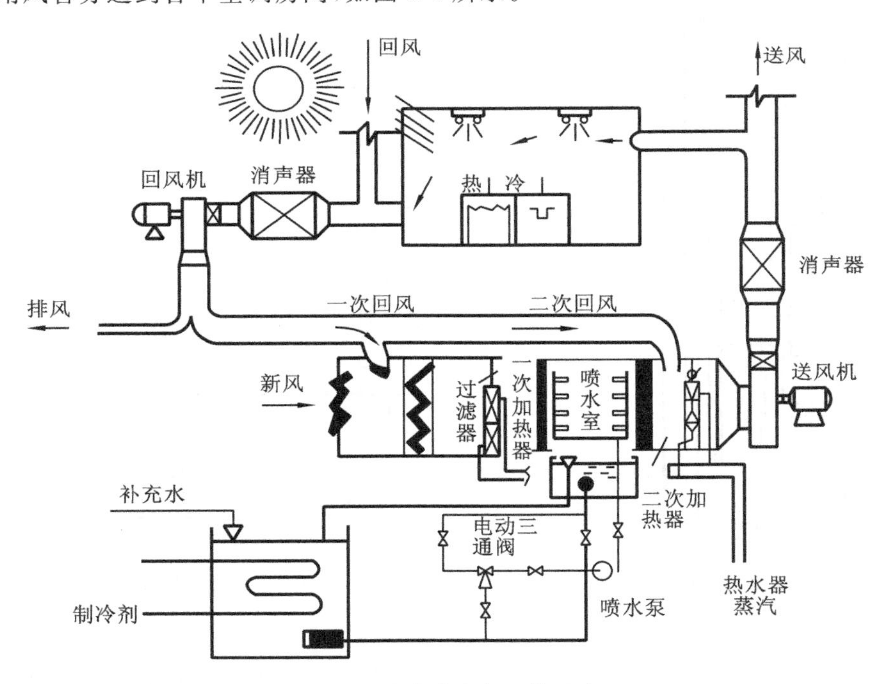

图 3-1　集中式空气调节系统

这种系统设备集中布置、集中调节和控制,水系统简单,使用寿命长,并可以严格地控制室内空气的温度和相对湿度,因此适用于房间面积大或多层、多室,热、湿负荷变化情况类似,新风量变化大,以及空调房间温度、湿度、洁净度、噪声、振动等要求严格的建筑物。集中式空调系统的主要缺点是:系统送回风管复杂,截面大,占据的吊顶空间大。

(2) 半集中式空气调节系统

半集中式空气调节系统又称半分散式空气调节系统。大部分设备在空调机房内,部分设备在空调房间内,如风机盘管空调系统、诱导器空调系统等。

半集中式空调系统的工作原理，就是借助风机盘管机组不断地循环室内空气，使空气通过盘管而被冷却或加热，以维持房间要求的温度和一定的相对湿度。盘管使用的冷水或热水由集中冷源和热源供应。同时，由新风空调机房集中处理后的新风，通过专门的新风管道分别送入各空调房间，以满足空调房间的卫生要求。

半集中式空调系统有两种，一种是诱导器系统，另一种是风机盘管系统。大部分空气处理设备在空调机房内，少量设备在空调房间内，既有集中处理又有局部处理。

① 诱导器系统。

诱导器是用于空调房间送风的一种特殊设备，它由静压箱、喷嘴和二次盘管组成，如图3-2所示。图3-3所示为诱导器空调系统示意图。经过集中空调机处理的新风（一次风）经风管送入各空调房间的诱导器中，由诱导器的高速（20～30 m/s）喷嘴喷出，在气流的引射作用下，诱导器内形成负压，室内的空气（二次风）被吸入诱导器，一次风和二次风混合，经换热器处理后送入空调房间。

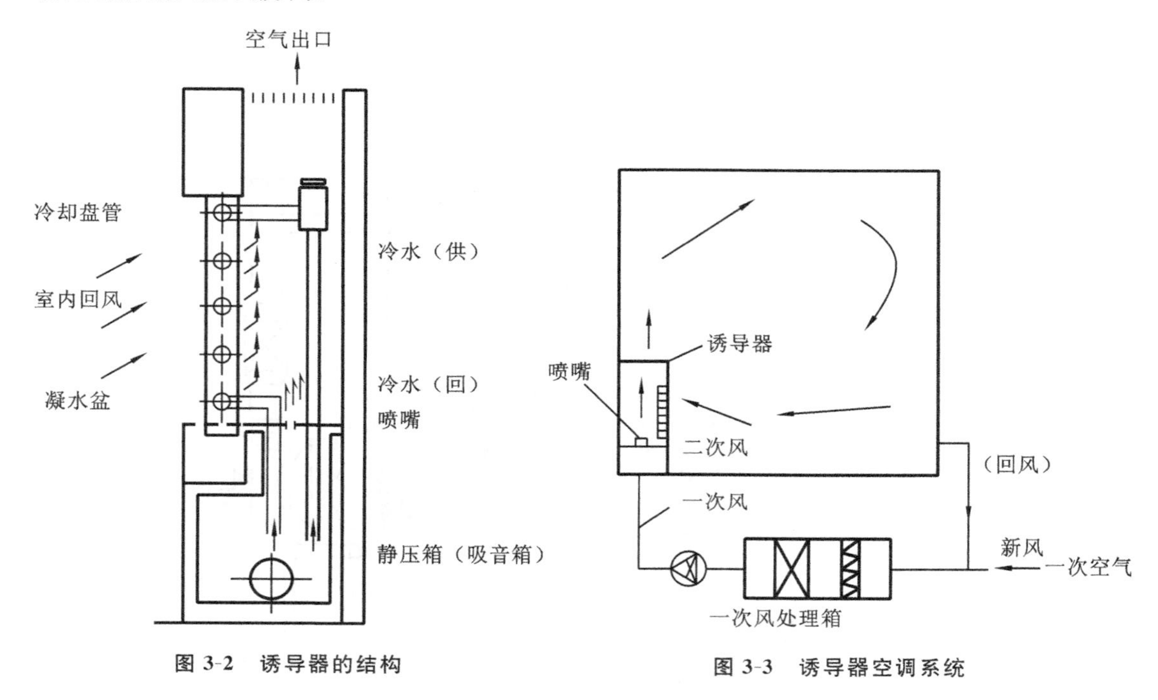

图3-2 诱导器的结构

图3-3 诱导器空调系统

② 风机盘管系统。

风机盘管系统是另一种半集中式空调系统，它在每个空调房间内设置风机盘管组。风机盘管的形式很多，有立式明装、立式暗装、吊顶暗装等。图3-4是立式明装的风机盘管的结构图。

风机盘管机组的冷热水管分四管制、三管制和二管制三种。室内温度可以通过温度传感器来控制进入盘管的水量进行自动调节，也可以通过盘管的旁通阀门来调节。半集中式空气调节系统，特别是风机盘管空调系统，在宾馆用得较多，因为它具有造价低、安装方便、风管占用空间少、运行管理方便等优点。

(3) 局部空调系统

局部空调系统又称局部式空调系统或房间空调机组。它是利用空调机组直接在空调房间内或其相邻地点就地处理空气的一种局部空气调节的方式。

局部空调机组有窗式空调机、壁挂式空调机、立柜式空调机及恒温恒湿机组等。它们都是一些小型的空调设备，适用于小的空调环境。安装方便，使用简单，适用于空调房间比较分散的场合。

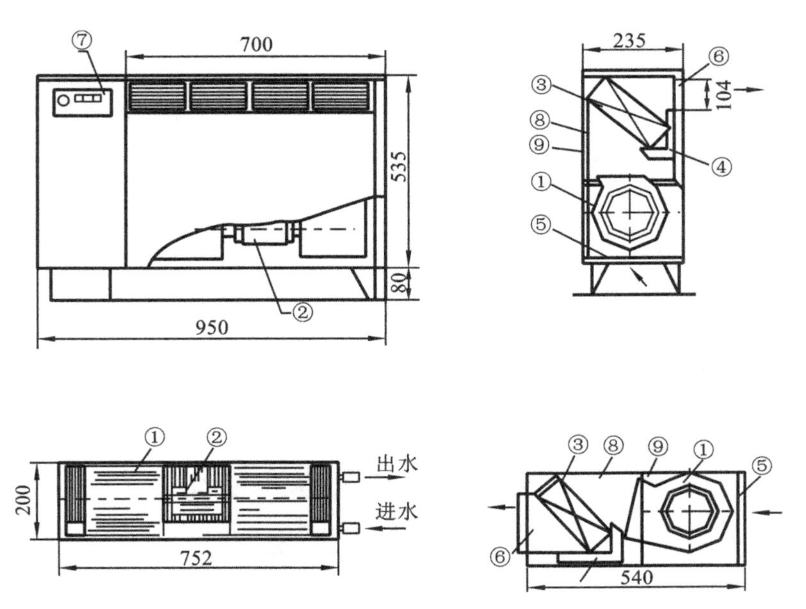

图 3-4 风机盘管构造(单位:mm)

①—风机;②—电机;③—盘管;④—凝水盘;⑤—过滤器;⑥—出风口;⑦—控制器;⑧—吸声材料;⑨—箱体

① 窗式空调机。

窗式空调机是一种直接安装在窗台上的小型空调机。这种空调机安装简单，噪声小，不需要水源，接上 220 V 电源即可。窗式空调机的结构原理如图 3-5 所示。

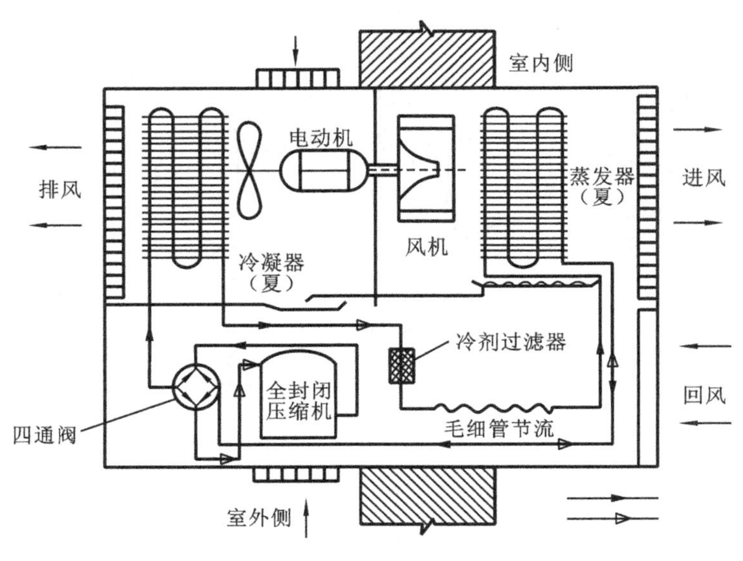

图 3-5 热泵式窗式空调机

窗式空调机一般采用全封闭冷冻机，以氟利昂(R22)为制冷剂。冬季供暖循环时，可将电磁阀换向，进行冷热交换，使制冷剂流向改变，室内换热器改为冷凝器，向室内放热，室外换热器改为蒸发器，从室外空气吸热。

冬季用热泵式空调机不能保证室温时，可将电阻式加热器作为辅助加热工具。窗式空调机一般制冷量为 1500～3500 W，风量为 600～2000 m^3/h，控制温度范围为 18～28 ℃。

② 分体式空调机。

分体式空调机由室内机、室外机以及连接管和电线组成，根据室内机的不同可分为壁挂式、吊顶式、吸顶式、落地式及柜机等。下面以使用最多的壁挂式为例进行介绍，如图 3-6 所示。

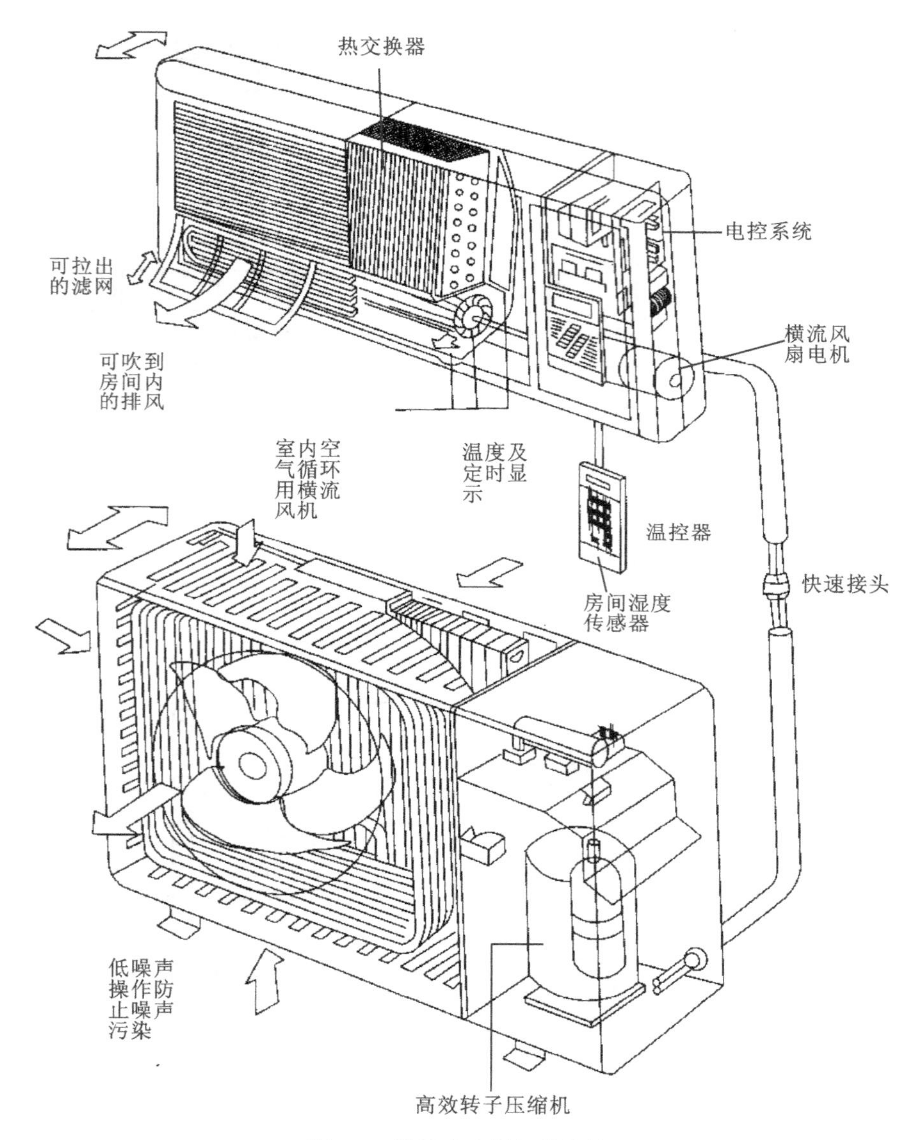

图 3-6　壁挂式空调机的结构

壁挂式空调机有室内机和室外机，室内机一般为长方形，挂在墙上，室内机后面有凝结水管，排向下水道；室外机内含有制冷设备、电机、气液分离器、过滤器、电磁继电器、高压开关和低压开关等。连接管道有两根，一根是高压气管，另一根是低压气管。液管和气管都是紫铜管，需要弯曲时，弯曲半径越大越好，其工作过程如图3-7所示。低温低压的湿蒸汽进入蒸发器吸热，变成低压蒸汽，而后通过连接管进入压缩机，在压缩机的作用下变成高温高压蒸汽，进入冷凝器放热，变成高压低温液体，经过毛细管节流变成低压低温湿蒸汽，完成一个循环。在这个工作过程中，压缩机耗电，蒸发器吸热，冷凝器放热。壁挂式空调机的制冷量为2200～5000 W。

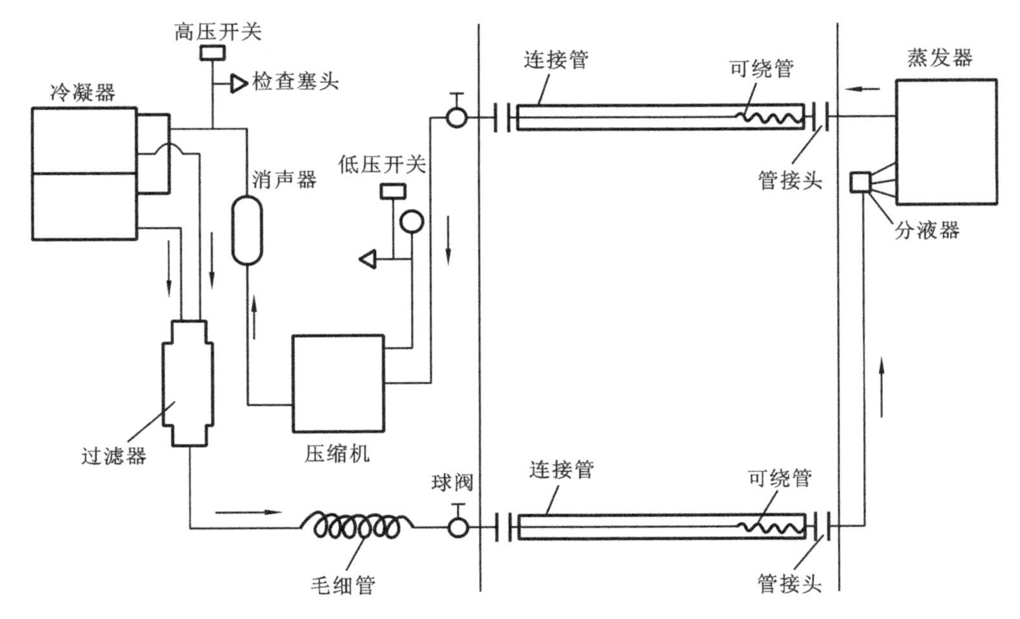

图3-7　分体式空调机工作过程

③ 恒温恒湿机组。

恒温恒湿机组分室内机和室外机，室内机包括制冷系统及加热器、加湿器、通风和电气控制部件；室外机有风冷冷凝器和水冷冷凝器两种。这种空调机通过温控器控制压缩机的开关及电加热器的通断调节温度，通过湿球温度计和晶体管控制电加湿器。另外还有能量调节和安全保护装置，机组可直接安在空调房间内，也可以安在空调机房内通过风管送风。机组的新风口和送风口上装有过滤器。恒温恒湿机组一般采用R12作制冷剂，制冷量范围为17400～116300 W，适用于60～500 m^2的空调房间。

2. 根据负担室内热(冷)、湿负荷所用的介质分类

(1) 全空气空调系统

全空气空调系统是指空调房间的所有冷、热负荷都由空气来负担的空调系统。由于空气的比热较小，需要用较多的空气量才能达到消除余热、余湿的目的，因此要求有较大断面的风道或较高的风速。定风量或变风量的单风道或双风道空调系统和全空气诱导空调系统均属此列。

(2) 全水空调系统

空调房间的所有冷、热负荷都由水来负担，冬季供热水，夏季供冷水，由水来消除余热、余湿。由于水的比热比空气大得多，所以在相同条件下只需较小的水量，从而使管道所占有的空间减小许多，但不能解决房间的通风换气问题，故通常不单独使用。不带新风供给的风机盘管属于这种系统。

(3) 空气—水空调系统

空调房间的冷、热负荷由空气和水共同负担，既节省了建筑空间，又保证了室内的通风换气。诱导空调系统和带新风的风机盘管系统属于这种形式。

(4) 制冷剂系统

制冷剂系统又称直接蒸发式系统。空调房间的负荷由制冷剂来负担。分体式空调机属于制冷剂系统。由于制冷剂管道不便于长距离输送，因此这种系统不宜作为集中式空调系统来使用。

3. 根据集中式空调系统处理的空气来源不同分类

(1) 封闭式空调系统(全回风)

封闭式空调系统所处理的空气，全部为空调房间的再循环空气，因此，房间和空气处理设备之间形成了一个封闭环路。封闭系统用于密闭空间且无法或不需采用室外空气的场合。这种系统冷、热消耗最省，但卫生条件差，适用于战时的地下庇护所等战备工程以及很少有人进出的仓库。

(2) 直流式系统(全新风)

直流式系统所处理的空气全部来自室外，室外空气经过处理后进入室内，然后全部排出室外。与封闭系统相比，该系统冷、热消耗量大，运转费用高。为了节能，可以考虑在排风系统设置热回收装置。这种系统适用于不允许采用回风的场合，如放射性实验室以及散发大量有害物的车间等。

(3) 混合式系统

根据上述两种系统的特点，两者都只能在特定的情况下使用，对于绝大多数场合，往往需要综合这两者的利弊，采用新风和一部分回风的系统。这种混合系统，既能满足卫生要求，又经济合理，因此应用最广泛。

4. 根据送风管中风速的大小分类

(1) 低速空气调节系统

风管中风速一般较小，工业建筑空调系统的风管中风速一般小于 15 m/s，民用建筑空调系统的风管中风速一般小于 10 m/s。采用低速空调主要是为了防止风速和气流噪声太大。

(2) 高速空调系统

在工业建筑中风管内的风速可以达到 15 m/s 以上，在民用建筑中风管内的风速可以大于 12 m/s。

流速小，风管的截面积就大，造价就高；高速空调空气气流噪声大，但节省管材，造价低。

3.3.4 空调系统的选择

根据建筑物的用途、规模、使用特点、室外气候条件、负荷变化情况和参数要求等因素，通过技术、经济比较来选择空调系统。

① 建筑物内负荷特性相差较大的内区域、周边区，以及同一时间内必须分别进行加热和冷却的房间，宜分区设置空气调节系统。

② 空气调节房间较多，且各房间要求单独调节的建筑物，当条件许可时，可采用风机盘管加新风系统。

③ 空气调节房间总面积不大或建筑物中仅个别或少数房间有空气调节要求时，宜采用整体式房间空调机组。

④ 空气调节单个房间面积较大，或虽然单个房间面积不大，但各房间的使用时间、参数要求、负荷条件相近，或空调房间温、湿度要求较高，条件许可时，宜采用全空气集中式系统。

⑤ 要求全年空气调节的房间，当技术、经济比较合理时，宜采用热泵式空气调节机组。

3.4　空气处理设备

空气处理设备的种类很多，常用的主要有：空气冷却设备、空气加热设备、空气加湿和减湿设备、空气净化设备、消声和减振设备等。

3.4.1　空气冷却和加热设备

1. 空气冷却

在空气调节工程中，除了用喷水室对空气进行加湿、冷却处理外，还可以用表面式换热器处理空气。大部分的表面式换热器，既可以作为加热器也可以作为冷却器。

表面式冷却器简称表冷器，分为水冷式和直接蒸发式两种。水冷式表面冷却器内用冷水或冷冻盐水作冷媒。直接蒸发式是以制冷剂作冷媒，靠制冷剂的蒸发吸取空气的热量来冷却空气。在空调工程中常用 R12 和 R22 作制冷剂。

直接蒸发式表冷器用得较少，以下我们只讨论水冷式表面冷却器。

(1) 构造

水冷式表冷器是用冷冻水通入换热器内，在构造上与蒸汽或热水加热器相同，也是在管上加肋片，只不过管内通入的是冷媒而已。有时两者就是同一台设备，通冷媒时作冷却用，通热媒时作加热用。

(2) 分类

表冷器按制作肋片管的材料不同分为钢管钢片、铝管铝片、铜管铜片、铜管铝片和钢管铝片等。按肋片管的加工方法不同分为绕片式、穿片式、镶片式和轧片式等几种。

(3) 布置与安装

水冷式表面冷却器可以水平安装，也可以垂直或倾斜安装。垂直安装时务必要使肋片保持垂直，这是因为空气中的水分在表冷器外表面结露时，会增大管外空气侧阻力，减小传热系数。垂直肋有利于水滴及时流下，保证表冷器有良好的工作状态。

从空气流过表冷器的方向看，表冷器可以并联也可以串联，还可以串、并联组合。当处理的空气量大时，采用并联；当要求空气的温度升高时，采用串联。

冷水的管道也有并联和串联之分。并联时冷水同时进入每一个换热器，空气与水的换热温差大，水流阻力小，但要求的水量大；串联时冷水顺次进入每个换热器，由于在前面换热器内冷水也吸收了空气的热量，温度有所升高，在末端换热器内和外面空气的温差就相对减小，同时水流阻力也较大，但水力稳定条件较好，不至于由于外网工况的波动出现水力失调现象。

空气与冷水两者的流向，既可以顺流也可以逆流，而逆流传热温差大，有利于提高换热量，减小所需表冷器的表面积。

空气进入空调箱，先经过过滤器除掉空气中的灰尘，再进入表冷器冷却降温，然后用风机送往空调房间。

水冷式表面冷却器处理空气的过程只有两种：一种是对空气冷却，另一种是对空气冷却干燥。如果需对空气进行这两种处理，可以采用表面式冷却器。

2. 空气加热

在空调工程中，经常需要对送风进行加热，例如冬季用空调来取暖等。目前，广泛使用的空气加热设备主要有表面式空气加热器和电加热器两种。表面式空气加热器主要用于各种集中式空调系统的空气处理室和半集中式空调的末端装置中；电加热器主要用于各种空调房间的送风支管上作为精调设备，以及用于空调机组中。

(1) 表面式空气加热器

在空调系统中，管内流通热媒(热水或蒸汽)、管外加热空气、空气与热媒之间通过金属表面换热的设备，就是表面式空气加热器。不同型号的加热器，按其构造有管式和肋片式之分，其材料和构造形式多种多样。根据肋、管加工的不同做法，可以制成串片式、螺旋翅片管式、镶片管式、轧片管式等几种不同的空气加热器。

管式换热器构造简单，易于加工，但热、湿交换表面积较小，占用空间大，金属耗量大，适用于空气处理量不大的场合。肋片式换热器强化了外侧的换热，热、湿交换面积较大，换热效果好，处理空气量增大，在空调系统中应用普遍。用于半集中式空调系统末端装置中的加热器，通常称为二次盘管。

(2) 电加热器

电加热器是利用电流通过电阻丝时发出的热量来加热空气的设备。电加热器有裸线式和管式两种。裸线式电加热器由裸电阻丝构成。根据需要，可使电阻丝多排组合，其外壳由中间填充有绝缘材料的双层钢板组成。裸线式电加热器具有热惰性小、加热迅速、结构简单等优点，但是由于容易断丝、漏电而使用安全性能较差，所以采用这种加热器时，必须有可靠的安全措施。

管式电加热器由管状电热元件组成，这种元件是把螺旋形的电阻丝装在特别的金属套管中，在空隙部分添加导热而不导电的绝缘材料，构成电加热器。管式电加热器加热均匀，热量稳定，安全可靠，结构紧凑，效率高，使用寿命比裸线式电加热器的长，但热惰性大，构造复杂。

电加热器由于消耗电能较多，应用受到限制，可用在空调房间送风支管上作为精调设备，或用于局部空调机组中。在选用电加热器时，应根据空调系统的需求和特点确定电加热器的类型，然后按所需功率选择电加热器的型号。

3.4.2 空气加湿和减湿

1. 空气的加湿

在空调工程中，有时需要对空气进行加湿和减湿处理，以增加空气的含湿量和相对湿度，满足空调房间的设计要求。对空气的加湿方法很多，有喷水室加湿、喷雾加湿和喷蒸汽加湿等。喷雾加湿设备有压缩空气喷雾加湿机、电动喷雾机等。喷蒸汽加湿设备有电热式加湿器和电极式加湿器等。

（1）喷蒸汽加湿

把蒸汽喷入空气中直接对空气进行加湿的方法称为喷蒸汽加湿。蒸汽可喷入空气处理室内，也可设置在风道内。它的特点是节省电能，加湿快、均匀、稳定，不带水滴，不带细菌，设备简单，运行费用低。

电热式加湿器是将放置在水槽中的管状电加热元件通电后，把水加热至沸腾并产生蒸汽的加湿设备。它由管状电加热器、防尘罩和浮球开关等组成。管状电加热元件是由电阻丝包在绝缘密封管内组成的。加湿器上还装有给水管与自来水相连，箱内水位由浮球阀控制。在供电线路上装有电流控制设备，当需要蒸汽较多时，增大供电电流，反之，减小供电电流。在送汽管上装有电动调节阀，电动调节阀由装在空气中的湿度敏感元件控制，从而确保加湿空气的相对湿度。

电极式加湿器是指在水中放入电极，电流从水中通过时把水加热的设备。它由外壳、保温底、三根铜棒电极、进水管、出水管和接线柱等组成。当电极棒通电后，电流从水中通过，这时水相当于电阻，水被加热而产生蒸汽，蒸汽喷入空气中，对空气进行加湿。水容器内的水位越高，导电面积越大，则通过的电流越强，产生的蒸汽量就越多，因此以调节溢流管内水位的高低的方法来调节加湿器产生的蒸汽量，从而调节对空气的加湿量。

电极式加湿器的特点是结构紧凑，而且加湿量容易控制，所以用得较多，缺点是耗电量大，电极上易结水垢和易腐蚀。

（2）喷雾加湿

将常温的水喷成雾状直接进入空气中的加湿设备称为喷雾加湿设备。利用高速喷出的压缩空气，引射出水滴，并使水滴雾化而进行加湿的方法，称压缩空气喷雾加湿。它一般由水箱、调节阀、湿度控制元件的喷嘴组成，当压缩空气进入喷嘴时，把水箱内的水吸入，空气和水强烈混合，使水变成雾滴，而后喷入空气中，对空气进行加湿。进入喷嘴的压缩空气压力大时，喷出的水滴就多，反之减少。空气压力由调节阀控制。

2. 空气的减湿

空气的减湿在空调设备内有喷冷冻水减湿、表冷器减湿、转轮除湿机及吸湿剂减湿等。在空调房间内有加热通风法除湿、冷冻除湿等。

（1）加热通风法除湿

向空调房间送入热风或直接在空调房间进行加热来降低室内空气相对湿度的方法，称为加热通风法除湿。实践证明，当室内的含湿量一定时，空气中的温度每升高 1 ℃，相对湿度约降低 5%。但空气的升温过程并不能减少含湿量，只能降低相对湿度，也就是不能真正地除湿；如果加热的同时又送以热风，可把水分带出室外，则能达到真正的减湿目的。加热通风法除湿的特点是方法简单，投资少，运行费用低，最大的缺点是相对湿度控制不严格。

（2）喷水室

喷水室是既能加湿又能减湿的设备，这主要取决于喷水温度。喷水室又称喷淋室，是空调工程中的主要空气处理设备之一。喷水室的作用是将水喷成雾状，当空气经过时，空气和水进行热湿交换，达到特定的处理目的。

3.4.3 空气的净化

室外新风和室内循环回风是空调系统中空气的来源，由于受室外环境中的尘埃或空调房间内环境的影响，均会有不同程度的污染。净化处理的目的主要是除去空气中悬浮的尘埃，另外还包括消毒、除臭以及离子化等，净化处理技术除了应用于一般的工业和民用建筑空调工程外，还多用于满足电子、精密仪器以及生物、医学、科学等方面的洁净要求。从空气的净化标准来看，可以把空气净化分为一般净化、中等净化和超级净化三种等级。大多数空调工程属于一般净化，采用粗效过滤器即可满足要求；中等净化指对室内空气含尘量有某种程度的要求，需要在一般净化之后再采用中效过滤器作补充处理；对于室内空气含尘浓度有严格要求的精工生产工艺或是要求无菌操作的特殊场所，应采用超级净化。

3.4.4 空调机的构造

空调机也叫中央空气处理机，有时也叫空调箱。它把空气吸入后，经过过滤、加热、冷却、喷淋等处理，而后送往空调房间。根据风量大小，空调机有大有小；根据材料不同，空调机分为金属空调箱和非金属空调箱等。现在多数空调箱是厂家加工好，用户采用就可以了。当需要的空调箱特别大时，有时需要在现场制作。

装配式空调箱的最大特点是可以根据设计要求直接选用，设计安装都比较方便。标准的空调机有回风段、混合段、预热段、过滤段、表冷段、喷水段、蒸汽加湿段、再加热段、送风机段、能源回收段、消声器段和中间段等。

回风段的作用是把新风和回风混合。消声段的作用是消除气流中的噪声。回风机的作用是把新风和回风吸入空调箱，它克服了回风系统的阻力。初效过滤器是过滤掉空气中的大颗粒灰尘。表冷段是对空气进行冷却处理（或冷却减湿处理）。挡水板段是除掉空气中的水分。送风机段是风机把空气送往空调房间。中效过滤器是进一步对空气进行过滤，以达到洁净度的要求。除此之外还有百叶调节阀等设备。

本 章 小 结

通过本章的学习，应掌握如下几点。

1. 了解通风与空气调节的概念。
2. 了解通风系统的分类与组成。
3. 了解空调系统的分类与组成。

思 考 题

1. 通风系统的作用和内容是什么？
2. 通风方式有哪些？局部通风与全面通风各有哪些特点？
3. 什么是空调系统？空调系统有哪些基本组成部分？
4. 空调系统有哪几种类型？
5. 空调系统中空气处理设备有哪些？

第4章 采暖工程

【学习目标】

1. 掌握室内采暖系统的分类及组成，采暖工程常用材料及其作用。

2. 了解散热器的类型。

4.1 概述

冬季室外气温较低，有时降至零下十几摄氏度或者零下几十摄氏度，室内的热量就会通过建筑物的外围护结构传向室外，使室内温度降低。为了维持正常的室内温度，创造舒适的工作和生活环境，就必须不断地向室内补充热量，这就是采暖系统。

4.1.1 采暖系统的基本组成

采暖系统包括以下三个基本组成部分。

① 热源。热源是采暖系统中生产热能的部分，如锅炉房、热交换站等。

② 输热管道。输热管道是指热源和散热设备之间的连接管道。输热管道将热媒由热源输送到各个散热设备。

③ 散热设备。将热量散发到室内的设备，如散热器、暖风机等。

4.1.2 采暖系统的分类

1. 根据作用范围的大小分类

(1) 局部采暖系统

热源、输热管道和散热设备在构造上成为一个整体的采暖系统称为局部采暖系统，如火炉采暖、简易散热器采暖、煤气采暖与电热采暖等。

(2) 集中采暖系统

热源设在单独建立的锅炉房或换热站内，热量由热媒(热水或蒸汽)经输热管道输送至一幢或几幢建筑物的散热设备，这种采暖系统称为集中采暖系统。

(3) 区域采暖系统

以区域性锅炉房作为热源，供一个区域的许多建筑物采暖的采暖系统，称为区域采暖系统。

2. 根据所用热媒的不同分类

(1) 热水采暖系统

以热水为热媒，将热量输送至散热设备的采暖系统，称为热水采暖系统。热水采暖系统的供水温度一般为 95 ℃，回水温度为 70 ℃，称为低温热水采暖系统。供水温度高于 100 ℃

的采暖系统,称为高温热水采暖系统。

(2) 蒸汽采暖系统

以蒸汽为热媒,将热量输送至散热设备的采暖系统,称为蒸汽采暖系统。蒸汽相对压力小于 70 kPa 时,称为低压蒸汽采暖系统;蒸汽相对压力为 70～300 kPa 时,称为高压蒸汽采暖系统。

(3) 热风采暖系统

用热空气把热量直接送到供暖房间的采暖系统,称为热风采暖系统。

4.2 热水采暖系统

在热水采暖系统中,热媒是水,按照水在系统中的循环动力不同,热水采暖系统分为自然循环热水采暖系统和机械循环热水采暖系统。在自然循环热水采暖系统中,热水靠供水与回水的容重差所形成的压力进行循环;在机械循环热水采暖系统中,热水是靠循环水泵产生的压力来进行循环的。

4.2.1 热水采暖系统的组成

机械循环热水采暖系统,一般由热水锅炉、供水管道、散热器、回水管道、集气罐、膨胀水箱以及循环水泵等组成,如图 4-1 所示。

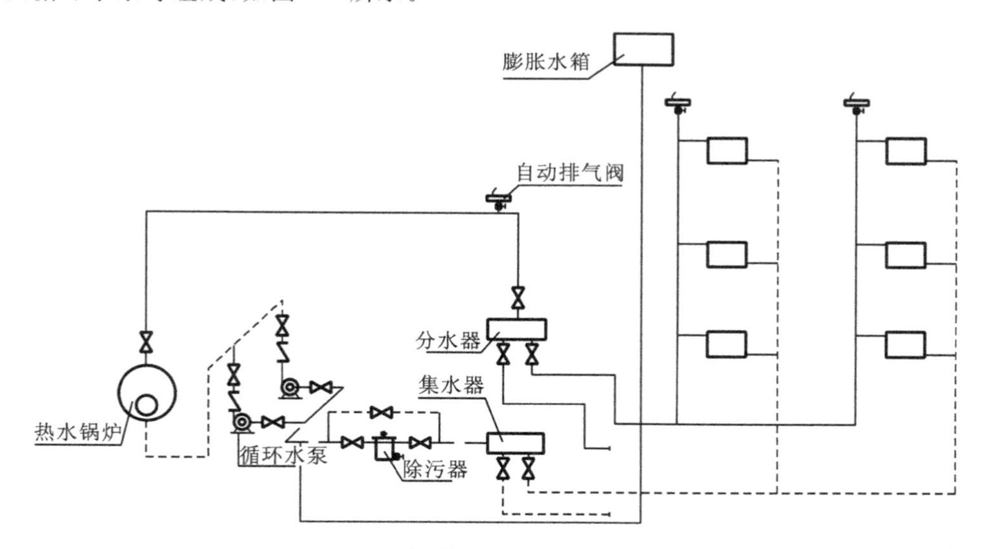

图 4-1 机械循环热水采暖系统的组成

① 热水锅炉。热水锅炉的作用是将冷水(或 70 ℃低温回水)烧成热水(一般为 95 ℃高温水)。

② 供水管道。供水管道是指锅炉至散热器之间的热水管道,它将 95 ℃的高温水送至建筑物内的散热器中。

③ 散热器。散热器是将热量散至室内的设备,详见本章 4.4 节。

④ 回水管道。回水管道是指散热器至锅炉之间的管道,它将散出热量后的低温水(又

称回水)送至锅炉重新加热。

⑤ 集气罐。集气罐是用来排除管道和散热器中空气的装置,一般安装在供水干管的最高处。

⑥ 膨胀水箱。膨胀水箱设在系统的最高处,它的作用是容纳整个系统中的水因受热膨胀而增加的体积,或补充系统因渗漏、蒸发而损失的水。

⑦ 循环水泵。循环水泵是使系统中的水克服流动阻力,保持系统循环的动力设备,一般安装在回水总管上。

4.2.2 热水采暖系统的形式

室内采暖系统中,散热器与供、回水管道的连接方式称为热水采暖系统的图式。热水采暖系统形式种类繁多,按照与散热器连接管道根数的不同分为单管系统和双管系统,单管系统又分为垂直式和水平串联式。按照供水干管敷设位置不同分为上供下回式和下供下回式。按照热水在管路中流程的长短分为同程式系统和异程式系统等。

下面介绍几种常见的热水采暖系统图式。

1. 自然循环双管上供下回式热水采暖系统

自然循环双管上供下回式热水采暖系统主要由锅炉、供回水管道、散热器及膨胀水箱等部分组成,如图4-2所示。整个系统的工作过程是:系统运行前先将整个系统注入冷水至最高处,系统中的空气从膨胀水箱排出,系统工作时水在锅炉内被加热,水受热体积膨胀,密度减少,热水沿供水管进入散热器,在散热器内水放热冷却,密度增大,密度较大的回水再返回锅炉重新加热,这种密度的差别形成了推动整个系统中的水沿管道流动的动力。

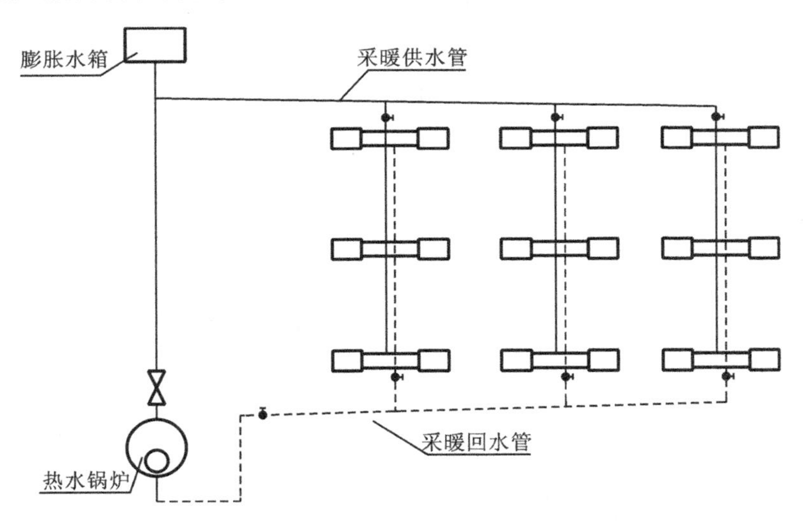

图4-2 自然循环双管上供下回式热水采暖系统示意

自然循环热水采暖系统运行效果的优劣,主要取决于以下两个方面。

① 在供水、回水的温度差一定(即供、回水的容重差一定)时,必须保证锅炉中心与散热器中心具有一定的高度差。这个高度差越大,产生的作用压力越大,水循环得越快。

② 除了保证上述的容重差和高度差之外,还必须注意管道的敷设坡度,以保证系统中的空气顺利排除。

2. 机械循环双管上供下回式热水采暖系统

图 4-3 为机械循环双管上供下回式热水采暖系统示意图。该系统与每组散热器连接的立管均为两根，热水平行地分配给所有散热器，散热器流出的回水直接流回锅炉。由图可见，供水干管布置在所有散热器上方，而回水干管在所有散热器下方，所以叫上供下回式。

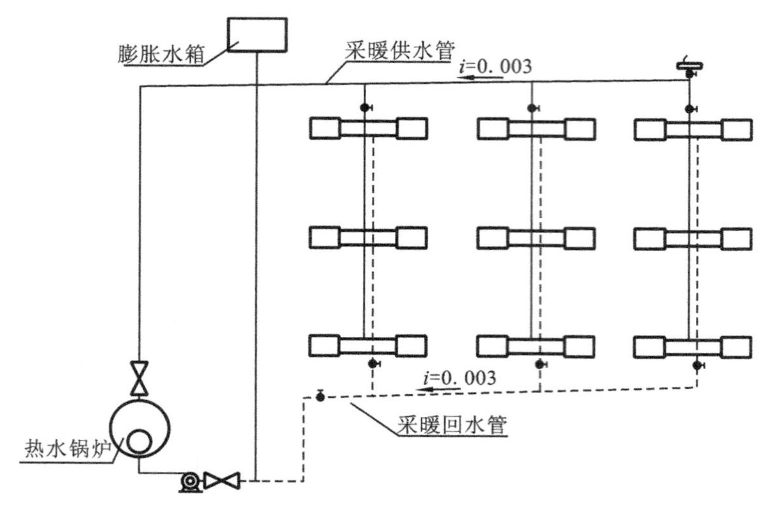

图 4-3　机械循环双管上供下回式热水采暖系统示意

在这种系统中，水在系统内的循环主要依靠水泵所产生的压头，但同时也存在着自然压头，它使流过上层散热器的热水量多于实际需要量，并使流过下层散热器的热水量少于实际需要量，从而造成上层房间温度偏高、下层房间温度偏低的“垂直失调”现象。随着楼层层数的增多，“垂直失调”现象越加严重。因此，双管系统不宜使用在四层以上的建筑物中。

3. 机械循环双管下供下回式热水采暖系统

图 4-4 为机械循环双管下供下回式热水采暖系统示意图。在这种系统中，供水干管和回水干管均敷设在所有散热器之下。系统中的空气要靠上层散热器的手动放风阀排除。在这种系统中，“垂直失调”现象有一定程度的改善。

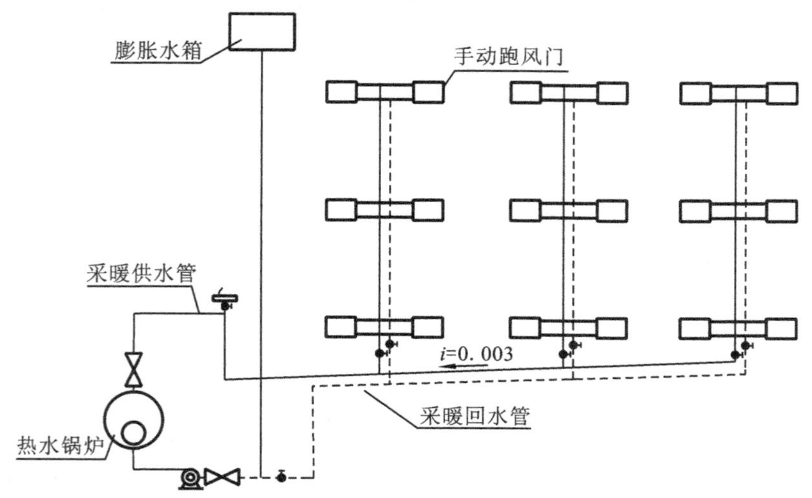

图 4-4　机械循环双管下供下回式热水采暖系统示意

4. 机械循环单管上供下回垂直式热水采暖系统

图 4-5 为机械循环单管上供下回垂直式热水采暖系统示意图。单管系统的特点是：与每组散热器连接的立管只有一根，来自锅炉的热水自上而下通过各层的散热器，再返回锅炉。在单管系统中，根据散热器与立管连接的方式，又分为顺流式（串联）和跨越式（并联）。

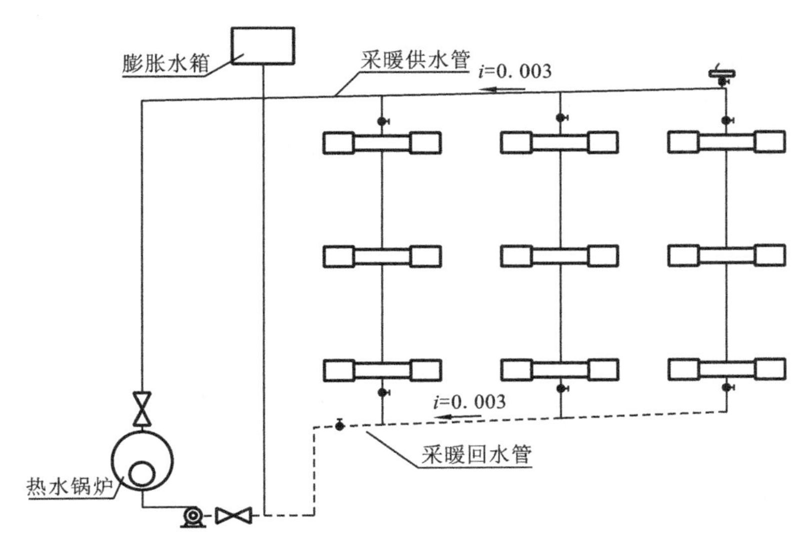

图 4-5 机械循环单管上供下回垂直式热水采暖系统示意

单管式系统的优点是：节省立管，安装方便，不会因自然压头的存在造成垂直失调。单管式系统的缺点是：下层房间散热器的供水温度低，需要的散热器片数多；单管系统用顺流式接法时，不能对某个房间进行单独调节。本系统适用于学校、办公楼、集体宿舍等公共建筑。

5. 机械循环单管水平式热水采暖系统

图 4-6 为机械循环单管水平式热水采暖系统示意图，图中的上层为顺流式（串联），下层

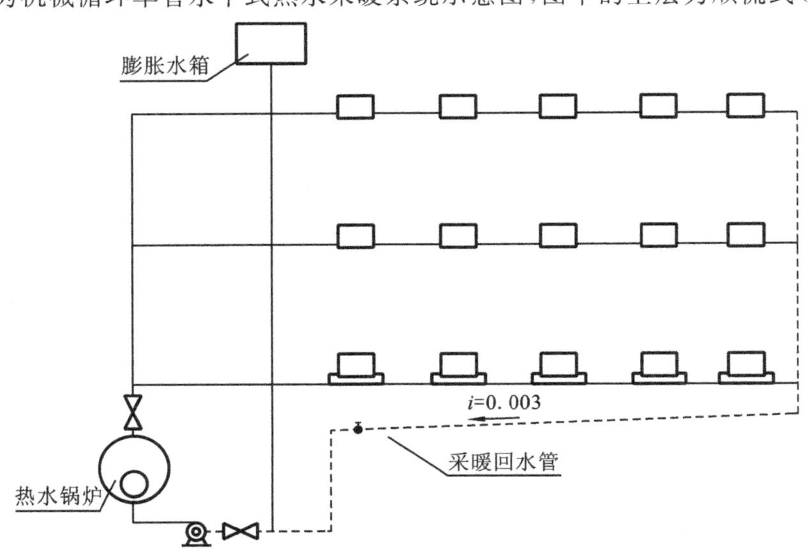

图 4-6 机械循环单管水平式热水采暖系统示意

为跨越式(并联)。这种系统具有构造简单、节省管材、便于施工等优点。在上、下层环路中仍然存在自然压差,但由于各种水平环路较长,阻力较大,且上层较下层管线稍长,因此自然压头的影响相对较小。该系统的缺点是:当水平串联的散热器组数过多时,后面散热器内的水温相对过低,须增加散热器的片数。此外,在间歇供热时,管道与散热器接头处容易漏水,而且排气不便。水平式系统适用于厂房、大厅、食堂、礼堂等建筑。

6. 住宅分户热计量采暖系统

图4-7为住宅分户热计量采暖系统示意图。根据户内接管方式的不同,住宅分户热计量采暖系统又可分为:上分式双管户内系统、下分式水平串联单管户内系统、放射式户内系统等。

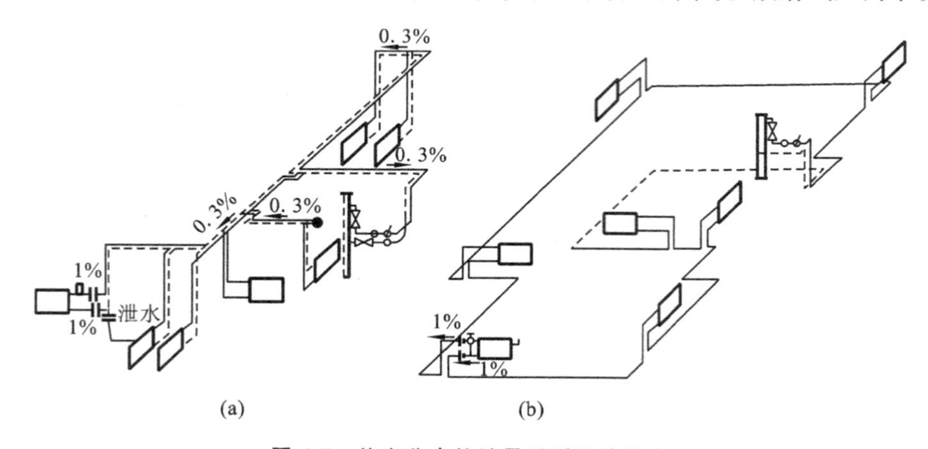

图4-7 住宅分户热计量采暖系统示意

(a)上分式双管户内系统;(b)下分式水平串联单管户内系统

7. 同程式与异程式系统

循环环路是指热水从锅炉流出,经供水管到散热器,再由回水管流回到锅炉的环路。一个热水采暖系统中,当各循环环路的热水流程长短基本相等时,称为同程式热水采暖系统,如图4-8所示;当热水流程相差很多时,称为异程式热水采暖系统。

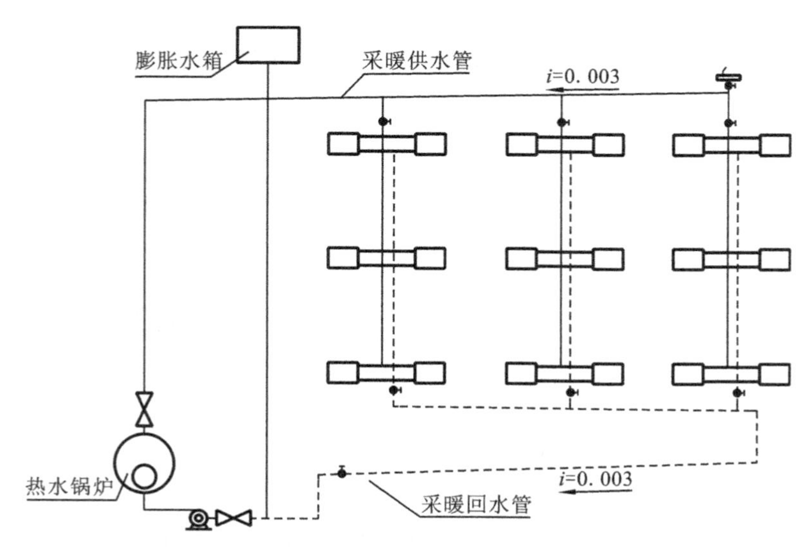

图4-8 同程式热水采暖系统示意

4.2.3 热水采暖系统的特点及有关问题

热水采暖系统的蓄热能力较大,系统热得慢,但冷得也慢,室内温度相对比较稳定,特别适用于间歇式供暖。热水采暖系统中,散热器表面温度较低,不易烫伤人,同时散热器上的尘埃也不易升华,卫生条件较好。但是要注意解决好以下两个问题。

(1) 排气问题

在热水采暖系统中,如果有空气积存在散热器内,将减少散热器有效散热面积。如果积聚在管中就可能形成空气堵塞,堵塞管道,影响水循环,造成系统局部不热。此外,空气与钢管内表面接触会引起锈蚀,缩短管道寿命。

为了及时排除系统中的空气,保证系统的正常运行,供水干管应按水流方向设置上升坡度,使气泡沿水流方向汇集到系统最高点的集气罐,再经自动排气阀将空气排出系统。管道坡度通常为0.003。

(2) 水的热膨胀问题

热水采暖系统在工作时,系统中的水在加热过程中会发生体积膨胀,因此,须在系统的最高点设置膨胀水箱用以储备这些膨胀的水量。膨胀水箱要与回水管连接,在膨胀水箱下部接检查管引至锅炉房,以便检查水箱内是否有水。溢流管也要引至锅炉房,系统充水时可检查系统是否灌满。

4.3 蒸汽采暖系统

水在汽化时吸收汽化潜热,而水蒸气在凝结时要放出汽化潜热。蒸汽采暖系统以蒸汽为热媒,利用蒸汽在散热器中凝结时放出的汽化潜热向房间供热,凝结水再返回锅炉重新加热。根据蒸汽压力的不同,蒸汽采暖系统可分为低压蒸汽采暖系统(即蒸汽压力不大于70 kPa)和高压蒸汽采暖系统(即蒸汽压力大于70 kPa)。另外,低压蒸汽采暖系统根据回水方式的不同,又可分为重力回水和机械回水。

4.3.1 低压蒸汽采暖系统

图4-9为双管上供下回式蒸汽采暖系统示意图。锅炉产生的蒸汽经蒸汽总立管、干管、分立管后进入散热器,在散热器内放出热量凝结成水,凝结水则沿凝结水立管、干管流回凝结水箱,然后由凝结水泵将水压入锅炉。

系统必须装设疏水装置,每组散热器后面安装一个,以便顺利排除系统中的凝结水,并阻止蒸汽进入凝水管道。

蒸汽沿管道流动时,由于热量向管外散失,因此会有部分蒸汽凝结成水,称为沿途凝结水。为了顺利排除沿途凝结水,蒸汽干管沿蒸汽流动方向要有0.002～0.003的坡度(低头走),一般情况下,沿途凝结水流经散热器后排入凝水管,最后汇入凝结水箱。

管道中高速流动的蒸汽推动沿途凝结水会产生浪花或水塞,浪花和水塞与弯头、阀门等管件相撞,将产生振动和巨响,称为“水击”现象。在蒸汽采暖系统中,减少“水击”现象的主要方法有:适当降低蒸汽的流速,及时排除沿途凝结水并尽量使蒸汽管中的凝结水与蒸汽同向流动。

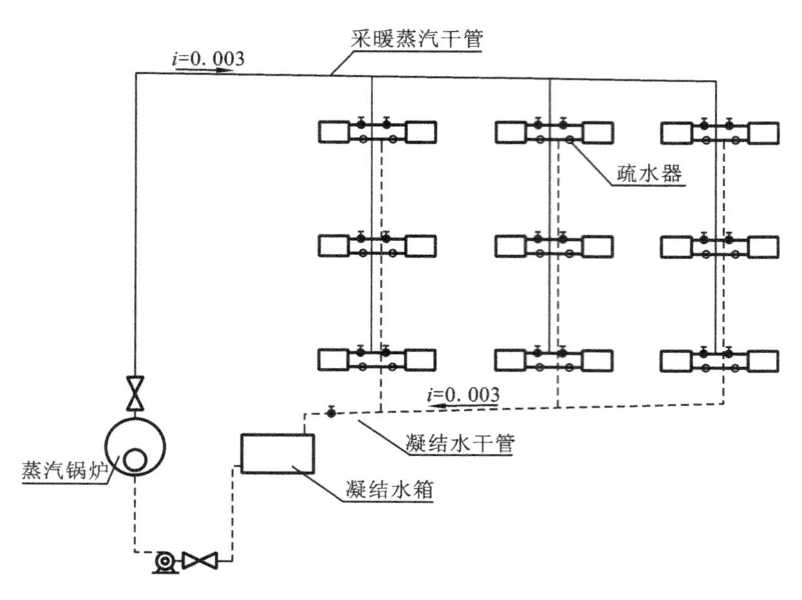

图 4-9 双管上供下回式蒸汽采暖系统示意

4.3.2 高压蒸汽采暖系统

高压蒸汽采暖系统蒸汽的温度、压力都比较高，因此，在采暖热负荷相同的条件下，高压蒸汽采暖系统的管径和散热器片数都小于低压蒸汽采暖系统。高压蒸汽采暖系统散热器表面温度较高，容易烫伤人和烤焦有机灰尘而污染空气，所以这种系统多用于工业厂房。

图 4-10 为高压蒸汽采暖系统示意图。高压蒸汽从室外干管引入，在建筑物入口处设有减压装置，把锅炉房供给的高压蒸汽降低至 294.2 kPa 以下。高压蒸汽在散热器内放出热

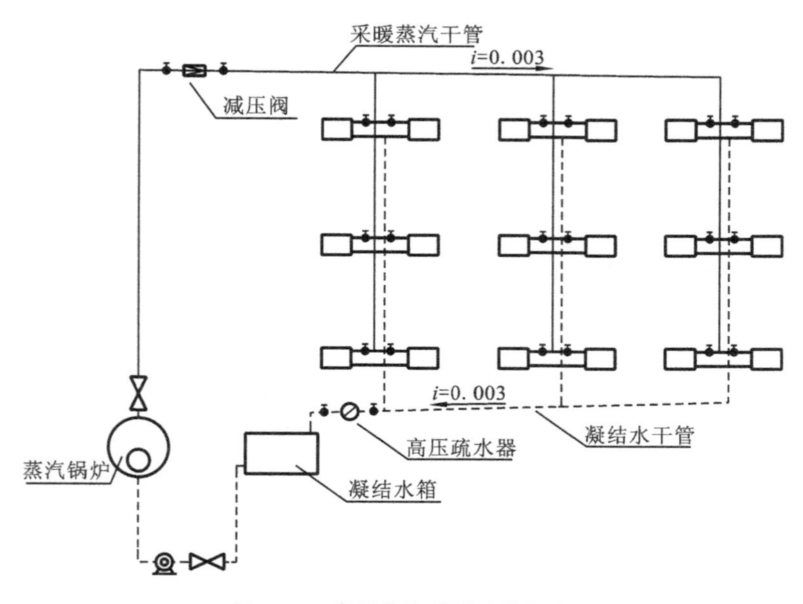

图 4-10 高压蒸汽采暖系统示意

量后凝结成水，凝结水经疏水器后由凝结水管道流回到锅炉房。高压蒸汽采暖系统在启动和停止过程中，管道温度变化较大，应考虑采用自然补偿、设置补偿器来解决管道的热胀冷缩问题。

4.3.3　蒸汽采暖系统和热水采暖系统的比选

① 在一般热水采暖系统中，供水温度为 95 ℃，回水温度为 70 ℃，热媒平均温度为 82.5 ℃，蒸汽采暖系统的热媒温度则不小于 100 ℃。所以，蒸汽采暖系统所需的散热器片数要少于热水采暖系统。在管路造价方面，蒸汽采暖系统也比热水采暖系统要少。

② 对于蒸汽采暖系统，工作时管道里面充满蒸汽，停止工作时又充满空气。管道内壁腐蚀快，系统使用年限较短。蒸汽采暖系统的热惰性小，即系统的加热和冷却都很快，它适用于间歇供暖的场所，如剧院、会议室等。

③ 热水采暖系统的散热器表面温度低，供热均匀；蒸汽采暖系统的散热器表面温度高，容易使有机灰尘剧烈升华，卫生状况较差。因此，对卫生要求较高的建筑物，如住宅、学校、医院、幼儿园等，不宜采用蒸汽采暖系统。

4.4　采暖设备与附件

4.4.1　散热器

散热器是安装在采暖房间内的散热设备，热水或蒸汽在散热器内流过，它们所携带的热量便通过散热器以对流、辐射方式不断地传给室内空气，达到供暖的目的。

常见的散热器有以下几种。

(1) 铸铁散热器

铸铁散热器是由铸铁浇铸而成，结构简单，具有耐腐蚀、使用寿命长、热稳定性好等特点，铸铁散热器应用广泛。工程中常用的铸铁散热器有翼型和柱型两种。

① 翼型散热器。翼型散热器分为圆翼型和方翼型两种，外表面有许多肋片，如图 4-11 所示。翼型散热器承压能力低，易积灰，外形不太美观，不易组成所需散热面积。适用于散

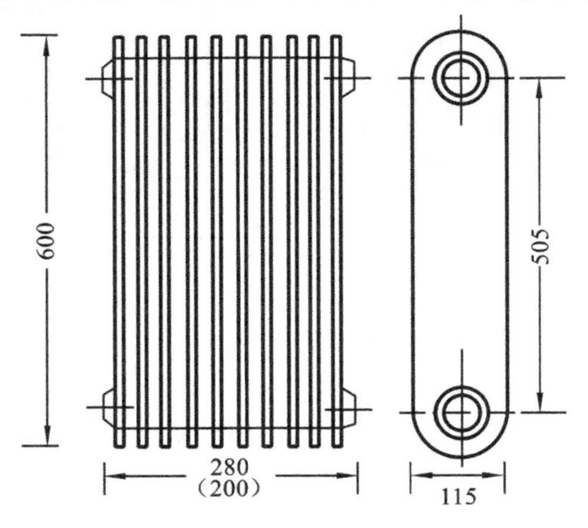

图 4-11　翼型散热器(单位：mm)

发腐蚀性气体的厂房和湿度较大的房间，以及工厂中面积大而又少尘的车间。

② 柱型散热器。柱型散热器是呈柱状的单片散热器，每片各有几个中空的立柱相互连通，常用的有二柱和四柱散热器两种。片与片之间用正反螺丝连接，根据散热面积的需要，可把各个单片组合在一起形成一组散热器，如图 4-12 所示。每组片数不宜过多，一般二柱不超过 20 片，四柱不超过 25 片。我国目前常用的柱型散热器有带脚和不带脚两种片型，便于落地或挂墙安装。柱型散热器传热系数高，外形也较美观，占地较少，易组成所需的散热面积，表面光滑易清扫，因此，被广泛用于住宅和公共建筑中。

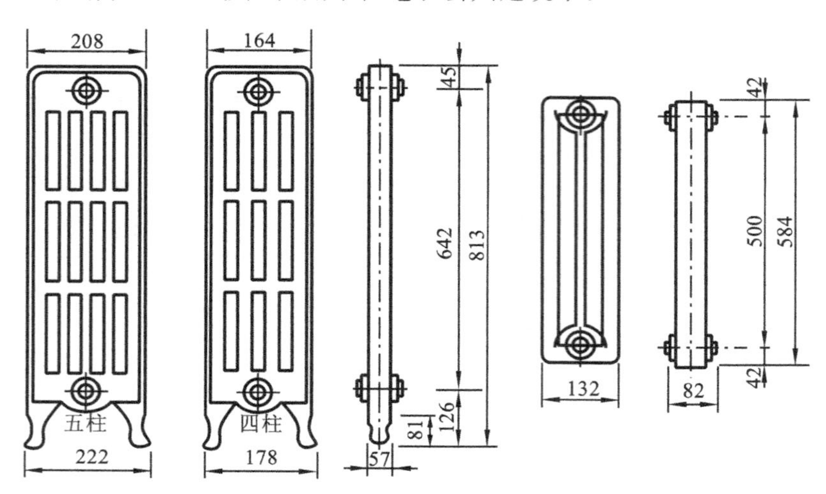

图 4-12　柱型散热器(单位:mm)

(2) 钢制散热器

钢制散热器主要有闭式钢串片(图 4-13)、钢板式(图 4-14)、柱型等几种类型。与铸铁散热器相比，它具有以下特点：金属耗量少，多由薄钢板压制焊接或钢管焊接而成；耐压强度高，一般可达到 0.8～1.0 MPa，而铸铁散热器只有 0.4～0.5 MPa；外形美观，便于布置。其最严重的缺点是：容易被腐蚀，使用寿命较短。

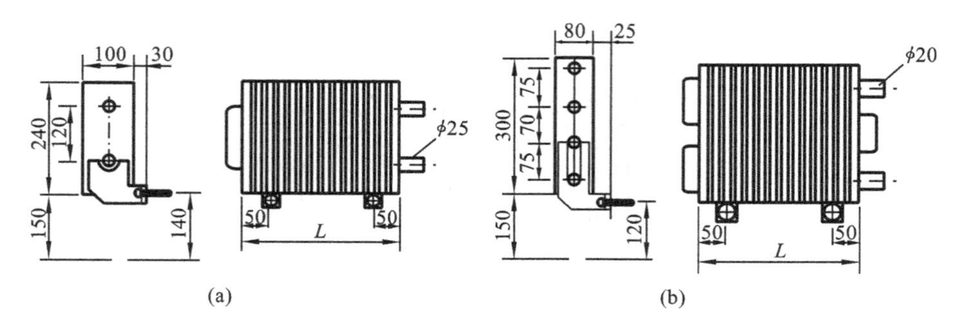

图 4-13　闭式钢串片(单位:mm)

(3) 铝合金散热器

铝合金散热器是近年来我国工程技术人员在总结吸收国内外经验的基础上，潜心开发的一种新型、高效散热器。其造型美观大方，线条流畅，占地面积小，富有装饰性，其质量约为铸铁散热器的十分之一，便于运输安装，金属热强度高，约为铸铁散热器的六倍，节省能

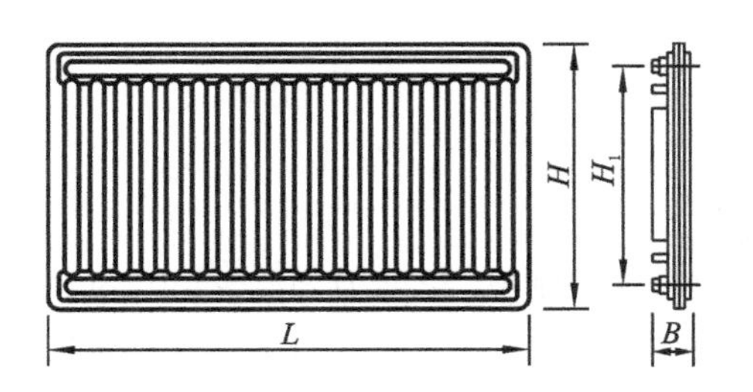

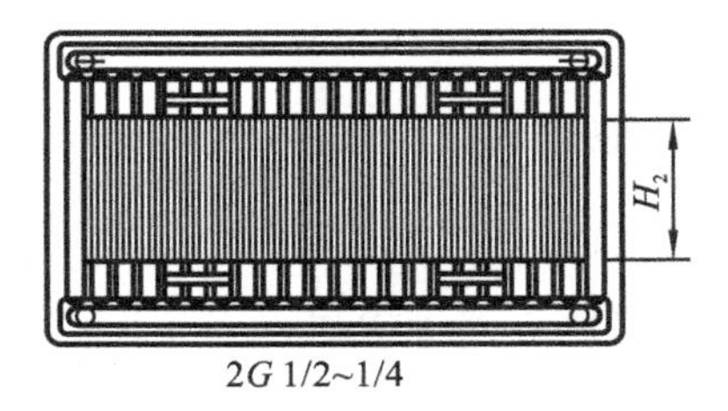

图 4-14 钢板式

源，采用内防腐处理技术。

（4）复合材料型铝制散热器

复合材料型铝制散热器是普通铝制散热器发展的一个新阶段。随着科技发展与技术进步，从21世纪开始，铝制散热器变为主动防腐。所谓主动防腐，主要有两种方法：一种方法是规范供热运行管理，控制水质，对于钢制散热器，主要控制其含氧量，停暖时充水密闭保养，对于铝制散热器，主要控制pH值；另一种方法是采用耐腐蚀的材质，如铜、钢、塑料等。铝制散热器已经发展到复合材料型，如铜—铝复合、钢—铝复合、铝—塑复合等。这些新产品适用于任何水质，耐腐蚀，使用寿命长，是轻型、高效、节材、节能、美观、耐用、环保产品。

4.4.2 暖风机

暖风机是由通风机、电动机及空气加热器组合而成的联合机组。在风机的作用下，空气由吸风口进入机组，经空气加热器加热后，从送风口送至室内，以维持室内要求的温度。

暖风机分为轴流式与离心式两种，常称为小型暖风机和大型暖风机。根据其结构特点及适用的热媒不同，又可分为蒸汽暖风机、热水暖风机、蒸汽及热水两用暖风机以及冷热水两用暖风机等。轴流式暖风机体积小，结构简单，安装方便，但它送出的热风气流射程短，出口风速低；离心式暖风机是用于集中输送大量热风的供暖设备，由于它配用离心式通风机，有较大的作用压头和较高的出口速度，因此它比轴流式暖风机的气流射程长，送风量和产热量大，常用于集中送风采暖系统。

4.4.3 膨胀水箱及膨胀罐

热水采暖系统运行时，水温升高，体积膨胀，如不合理处置这部分增大的体积，将造成系统超压，引起渗漏；系统停止运行后，水温降低，体积收缩，如不及时补水，系统内将形成负压，吸入空气，影响系统正常运行。因此，热水采暖系统须设膨胀水箱，用以收储水的膨胀体积和补充水的收缩体积。在自然循环系统中，膨胀水箱还可以作为排气设施使用；在机械循环系统中，膨胀水箱接在循环水泵吸入口处，作为控制系统压力的定压点。

膨胀水箱一般用钢板制成，常做成圆形或矩形。膨胀水箱上设置的管道主要有：膨胀管、循环管、溢流管、信号管、泄水管等。

膨胀罐是一种闭式的膨胀水箱，与采暖系统的连接和膨胀水箱一样，但可以落地安装，又称落地式膨胀水箱。当系统运行时，水受热膨胀，罐内气体被压缩，当罐内压力升高到一定值时，安全阀泄水；当系统停止运行，水冷却收缩引起系统水量不足时，系统压力下降，膨胀罐中的气体膨胀，将罐内水压入系统，压力降到某一设定值时，补水泵启动，向系统补水，到设定压力后，补水泵停止补水。

4.4.4 其他附件

(1) 集气罐

手动集气罐一般由半径为100～250 mm的短管制成，长度为300～430 mm，有立式和卧式两种。集气罐顶部设有空气管，管端装有排气阀门。在系统工作期间，手动集气罐应定期打开阀门将积聚在罐内的空气排出系统。

自动集气罐是一种依靠自身内部机构将系统内空气自动排出的新型装置，型号种类较多。

(2) 除污器

除污器是热水采暖系统用来消除和过滤热网中污物的设备，防止堵塞水泵叶轮、调压板孔口及管路等，以保证系统管路畅通无阻。除污器一般设置在采暖系统用户引入口供水总管上、循环水泵的吸入管段上、热交换设备进水管段、调压板前等位置。

(3) 疏水器

蒸汽采暖系统中，散热设备及管网中的凝结水和空气通过疏水器自动而迅速地排出，同时阻止蒸汽漏出。疏水器种类繁多，按其工作原理可分为机械型、热力型、恒温型三种。

(4) 减压阀

蒸汽通过断面收缩阀孔时，因节流损失而压力降低，减压阀是利用这个原理制成的，它可以依靠启闭阀孔对蒸汽节流而达到减压的目的，且能够控制阀后压力。

(5) 安全阀

安全阀是保证系统不超过允许压力范围的一种安全控制装置。一旦系统压力超过设计规定的最高允许值，阀门自动开启，直至压力降到允许值自动关闭。

4.5 高层建筑采暖系统

4.5.1 高层建筑采暖系统的特点

随着城市建设的飞速发展，高层以及超高层建筑越来越多，建筑物的高度也不断加大，这给建筑物的采暖系统带来了许多新的问题。

首先，由于建筑物高度的增加，使得采暖系统内静水压力随之提高，这就需要选用承压能力较高的散热设备及管材、管件。当建筑高度超过50 m时，宜采用竖向分区采暖系统。同时，还应注意采暖系统与室外热水网络的连接方式。

其次，随着建筑物高度的增加，还会导致采暖系统“垂直失调”现象的加剧。为减轻“垂直失调”现象，一个竖向采暖分区最多不宜超过12层。

4.5.2 高层建筑热水采暖系统的形式

目前，国内常用的高层建筑热水采暖系统有如下几种。

(1) 分层式采暖系统

分层式采暖系统是将室内采暖系统沿竖向分成两个或两个以上相互独立的系统，如图4-15所示。下层系统通常与室外管网直接连接，该系统的高度主要取决于室外热力管网的压力与散热器的承压能力；上层系统与室外热力管网采用隔绝式连接，通过换热器将上层系统的压力与外网压力隔绝，同时将外网提供的热量传给上层系统。这种系统是目前常用的一种形式。

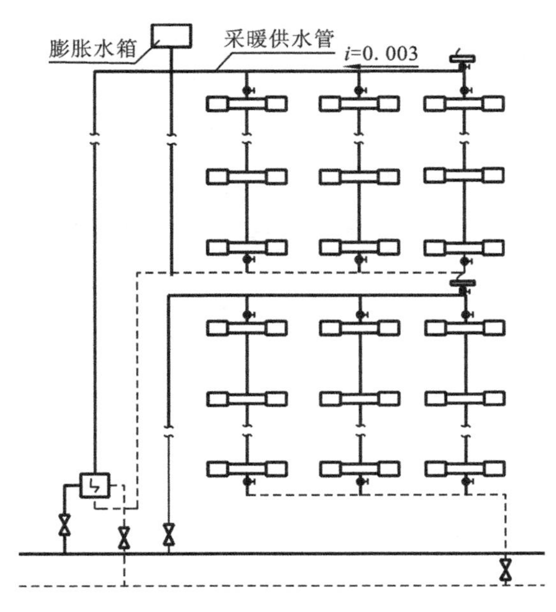

图4-15　分层式热水采暖系统

(2) 双线式采暖系统

双线式采暖系统有垂直式和水平式两种形式。

① 垂直双线式单管热水采暖系统。垂直双线式单管热水采暖系统是由竖向的“Ⅱ”形单管式立管组成的，如图4-16所示。双线式系统的散热器通常采用蛇形管或辐射板式结构。由于系统的立管是由上升立管和下降立管组成的，因此各层散热器的平均温度可以近似地认为是相同的，对于高层建筑，这有利于避免系统“垂直失调”。

② 水平双线式热水采暖系统。水平双线式热水采暖系统在水平方向的各组散热器平均温度近似地认为是相同的，如图4-17所示。当系统的水温度或流量发生变化时，每组双线上的各个散热器的传热系数k值的变化程度近似是相同的，因而对避免冷热不均很有利。

③ 单、双管混合式采暖系统。单、双管混合式采暖系统，如图4-18所示，将散热器沿竖直方向分成若干组，每组又包括若干层，在每组内散热器之间采用双管形式连接，而组与组之间则采用单管连接。这样，就构成了单、双管混合式采暖系统。这种系统的特点是：避免了双管系统在楼层过多时出现的严重“垂直失调”现象，同时也避免了散热器支管管径过粗的缺点。有的散热器还能局部调节，兼具单、双管系统的特点而被广泛应用。

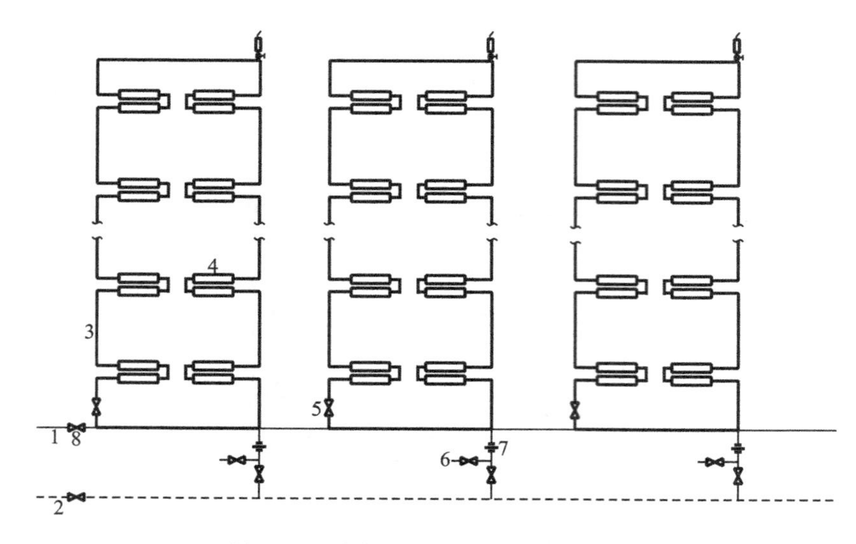

图 4-16　垂直双线式单管热水采暖系统

1—供水干管；2—回水干管；3—双线立管；4—散热器；5—截止阀；6—排水阀；7—节流孔板；8—调节阀

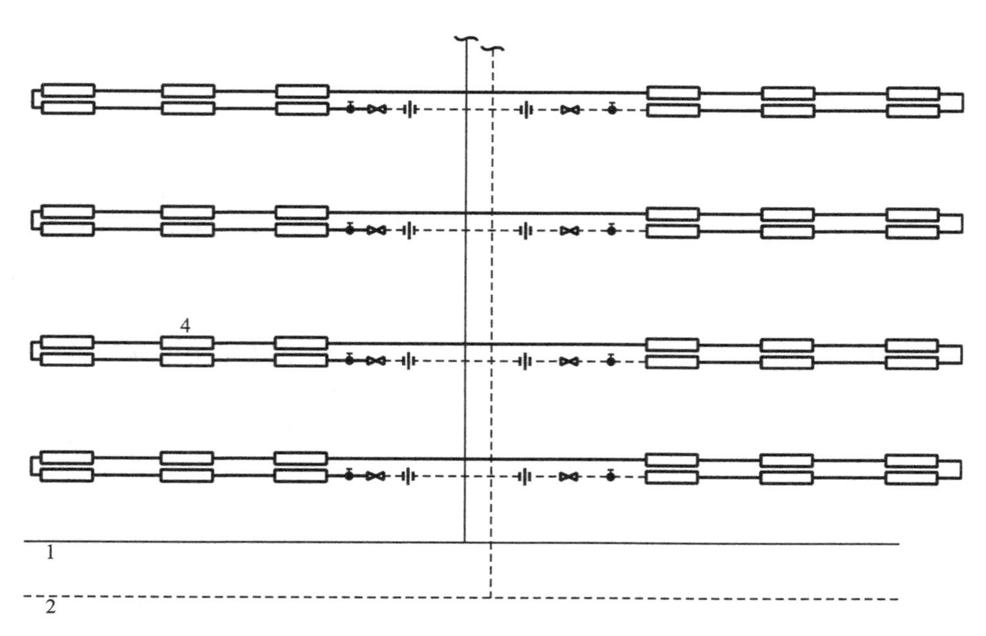

图 4-17　水平双线式热水采暖系统

1—供水干管；2—回水干管

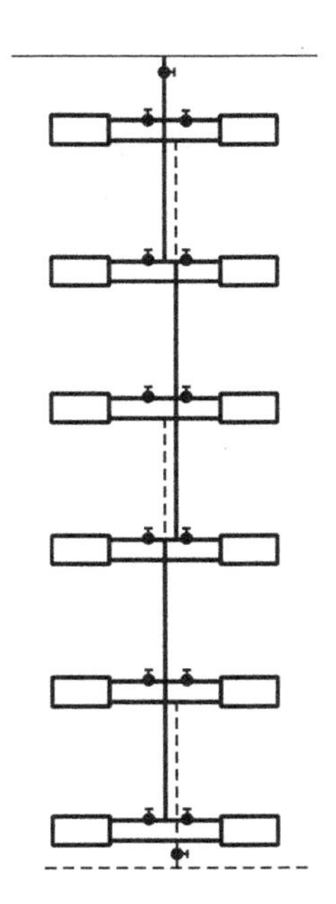

图 4-18　单、双管混合式采暖系统

本章小结

通过本章的学习，应达到如下要求。

1. 了解采暖系统的分类与组成。
2. 掌握常见的热水采暖系统的常用图式。
3. 掌握常用采暖设备。

思考题

1. 自然循环热水采暖系统与机械循环热水采暖系统的主要区别是什么？
2. 什么是同程式采暖系统？为什么要采用同程式采暖系统？
3. 常用的散热器有哪几种？

第5章　建筑消防系统

【学习目标】

1. 掌握消火栓给水系统,气体灭火系统,火灾自动报警系统。

2. 了解闭式、开式自动喷水灭火系统。

建筑消防系统是建筑消防设施的重要组成部分。利用各种消防系统及时扑救火灾,使火灾损失降到最低,是防火工作的重要内容。建筑物设置的消防系统主要有:消火栓给水系统、自动喷水灭火系统、气体灭火系统等。

5.1　消火栓给水系统

消火栓给水系统是建筑物的主要灭火设备。它供消防队员或其他现场人员在火灾时利用消火栓箱内的水带、水枪实施灭火。

5.1.1　系统的设置及工作原理

1. 系统的设置

根据我国有关消防技术规范要求,高层建筑及绝大多数单、多层建筑应设消火栓给水系统。它广泛应用于厂房、库房、科研楼(存有与水接触能引起燃烧爆炸的物品时除外),有一定规模的剧院、电影院、俱乐部、礼堂、体育馆、展览馆、商店、病房楼、门诊楼、教学楼、图书馆书库及车站、码头、机场建筑物,重点保护的砖木、木结构古建筑,以及较高或特定的住宅。

2. 系统工作原理

不论是高层建筑消火栓给水系统,还是低层建筑消火栓给水系统,其基本组成和工作原理都相同,如图5-1所示。

从图5-1中可以看出,系统的工作原理是:当发现火灾后,由人打开消火栓箱,拉出水带、水枪,开启消火栓,通过水枪产生的射流,将水射向着火点实施灭火。开始时,消防用水是由水箱保证,随着水泵的开启,之后用水由水泵从水池抽水加压提供。

5.1.2　主要组件

1. 消火栓设备

消火栓设备包括消火栓、水枪、水带、消防水喉(软管卷盘)、火灾报警按钮等,平时放置在消火栓箱内。消火栓箱根据建筑物的美观要求选用,为保证火灾时能及时打开消火栓箱门,不宜采用封闭的铁皮门,而应采用易敲碎的玻璃门。

(1) 消火栓

消火栓是消防管网向火场供水的带有阀门的接口,进水端与管道固定连接,出水端可接

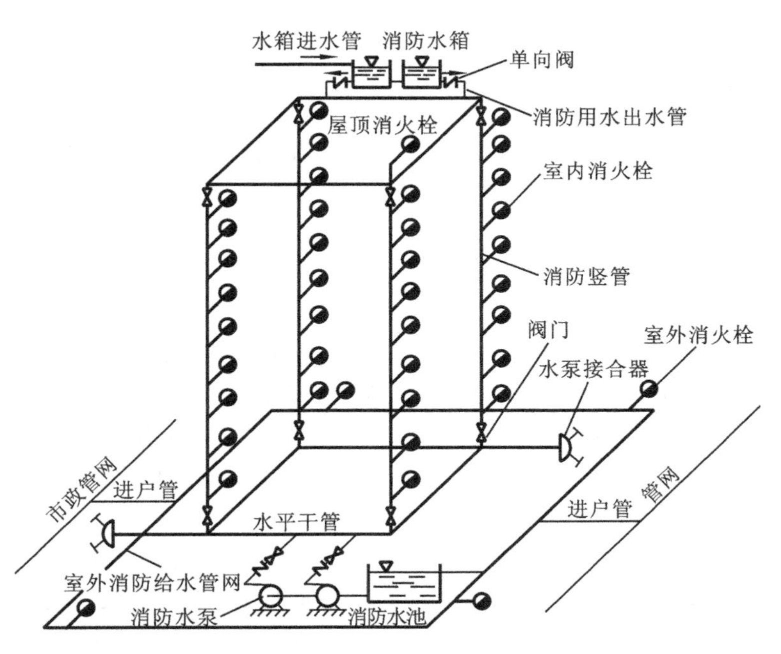

图5-1 消火栓给水系统组成示意

水带。消火栓出口为内扣式，口径有65 mm、50 mm两种。常用的为65 mm，当每支水枪流量小于3 L/s时，可采用50 mm。另外，栓口有90°型、45°型两种。还有一种双出口消火栓，一般不推荐使用，若使用，则要求每个出口都有控制阀门。

(2) 水枪

消火栓箱内配备的水枪一般为19 mm口径的直流水枪，50 mm口径消火栓可配备直径为13 mm的直流水枪。建筑物配备的水枪一般为无开关直流水枪，水枪安装于水带转盘旁边的弹簧卡上，并与水带连接牢固。

(3) 水带

每个消火栓箱配备一盘水带，长度多为20 m，最长不超过25 m，水带直径应与消火栓出口直径一致。水带一头与消火栓出口连接，另一头与水枪连接，平时折放在框架内或双层卷绕，保证拉出水带时不会打折或缠绕。水带选用麻质水带和胶里水带均可，目前使用胶里水带居多。

(4) 消防水喉

消防水喉为小口径自救式消火栓设备，作为一种辅助灭火设备使用。平时将直径为25 mm的输水胶管缠绕在卷盘上，端头接一口径为6～8 mm的小喷嘴，使用时直接拉出即可。可供商场、宾馆、仓库以及其他公共建筑内服务人员、工作人员和旅客扑救室内初期火灾使用。与消火栓相比，具有操作简便、机动灵活等特点。因此，商场、仓库、旅馆、办公楼、剧院与会堂的闷顶，高度超过100 m的高层建筑要求设置消防水喉。

(5) 火灾报警按钮

在消火栓箱内或附近墙壁的小壁龛内，一般设有火灾报警按钮。其作用是在现场手动报警的同时，远距离直接启动消防水泵。

另外，根据要求，在建筑物的屋顶上应设置试验和检查用的消火栓，称为屋顶消火栓。

采暖地区可设在屋顶出口处或水箱间内。

2. 管网设备

消火栓给水系统的消防用水是通过管网输送至消火栓的。管网设备包括进水(户)管、消防竖管、水平管、控制阀门等。进水管是室内、室外消防给水管道的连接管,对保证室内消火栓给水系统的用水量有很大的影响。消防竖管是连接消火栓的给水管道,一般应设置独立的消防竖管,管材采用钢管。阀门用于控制供水,以便于检修管道,一般阀门的设置应保证检修时关闭的竖管不超过一条。

管网设备对系统的安全性能有很大的影响,在布置管网时要符合以下要求。

① 设有消火栓给水系统的建筑物,其各层(无可燃物的设备层除外)均应设置消火栓。

② 消火栓的布置间距应由计算确定。一般应保证同层相邻两个消火栓水枪的充实水柱同时达到室内任何部位(体积小于或等于 5000 m^3 的库房,可采用一支水枪的充实水柱达到室内任何部位)。高层建筑、高架仓库和甲、乙类厂房,布置间距不应超过 30 m;其他单层或多层建筑物间距不宜超过 50 m。

③ 消火栓宜布置在明显、经常有人出入、使用方便的地方(例如,布置在楼梯间附近、走廊内、剧院舞台口两侧、车间出入口等处),应有明显的标志,不得伪装。消火栓阀门中心应距地面 1.1 m,消火栓的出水口方向宜向下或与设置消火栓的墙面成 90°角。

④ 为便于管理和使用,同一建筑物内应采用统一规格的消火栓、水带、水枪,并且每条水带的长度不应超过 25 m。

⑤ 水箱不能满足最不利点消火栓的水压要求时,应在每个消火栓处设置远距离直接启动消防水泵的按钮,并应有保护设施。

⑥ 消防电梯前室应设消火栓。其设置与其他消火栓要求相同,但不能计入每层所需消火栓总数之内。

⑦ 为防止冻结损坏,冷库室内消火栓一般应设在常温的穿堂或楼梯间内。在冷库闷顶的入口处,应设消火栓,用以扑救顶部保温层发生的火灾。

⑧ 消火栓栓口的出水压力超过 0.5 MPa 时,在消火栓处应设减压设施。

⑨ 消火栓栓口处的静水压力超过 0.8 MPa 时,应采用分区给水。

3. 消防水箱及气压给水设备

(1) 消防水箱

我国目前采用的消火栓给水系统多数是湿式系统,即消防给水管网内始终有水。这样可保证消火栓一开启就可出水灭火。管网内的水平时由水箱保证,因此消防水箱的作用就是储存扑救初期火灾(一般 10 min)的消防用水量。我国有关规范规定临时高压给水系统必须设置消防水箱。

消防水箱的容积根据消防用水量确定,一般有 18 m^3、12 m^3、6 m^3 三种。消防水箱应设置在建筑物的最高处,其位置高度应满足最不利点消火栓静水压力要求(对于建筑高度不超过 100 m 的高层和低层建筑,其静水压不应低于 0.07 MPa。对于建筑高度超过 100 m 的高层建筑,其静水压不应低于 0.15 MPa),否则应设增压设施。另外,水箱出水管上应设单向阀,保证消防泵启动后,管网内的水不进入消防水箱。与生活、生产合用的消防水箱,应有保证消防用水不外用的技术措施。

（2）气压给水设备

气压给水设备的作用同消防水箱一样。水箱是利用重力实现储存、调节水量的，而气压罐是利用被压缩的空气膨胀将罐内的储水压到用水点。因此，其安装高度不受限制，可放置在任何高度位置，但位置越低，最高与最低压力差值越大。但与水箱相比，气压给水设备的耗钢量大，能耗大，从经济、安全两方面看，选择水箱更合适。

气压给水设备的工作方式如图5-2所示，其原理是：水泵启动后，压力水被送至管网，同时，剩余的水进入气压罐。随着气压罐内不断充水，罐内水位上升，当罐内压力达到 P_{max} 时，在压力继电器的作用下，水泵停止工作；以后管网就由气压罐供水，随着用水量的增加，罐内水位不断下降，当罐内压力达到 P_{min} 时，在压力继电器的作用下，水泵开启，如此循环工作。

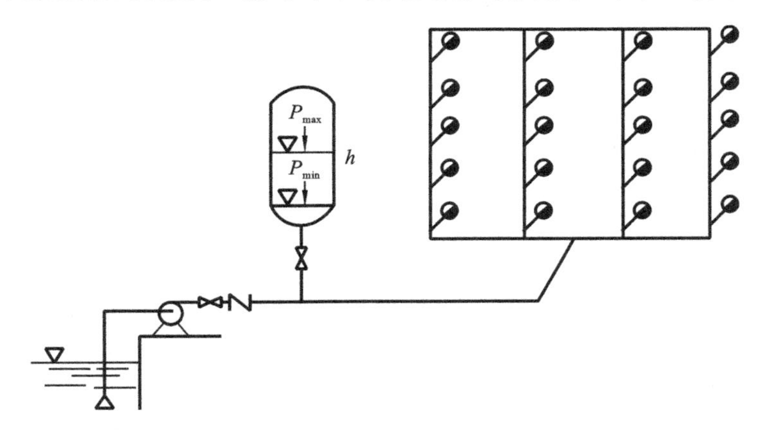

图5-2　气压给水设备示意

气压给水设备多用于生活给水系统。在消防给水系统中的设置有两种情况，一是当高位消防水箱安装高度不满足要求时，作为一种增压启动设施；二是代替高位消防水箱，这种情况要求气压罐的储水量达到消防水箱储水量的要求。

4. 水泵设备

（1）消防水泵

消防水泵目前多采用离心式水泵，它是给水系统的心脏，对系统的使用安全影响很大。在选择水泵时，要满足系统的流量和压力要求。

（2）消防水泵房及泵房设施

① 消防水泵房建筑防火要求。消防水泵房宜与生活、生产水泵房合建，以便节约投资，方便管理。消防水泵房除应满足一般水泵房的要求外，还应满足以下消防要求：单独建造的消防水泵房，其耐火等级不应低于二级；附设在建筑内的消防水泵房，不应设置在地下三层及以下或室内地面与室外出入口地坪高差大于10 m的地下楼层；疏散门应直通室外或安全出口。

② 泵房设施。泵房设施包括水泵的引水、水泵动力、泵房通信报警设备等。消防泵宜采用自灌式引水方式。采用其他引水方式时，应保证消防泵在5 min内启动。消防水泵可采用电动机、内燃机作为动力，一般要求应有可靠的备用动力。消防水泵房应具有直通消防控制中心或消防队的通信设备。

5. 消防水源

消防水源是为灭火系统提供消防用水的储水设施，有三种类型。

(1) 天然水源

天然水源就是利用自然界的江、河、湖泊、池塘、水库及泉、井等作为消防水源。在确定消防水源时，应优先考虑就近利用天然水源，以节省投资。消防水源利用天然水源时，应满足以下要求：必须保证常年有足够的水量（应确保枯水期最低水位时消防用水的可靠性），保证率按 25 年一遇来确定。应设置可靠的取水设施，即应采取必要的技术措施，保证任何时候都能取到消防用水，如修建消防码头、自流井、回车场等，有防冻、防洪设施等。在城市改建、扩建时，若消防水源（包括天然水源）被填埋，应采取相应的措施，如铺设管道、修建水池等。供消防车使用的消防水源，其保护距离（保护半径）不大于 150 m。甲、乙、丙类液体储罐区，要有防止油流入水源的措施。

(2) 市政管网

市政管网指城镇建设的给水管网，通过进户管为建筑物提供消防用水。市政管网是主要的消防水源。

(3) 消防水池

消防水池是人工建造的储存消防用水的构筑物。符合下述两种情况之一时，应设置消防水池：① 当生活、生产用水量达到最大时，市政给水管道、进水管或天然水源不能满足室内外消防用水量。② 市政给水管道为枝状或只有一条进水管，并且消防用水量之和超过 25 L/s。另外，由于其他原因，也可能设置消防水池。

消防水池的容量应满足火灾延续时间内室内、室外消防用水总量的要求。消防水池宜分建成两个，尤其是当容积超过 1000 m^3时，应分建成两个，以保证水池检修时不中断供水。消防水池的补水时间不宜超过 48 h，缺水区或独立的石油库区可适当延长，但不宜超过 96 h。消防用水与生产、生活用水合并的水池，应有确保消防用水不外用的技术措施。寒冷地区的消防水池应有防冻设施。甲、乙、丙类液体储罐区的消防水池，应有防止污染措施。消防水池容积最小不应小于 36 m^3。供消防车取水的消防水池，保护半径不大于 150 m，应有消防车道和取水口，取水口与建筑物（水泵房除外）的距离不宜小于 15 m，与甲、乙、丙类液体储罐的距离不宜小于 40 m，与液化石油气储罐的距离不宜小于 60 m（若有防止辐射热的保护设施时可减为 40 m），保证消防车的吸水高度不超过 6 m。

6. 水泵接合器

水泵接合器是供消防车往建筑物内消防给水管网输送水的预留接口。考虑到消火栓给水系统水泵故障或火势较大时消火栓给水系统供水量不足，消防车通过其往管网补充水，一般管网都需要设置。

水泵接合器有三种类型。① 地上式水泵接合器：形似室外地上消火栓，接口位于建筑物周围附近地面上，目标明显，使用方便。要求有明显的标志，以免火场上误认为是地上消火栓。② 地下式水泵接合器：形似地下消火栓，设在建筑物周围附近的专用井内，不占地方，适用于寒冷地区。安装时注意使接合器进水口处在井盖正下方，顶部进水口与井盖底面距离不大于 0.4 m，地面附近应有明显标志，以便火场辨识。③ 墙壁式水泵接合器：形似室内消火栓，设在建筑物的外墙上，其高出地面的距离不宜小于 0.7 m，并应与建筑物的门、窗、孔洞保持不小于 1.0 m 的水平距离。

水泵接合器上应设有止回阀、闸阀、安全阀、泄水阀等，以保证室内管网的正常工作。水泵接合器的数量应根据室内消防用水量确定，每个水泵接合器的流量按10～15 L/s计。分区供水时，每个分区（超出当地消防车供水能力的上层分区除外）的消防给水系统均应设水泵接合器。水泵接合器应设在消防车便于接近的地点，并且宜设在人行道或非汽车行驶地段。水泵接合器上应有明显标志，标明其管辖范围。

7. 减压装置

减压装置有三种。① 减压孔板：减压孔板是在一块钢板上开一直径较小的孔，利用其局部水头损失实现减压的目的。减压孔板应设置在直径大于50 mm的水平管段上，孔板直径不应小于设置管段直径的50%，孔板应安装在水流转弯处下游一侧的直管段上，其孔板前水平直管段长度不应小于设置管段直径的两倍。② 节流管：节流管的构造如图5-3所示，安装在水平干管上，节流管内流速不应大于20 m/s，节流管长度L不宜小于1 m。节流管缩小部分长度L_1等于D_1，节流管扩大部分长度L_3等于D_3。③ 减压阀：减压阀可以自动按比例调节进出口压力，实现减压的目的。

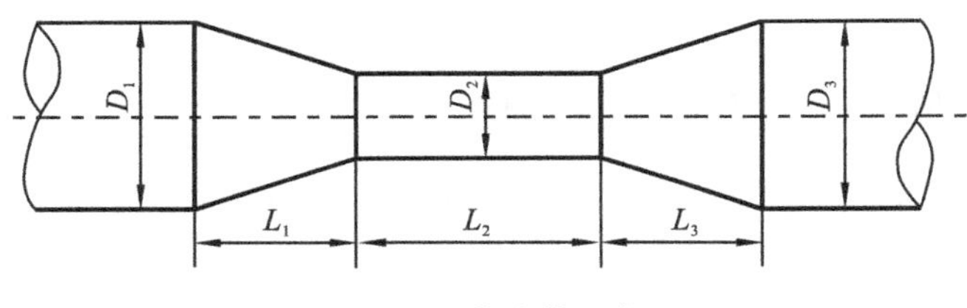

图5-3 节流管示意

8. 增压设施

高位消防水箱不能满足最不利点消火栓静水压力要求时，应设增压设施。图5-4所示为常用的一种增压方式。其工作原理是：在气压罐内有三个压力控制点，分别与三个压力继

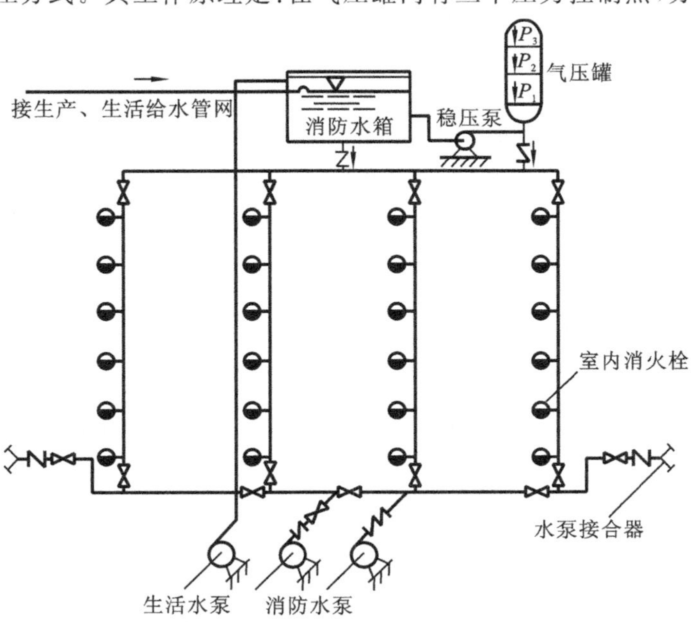

图5-4 稳压泵与气压罐联合工作方式

电器相连接，平时罐内压力为 P_3，稳压泵和消防水泵均处于关闭状态。此时消防管网内的压力由气压罐维持，如果由于管网渗漏或其他原因，罐内压力从 P_3 降至 P_2，稳压泵便立即启动，向水罐补水，直到罐内压力达到 P_3 时，则稳压泵停止运转，从而保证气压罐内的常备储水量。发生火灾时，管网出水灭火。随着气压罐内水量的减少，压力从 P_3 降至 P_2 时，稳压泵启动，向罐内补充水，但由于稳压泵的流量很小，而消防用水量很大，气压罐内的压力仍继续下降，当下降至 P_1 时，压力继电器便自动启动消防水泵，向消防给水管网供水。应注意，增压水泵对消火栓给水系统的出水速度不应大于 5 L/s，对自动喷水灭火系统的出水速度不应大于 1 L/s。气压水罐的调节水容积宜为 450 L。

5.2 闭式自动喷水灭火系统

闭式自动喷水灭火系统是常见的一种固定灭火系统，它采用闭式喷头，通过喷头感温元件在火灾时自动动作，将喷头堵盖打开喷水灭火。由于其具有良好的灭火效果，因此广泛应用于厂房。

5.2.1 闭式自动喷水灭火系统设置部位

闭式自动喷水灭火系统的主要设置部位和设置原则如下所示。

(1) 下列厂房或生产部位宜设置自动喷水灭火系统

① 不小于 50000 纱锭的棉纺厂的开包、清花车间，不小于 5000 纱锭的麻纺厂的分级、梳麻车间，火柴厂的烤梗、筛选部位。

② 占地面积大于 1500 m^2 或总建筑面积大于 3000 m^2 的单、多层制鞋、制衣、玩具及电子等类似生产的厂房。

③ 占地面积大于 1500 m^2 的木器厂房。

④ 泡沫塑料厂的预发、成型、切片、压花部位。

⑤ 高层乙、丙、丁类厂房。

⑥ 建筑面积大于 500 m^2 的地下或半地下丙类厂房。

(2) 下列仓库宜设置自动喷水灭火系统

① 每座占地面积大于 1000 m^2 的棉、毛、丝、麻、化纤、毛皮及其制品的仓库(单层占地面积不大于 2000 m^2 的棉花库房除外)。

② 每座占地面积大于 600 m^2 的火柴仓库。

③ 邮政建筑内建筑面积大于 500 m^2 的空邮袋库。

④ 可燃、难燃物品的高架仓库和高层仓库。

⑤ 设计温度高于 0 ℃的高架冷库，设计温度高于 0 ℃且每个防火分区建筑面积大于 1500 m^2 的非高架冷库。

⑥ 总建筑面积大于 500 m^2 的可燃物品地下仓库。

⑦ 每座占地面积大于 1500 m^2 或总建筑面积大于 3000 m^2 的其他单层或多层丙类物品仓库。

(3) 下列高层民用建筑或场所宜设置自动喷水灭火系统

① 一类高层公共建筑(除游泳池、溜冰场外)及其地下、半地下室。

② 二类高层公共建筑及其地下、半地下室的公共活动用房、走道、办公室和旅馆的客房、可燃物品库房、自动扶梯底部。

③ 高层民用建筑内的歌舞娱乐放映游艺场所。

④ 建筑高度大于 100 m 的住宅建筑。

(4) 下列单、多层民用建筑宜设置自动喷水灭火系统

① 特等、甲等剧场，超过 1500 个座位的其他等级的剧场，超过 2000 个座位的会堂或礼堂，超过 3000 个座位的体育馆，超过 5000 人的体育场的室内人员休息室与器材间等。

② 任一层建筑面积大于 1500 m^2 或总建筑面积大于 3000 m^2 的展览、商店、餐饮和旅馆建筑以及医院中同样建筑规模的病房楼、门诊楼和手术部。

③ 设置送回风道(管)的集中空气调节系统且总建筑面积大于 3000 m^2 的办公建筑等。

④ 藏书量超过 50 万册的图书馆。

⑤ 大、中型幼儿园，总建筑面积大于 500 m^2 的老年人建筑。

⑥ 总建筑面积大于 500 m^2 的地下或半地下商店。

⑦ 设置在地下或半地下或地上四层及以上楼层的歌舞娱乐放映游艺场所(除游泳场所外)；设置在首层、二层和三层且任一层建筑面积大于 300 m^2 的地上歌舞娱乐放映游艺场所(除游泳场所外)。

5.2.2 闭式自动喷水灭火系统的类型

闭式自动喷水灭火系统根据工作原理不同，分为湿式自动喷水灭火系统、预作用自动喷水灭火系统、干式自动喷水灭火系统、干湿式自动喷水灭火系统和循环系统五种类型。

1. 湿式自动喷水灭火系统

湿式自动喷水灭火系统是自动喷水灭火系统中最基本的系统形式，由闭式喷头、管道系统、湿式报警阀、报警装置和给水设备等组成，见图 5-5。

该系统在报警阀的上下管道中始终充满着压力水，故称为湿式自动喷水灭火系统。其工作原理是：发生火灾后，火焰或高温气流使闭式喷头的热敏感元件动作，喷头开启，喷水灭火。此时，管网中的水由静止变为流动，水流使水流指示器动作发出电信号，在报警控制器上指示某一区域已在喷水。由于喷头开启泄压，在压力差的作用下，原来处于关闭状态的湿式报警阀就自动开启。压力水通过湿式报警阀，流向灭火管网，同时打开通向水力警铃的通道，水流冲击水力警铃发出声响报警。消防控制中心根据水流指示器或压力开关的报警信号，自动启动消防水泵向系统加压供水，达到维持自动喷水灭火的目的。

湿式自动喷水灭火系统具有结构简单，施工、管理方便，灭火速度快，控火效率高，建设投资和经营管理费用低，适用范围广等优点。但使用受到环境温度的限制，适用于环境温度不低于 4 ℃且不高于 70 ℃的建筑物及构筑物。水渍危险性较大，在易被碰撞或损坏的场所，喷头应向上安装。

2. 干式自动喷水灭火系统

为满足在环境温度低于 4 ℃或高于 70 ℃的场所安装使用自动喷水灭火系统，对湿式自动喷水灭火系统进行改动，在报警阀前的管道内仍充以压力水，将其设置在适宜的环境温度中，而在报警阀后的管道充以压力气体代替压力水，使其适宜处于低温或高温场所。由于报警阀后管路和喷头内平时没有水，处于充气状态，故称为干式自动喷水灭火系统。该系统在

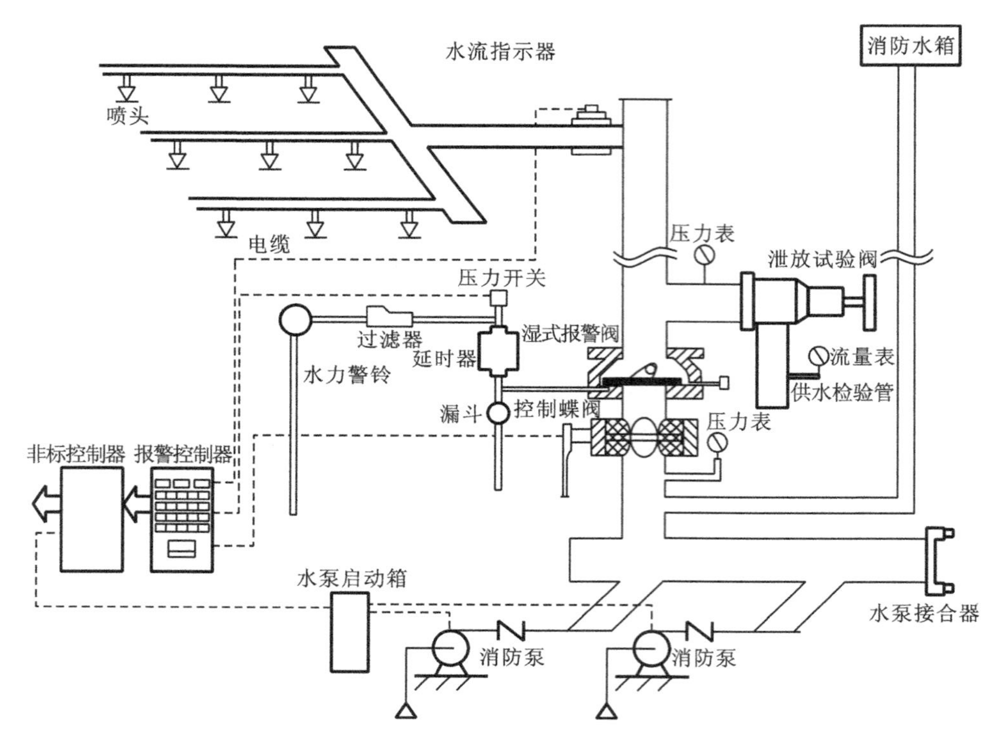

图 5-5 湿式自动喷水灭火系统示意

湿式自动喷水灭火系统的基础上增加了一套充气设备。

干式自动喷水灭火系统的工作原理是：平时，系统的干式报警阀前管道与供水管网相连并充满水，干式报警阀后灭火管网及喷头内充满有压气体，干式报警阀处于关闭状态。发生火灾时，喷头动作后首先喷出气体，报警阀后管网内的压力下降，阀前压力大于阀后压力，干式报警阀被自动打开。接着压力水进入灭火管网，将剩余压力气体从动作的喷头处推赶出去，喷水灭火。在干式报警阀被打开的同时，通向水力警铃和压力开关的通道也被打开，水流推动水力警铃发出声响报警，压力开关发回电信号，自动启动消防水泵加压供水。干式系统的主要工作过程与湿式系统无本质区别，只是在喷头动作后有一个排气过程，这将影响灭火的速度和效果。因此，对于管网容积较大的干式系统应有加速排气装置，以便及时喷水灭火。干式自动喷水灭火系统的喷头一般应向上安装，采用干式悬吊型喷头时，可以向下安装。

3. 干湿式自动喷水灭火系统

干湿式自动喷水灭火系统是干式自动喷水灭火系统和湿式自动喷水灭火系统交替使用的系统形式。其组成与干式自动喷水灭火系统基本相同，报警阀采用干湿式报警阀或将干式报警阀与湿式报警阀叠加在一起，在寒冷季节管路中充气，系统呈干式系统；在非冰冻季节管路中充水，系统呈湿式系统。由于管理较复杂，一般较少采用。

4. 预作用自动喷水灭火系统

预作用自动喷水灭火系统是将火灾自动报警系统和灭火系统有机地结合起来，利用火灾探测器对火的敏感性比喷头灵敏的特点，实现预先排气充水的功能。系统平时呈干式系统，发生火灾时由火灾报警系统自动控制开启预作用阀使管道充水呈湿式系统。它具有湿式系统灭火速度快和干式系统温度适应范围广、水渍危险性小的优点，用于不允许有水渍损失的建筑物、构筑物。

5. 循环系统

循环系统是在预作用自动喷水灭火系统的基础上发展起来的，它采用了一个能自动复位的改进型雨淋阀及一套热探测装置，其特点是能够确认火灾被扑灭，并自动关闭系统。若火复燃，又可重新启动系统喷水灭火。这种系统的水渍损失可以限制到最小，适宜用于库房类经常无人的场合。

5.2.3 系统主要组件

1. 喷头

喷头是系统的一个主要组件，它在系统中担负着探测火灾、启动系统和喷水灭火的任务。喷头的喷水口被由热敏感元件组成的释放机构封闭，既用于控制系统的启动喷水，又通过溅水盘使水较好分布，以利于灭火。喷头有玻璃球洒水喷头和易熔金属洒水喷头，见图5-6。前者是通过玻璃球内的液体膨胀将其炸裂，使喷头堵盖失去支撑，喷头开启；后者是通过易熔金属熔化，轭臂失去拉力脱落，使喷头堵盖失去支撑，喷头开启。玻璃球洒水喷头外形美观、体积小、质量轻、耐腐蚀，目前应用较广泛。喷头的公称动作温度与颜色标志见表5-1。

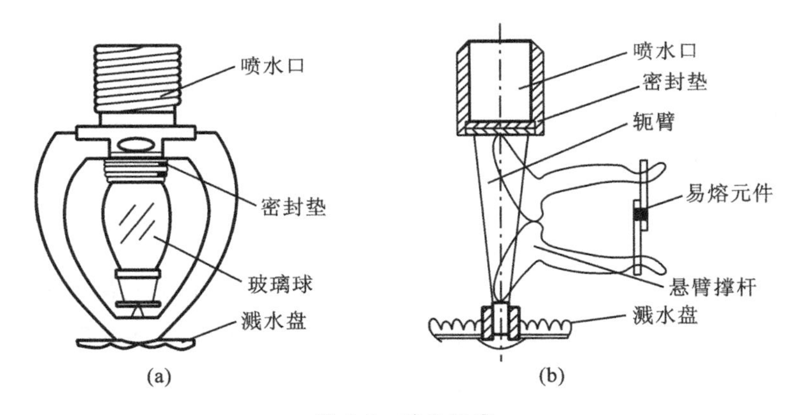

图 5-6　喷头示意

(a)玻璃球洒水喷头；(b)易熔金属洒水喷头

表 5-1　闭式喷头的公称动作温度和颜色标志

玻璃球洒水喷头		易熔金属洒水喷头	
公称动作温度/℃	工作液色标	公称动作温度/℃	轭臂色标
57	橙	57～75	本色
68	红	80～107	白
79	黄	121～149	蓝
93	绿	136～191	红
141	蓝	204～246	绿
182	紫红	260～302	橙

续表

玻璃球洒水喷头		易熔金属洒水喷头	
公称动作温度/℃	工作液色标	公称动作温度/℃	轭臂色标
227	黑	320～343	黑
260	黑	—	—
343	黑	—	—

2. 报警阀

报警阀具有报警、控制作用，是系统的又一个主要组件。闭式自动喷水灭火系统目前使用的报警阀主要有湿式报警阀、干式报警阀、预作用阀三种，各自应用于相应的系统形式。湿式报警阀、干式报警阀具有逆止阀的功能，平时处于关闭状态，一旦喷头打开喷水（排气），阀瓣在水流作用下被开启，通过水力报警装置报警。另外，在水力警铃管路上安装的压力或流量监测装置动作，向消防控制中心发回信号。根据接收到的这些信号，消防控制中心进行相应的联动控制。

3. 监控装置

监控装置用于监测、控制系统工作情况，一般可通过检测系统的流量、压力等来实施。目前常用的监测装置有以下几类。

（1）水流指示器

水流指示器用于监测管网内的水流情况。安装在各分区的水平管上，当有水流过装有水流指示器的管道时，流动的水流推动水流指示器的桨片发生偏转，使电接点接通，输出一个电信号，表明喷头已动作喷水，并指出喷水的大致位置。

（2）压力开关

压力开关用于检测管网内的水压，安装在水力报警装置的管路上。平时由于报警阀关闭，管内呈无压状态，系统一旦开启，报警阀打开，水力报警装置的管路内充有压力水，压力开关动作，向消防控制中心发回电信号。消防控制中心一般可根据水流指示器、压力开关等的信号，自动控制开启消防水泵。

（3）水位监视器

水位监视器用于监测消防水箱、消防水池内的水位情况。一般可使用液位继电器或信号器来实施，安装在水箱或水池的侧壁或顶盖上，将水位情况反映给消防控制中心，水位低于设定值时报警。

（4）阀门限位器

阀门限位器通常设置在干管的总控制闸阀上或管径较大支管的闸阀上。当这些闸阀被误操作关闭时，立即发出报警信号，以保证闸阀始终处于开启状态。

（5）气压保持器

气压保持器用于干式自动喷水灭火系统，其作用是补偿系统管网轻微泄漏，使系统始终保持安全压力，避免干式阀误动作。

4. 供水设施

闭式自动喷水灭火系统的供水设施包括消防水池、消防水箱、水泵设备、水泵接合器等。

5.3 开式自动喷水灭火系统

开式自动喷水灭火系统采用开式喷头，通过阀门控制系统的开启。该系统用于保护特定的场合，可分为雨淋系统、水幕系统、水喷雾系统三种。

5.3.1 开式自动喷水灭火系统设置部位

1. 雨淋系统设置部位

① 火柴厂的氯酸钾压碾厂房，建筑面积超过 100 m^2，生产、使用硝化棉、喷漆棉、火胶棉、赛璐珞胶片、硝化纤维的厂房。

② 建筑面积超过 60 m^2 或储存量超过 2 t 的硝化棉、喷漆棉、火胶棉、赛璐珞胶片、硝化纤维的库房。

③ 日装瓶数量超过 3000 瓶的液化石油气储配站的灌瓶间、实瓶库。

④ 特等、甲等剧场，超过 1500 个座位的其他等级剧场和超过 2000 个座位的会堂或礼堂的舞台葡萄架下部。

⑤ 建筑面积超过 400 m^2 的演播室，建筑面积超过 500 m^2 的电影摄影棚。

⑥ 乒乓球厂的轧坯、切片、磨球、分球检验部位。

2. 水幕系统设置部位

① 特等、甲等剧场，超过 1500 个座位的其他等级剧场，超过 2000 个座位的会堂或礼堂和高层民用建筑内超过 800 个座位的剧场或礼堂的舞台口及上述场所内与舞台相连的侧台、后台的洞口。

② 应设防火墙等防火分隔物而无法设置的局部开口部位。

③ 需要防护冷却的防火卷帘或防火幕的上部。

3. 水喷雾系统设置部位

① 单台容量在 40 MV·A 及以上的厂矿企业油浸变压器、单台容量在 90 MV·A 及以上的电厂油浸变压器或单台容量在 125 MV·A 及以上的独立变电站油浸变压器。

② 飞机发动机试验台的试车部位。

③ 充可燃油并设置在高层民用建筑内的高压电容器和多油开关室。

5.3.2 开式自动喷水灭火系统类型

1. 雨淋喷水灭火系统

雨淋喷水灭火系统用于火灾危险性大、可燃物多、发热量大、燃烧猛烈和蔓延迅速（即严重危险级）的场合。由于其使用开式喷头，系统一旦开启，设计作用面积内的所有喷头同时喷水，可以在瞬间喷出大量的水，覆盖或阻隔整个火区。雨淋喷水灭火系统的应用场合多为火灾危险性大的厂房和库房等。

雨淋喷水灭火系统包括火灾自动报警系统和喷水灭火系统两部分，见图 5-7。雨淋阀入口侧与进水管相通，出口侧接喷水灭火管路，平时雨淋阀在传动管网中的水压作用下紧紧关闭，灭火管网为空管。发生火灾时，火灾探测器或感温探测控制元件（闭式喷头、易熔锁封）探测到火灾信号后，通过传动阀门（电磁阀、闭式喷头）自动地释放掉传动管网中有压力的水，使传动管网中的水压骤然降低，雨淋阀在进水管的水压作用下被打开，压力水立即充满灭火管网，所有喷头喷水，实现对保护区的整体灭火或控火。

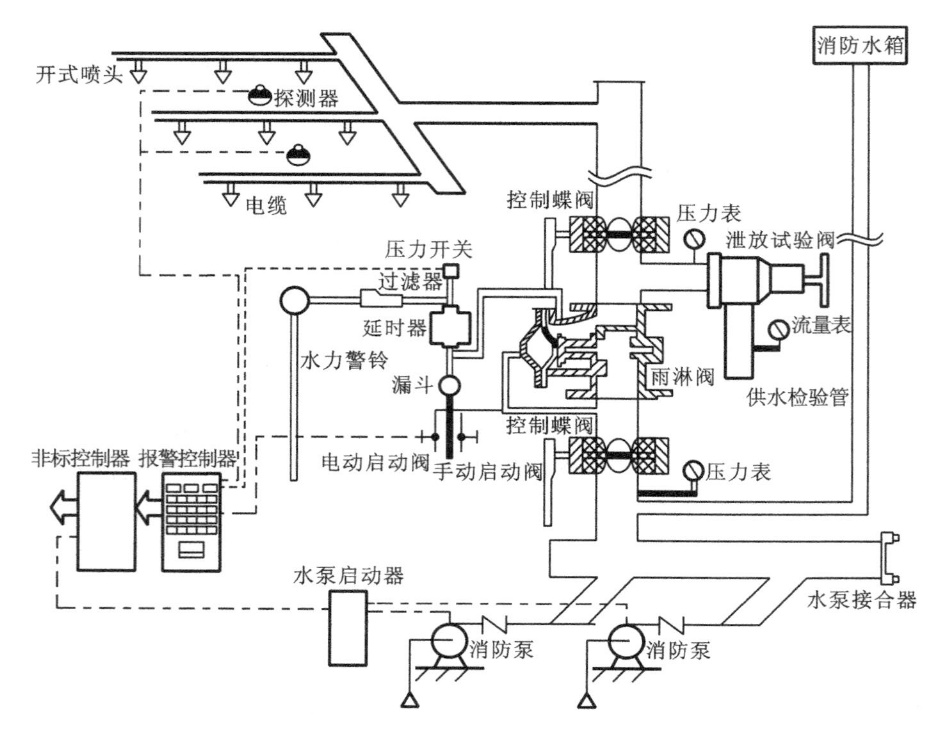

图 5-7 雨淋喷水灭火系统示意

雨淋喷水灭火系统的启动控制方式有火灾探测器电动控制开启、带闭式喷头的传动管控制开启和易熔锁封的钢丝绳控制开启三种，根据保护区域的具体情况选定。

2. 水幕系统

水幕系统是指将水喷洒成水帘幕状，用以阻火、隔火或冷却简易防火分隔物的一种自动喷水系统。其作用是通过冷却简易防火分隔物，提高其耐火性能，或用水帘阻止火焰穿过开口部位，直接作防火分隔。如图 5-8 所示，是用以冷却防火的水幕系统。

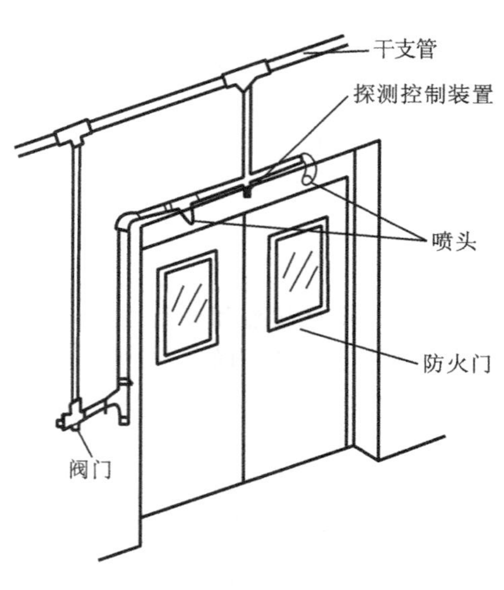

图 5-8 水幕系统示意

水幕系统由水幕喷头、控制阀、管道等组成，其控制启动基本上与雨淋喷水灭火系统相同。在实际应用中有三种情况：冷却型水幕系统，通过喷水冷却防火分隔物，延长这些防火分隔物的耐火极限，这种情况下，喷头一般采用单排布置，喷水强度不小于 0.5 L/(s・m)；阻火型水幕系统，用于建筑物中面积较小(不超过 3 m^2)的孔洞、开口部位防火分隔，喷头可布置成一排或两排，喷水强度不小于 1.0 L/(s・m)，水幕带用来对较大空间进行防火分隔，起着防火墙的作用；用于舞台口等的水幕系统，喷头布置成两排，两排喷头间距为 0.6～0.8 m，用作防火分区的水幕带，喷头宜布置成三排，相邻两排喷头间距不小于 2.5 m，水幕带的喷水强度不小于 2 L/(s・m)。

在使用水幕系统时，要注意每组水幕系统安装的喷头数不应超过 72 个，对称于配水管布置，在同一配水管上设置相同规格的喷头。水幕系统采用自动开启方式时，还必须设置手动开启装置，手动开启装置应设置在人们容易发现和接近的部位。

3. 水喷雾灭火系统

水喷雾灭火系统的组成及工作原理与雨淋喷水灭火系统基本相同，喷头采用水雾喷头，如图 5-9 所示。它是利用水雾喷头在较高的水压力作用下，将水分离成细小的水雾滴（平均粒径一般为 100～700 μm），并喷向保护对象，达到灭火或防护冷却的目的。

与雨淋喷水灭火系统等相比，水喷雾灭火系统具有系统压力高、喷水量大、可灭液体火灾和电气设备火灾、灭火效果好等特点，多用于工业设备（如油浸变压器、充有可燃油的高压电容器和多油开关室、柴油发电机房、燃油燃气锅炉房、球形可燃气体液体储罐、飞机发动机试验台的试车部位等）的消防保护。

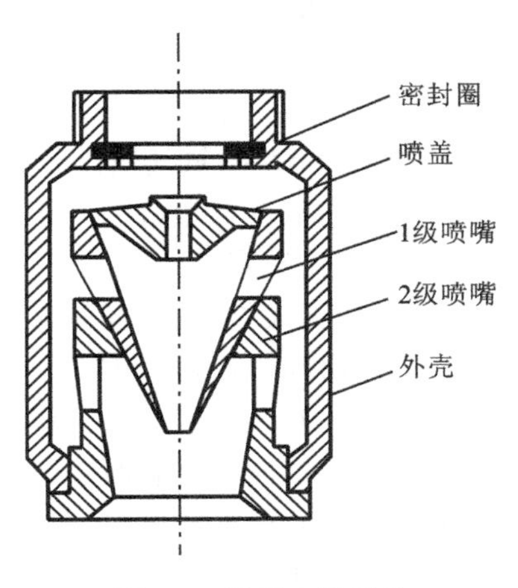

图 5-9　双级水雾喷头

在应用水喷雾灭火系统保护电气设备时，管网及喷头的布置要确保安全用电间距，具有很好的接地（接地电阻小于 16 Ω），并不影响正常生产操作。为防止喷头堵塞，在控制阀后设置过滤器，过滤器孔眼直径小于喷头孔径的一半，滤网的孔隙系数应大于 0.8。

5.4　气体灭火系统

气体灭火系统是以某些气体作为灭火介质，通过在整个防护区或保护对象周围的局部区域使这些气体达到一定浓度实现灭火。由于其特有的性能特点，主要用于保护某些特殊场合，是固定灭火系统中的一种重要系统形式。

5.4.1　气体灭火系统的类型及应用

1. 系统的类型

根据所使用的灭火剂，气体灭火系统可归纳为四类。

(1) 卤代烷 1301 灭火系统

以卤代烷 1301 灭火剂（三氟一溴甲烷）作为灭火介质，由于其灭火剂毒性小、使用期长、喷射性能好、灭火性能好，因此是应用最广泛的一种气体灭火系统。但由于其对大气臭氧层有较大的破坏作用，目前已开始停止生产使用。

(2) 卤代烷 1211 灭火系统

以卤代烷 1211 灭火剂（二氟一氯一溴甲烷）作为灭火介质，由于其比卤代烷 1301 灭火剂便宜，因此在我国其应用较卤代烷 1301 灭火系统广泛。同样，由于其对大气臭氧层有较大的破坏作用，目前已开始停止生产使用。

(3) 二氧化碳灭火系统

以二氧化碳灭火剂作为灭火介质，相对于卤代烷灭火系统来说，系统投资较大，灭火时的毒性危害较大，并且二氧化碳会产生温室效应，也不宜广泛使用。

(4) 卤代烷替代系统

卤代烷替代系统目前正处于研究阶段，从目前的研究进展情况看，七氟丙烷灭火系统和“烟烙烬”灭火系统较为理想，但有待进一步确定。七氟丙烷灭火系统以七氟丙烷作为灭火介质，仍属卤代烷灭火系统系列，具有卤代烷灭火系统的特点，毒性较低，可用于经常有人工作的防护区。若代替卤代烷 1301 灭火系统，则其灭火剂质量增加约 70%，储存容器数量增加约 30%。“烟烙烬”灭火系统以氮气、氩气、二氧化碳三种惰性气体作为灭火介质，其中氮气质量分数为 52%，氩气质量分数为 40%，二氧化碳质量分数为 8%。该类灭火系统是通过降低空气中的氧气含量(低于 15%)灭火，但人在灭火环境下可自由呼吸。与其他气体灭火系统相比，造价较高。

另外，从灭火方式看，气体灭火系统有全淹没和局部应用两种应用形式。全淹没系统指通过在整个房间内建立灭火剂设计浓度(即灭火剂气体将房间淹没)实施灭火的系统形式，这种系统形式对防护区提供整体保护；局部应用系统指保护房间内或室外的某一设备(局部区域)，通过直接向着火表面喷射灭火剂实施灭火的系统形式，就整个房间而言，灭火剂气体浓度远远达不到灭火浓度。

在工程应用中，一个工程中的几个防护区可共用一套系统保护，称为组合分配系统，这样较为经济，可节省大量投资，但前提是这些防护区不会同时着火。若几个防护区都非常重要或有同时着火的可能性，则每个防护区各自设置灭火系统保护，称为单元独立系统。很明显，采用单元独立系统投资较大。对于较小的、无特殊要求的防护区，可以不设计，直接从工厂生产的系列产品中选择，这样既可省去烦琐的设计计算，施工强度又较小，这种系统称为无管网灭火装置。

2. 系统的应用

在选择使用气体灭火系统时要注意，有些火灾适宜用气体灭火系统扑救，如液体和气体火灾、固体物质的表面火灾、电气设备火灾等；而有些火灾不宜用气体灭火系统扑救，如本身能供氧物质(像炸药)的火灾、金属火灾、有机过氧化物火灾、固体的深位火灾等。

气体灭火系统最大的优点是灭火剂清洁，灭火后不会对保护对象产生危害，特别适合于那些比较重要、需要消防保护但又不能被灭火剂污染的场合。

5.4.2 气体灭火系统的组成及工作过程

1. 系统的基本组成

气体灭火系统的基本组成如图 5-10 所示，由储存装置、启动分配装置、输送释放装置、监控装置等设施组成。

2. 系统的工作过程

防护区一旦发生火灾，首先是火灾探测器报警，消防控制中心接到火灾信号后，启动联动装置(关闭开口、停止空调等)，延时约 30 s 后，打开启动气瓶的瓶头阀，利用气瓶中的高压氮气将灭火剂储存容器上的容器阀打开，灭火剂经管道输送到喷头喷出实施灭火。这中间

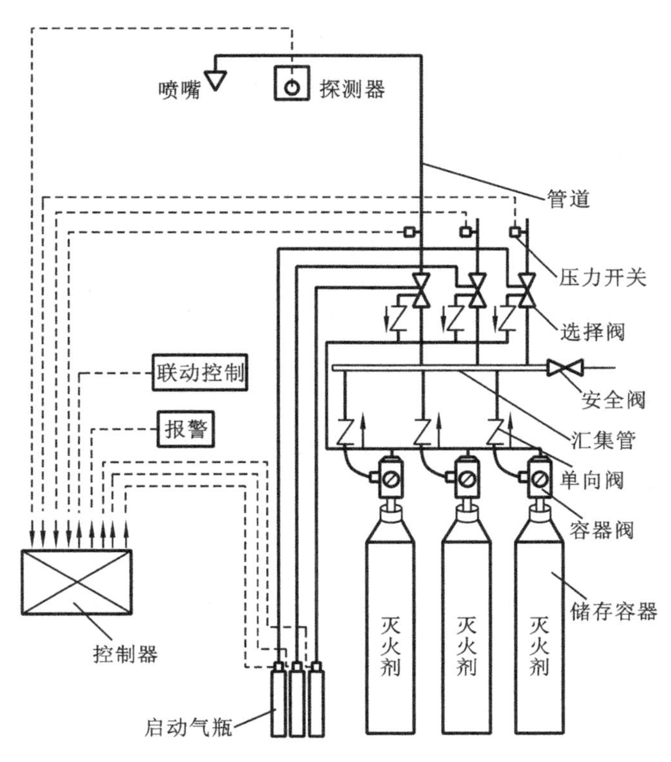

图 5-10　气体灭火系统组成示意

的延时是考虑防护区内人员的疏散。另外，通过压力开关监测系统是否正常工作，若启动指令发出，而压力开关的信号不能及时返回，说明系统故障，值班人员听到事故报警，应尽快实施人工启动。系统的工作过程可用图 5-11 所示框图表示。

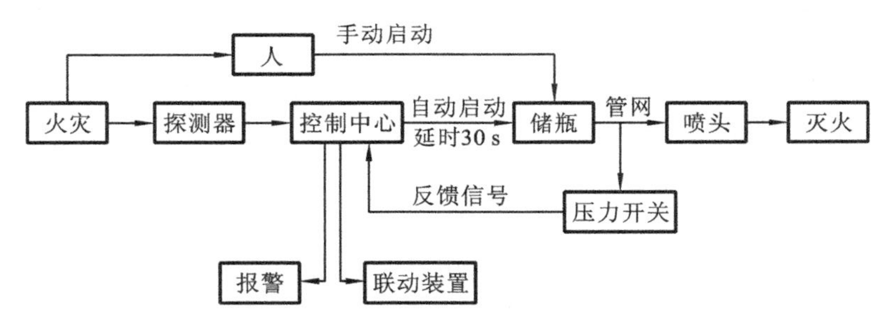

图 5-11　气体灭火系统工作框图

5.4.3　气体灭火系统的性能要求

1. 灭火剂需用量

灭火剂需用量根据防护区的大小、环境温度、保护对象的性质及选用气体灭火系统的类型等确定，在相应的设计规范中给出了计算公式。

2. 对防护区的要求

防护区指设置气体灭火系统保护的场所。为了确保气体灭火系统能够将火彻底扑灭，防护区应满足一定的要求，这一点非常重要。防护区应以固定的封闭空间来划分。几个相连的房间是各自作为独立防护区还是几个房间作为一个防护区考虑，应视具体情况确定，主要依据其是否符合对防护区的要求。防护区围护结构及门、窗的耐火极限不应低于 0.5 h，吊顶的耐火极限不应低于 0.25 h；防护区不宜有敞开的孔洞，存在的开口应设置自动关闭装置。二氧化碳防护区若有不能关闭的开口，开口面积应不大于防护区内表面积的 3%，且开口不应设在底面；防护区的门窗及围护结构的允许压强均不宜低于 1.2 kPa，使其能够承受住灭火系统启动后房间内的压力增加值。另外，防护区还应考虑泄压，当防护区设有防爆泄压孔或门窗缝隙未设密封条时，可不设泄压口，否则，应在防护区外墙距地面 2/3 以上处设置泄压口；防护区不宜太大，若房间太大，则应分成几个小的防护区。系统启动前，应关闭通风机和通风管道的防火阀，停止空调及影响灭火效果的生产操作。

3. 对储瓶间的要求

气体灭火系统应有专用的储瓶间放置系统设备，以便于系统的维护管理。对储瓶间的要求基本同消防水泵房，储瓶间耐火极限不低于二级，应有安全出口，应具备良好的通风设施。

4. 系统的启动控制

气体灭火系统应具有自动控制启动、手动控制启动、机械应急操作三种方式。自动控制启动应采用复合探测，在同时接到两个相互独立的火灾探测器的信号后，才启动系统；机械应急操作应在一个地方一次完成，以保证灭火剂喷射时间。

5. 系统的安全措施

由于气体灭火系统有一定的毒性危害，因此应有一定的安全措施，以避免其启动后对人的威胁。

① 防护区应设火灾声光报警器，必要时，防护区的入口处应设光报警器。

② 防护区入口处应设灭火系统防护标志和灭火剂释放指示灯，防护标志应标明灭火剂释放对人的危害，遇到火灾应采取的自我保护措施和其他注意事项。灭火剂释放指示灯提示人们不要误入防护区。

③ 防护区应有能在 30 s 内使该区域人员疏散完毕的走道和出口，在疏散走道和出口处，应设火灾事故照明和疏散指示标志。

④ 防护区的门应向疏散方向开启，并能自动关闭，并且保证在任何情况下均能从防护区内打开。

⑤ 设有气体灭火系统的建筑物应配备专用的空气呼吸器或氧气呼吸器。

⑥ 地下防护区和无窗或固定窗扇的地上防护区，应设机械排风装置。

5.4.4 气体灭火系统设置部位

1. 应设置气体灭火系统的部位

① 国家、省级或超过 100 万人口的城市广播电视发射塔楼内的微波机房，分米波机房，米波机房，变、配电室和不间断电源（UPS）室。

② 国际电信局、大区中心、省中心和一万路以上的地区中心的长途程控交换机房、控制室和信令转接点室。

③ 两万线以上的市话汇接局和六万门以上的市话端局内的程控交换机房、控制室和信令转接点室。

④ 中央及省级治安、防灾、网局级及以上的电力等调度指挥中心的通信机房和控制室。

⑤ 主机房的建筑面积不小于140 m^2的电子信息系统机房中的主机房和基本工作间的已记录磁(纸)介质库;当有备用主机和备用已记录磁(纸)介质,且设置在不同建筑内或同一建筑内的不同防火分区内时,亦可采用预作用自动喷水灭火系统。

⑥ 其他特殊重要设备室。

2. 应设置二氧化碳等气体灭火系统的部位(不得采用卤代烷1211、1301灭火系统)

① 国家、省级或藏书量超过100万册的图书馆的特藏库。

② 中央和省级的档案馆中的珍藏库和非纸质档案库。

③ 大、中型博物馆中的珍品库房。

④ 一级纸、绢质文物的陈列室。

⑤ 中央和省级广播电视中心内,建筑面积不小于120 m^2的音像制品库房。

5.5 火灾自动报警系统

火灾自动报警与联动控制技术是一项综合性消防技术,是现代电子技术和计算机技术在消防中应用的产物,也是现代自动消防技术的重要组成部分和新兴技术学科。它研究的主要内容是:火灾参数的检测技术,火灾信息处理与自动报警技术,消防设备联动与协调控制技术,消防系统的计算机管理技术,以及系统的设计、构成、管理和使用等。

实质上,火灾自动报警系统是以火灾为监控对象,根据防灾要求和特点而设计、构成和工作的,是一种及时发现和通报火情,并采取有效措施控制和扑灭火灾而设置在建筑物中或其他对象与场所的自动消防设施。火灾自动报警与联动控制系统是将火灾消灭在萌发状态,最大限度地减少火灾危害的有力工具。火灾自动报警系统设计是建筑防火设计中的重要环节,它涉及火灾探测方法的确定、火灾探测器的选用、火灾自动报警系统类型的选择、系统工程设计、消防设备联动控制实现等几个方面。

5.5.1 火灾探测器的分类与选用

所谓火灾探测器,是指用来响应其附近区域由火灾产生的物理和(或)化学现象的探测器件。根据不同的火灾探测方法相应构成的火灾探测器按照其待测的火灾参数不同可以划分为感烟式、感温式、感光式火灾探测器和可燃气体探测器,以及烟温、烟光、烟温光等复合式火灾探测器和双灵敏度火灾探测器。

感烟式火灾探测器是利用一个小型传感器响应悬浮在其周围大气中的因燃烧和(或)热解产生的烟雾气溶胶(固态或液态微粒)的一种火灾探测器,且一般情况下制成点型结构。感温式火灾探测器是利用一个点型或线缆式传感器来响应其周围气流的异常温度和(或)升温速率的火灾探测器,其结构有点型和线缆式两种。感光式火灾探测器是根据物质燃烧火焰的特性和火焰的光辐射而构成的用于响应火灾时火焰光特性的火灾探测器,一般是制作成主动红外对射式线型火灾探测器和被动式紫外或红外火焰光探测器。可燃气体探测器是采用各种气敏元件和传感器来响应火灾初期烟气体中某些气体浓度或液化石油气等可燃气体浓度的探测器,一般其产品为点型探测器。两种或两种以上火灾探测方法组合使用的复合式火灾探测器和双灵敏度火灾探测器通常是点型结构，它同时具有两个或两个以上火灾参数的探测能力，或者是具有一个火灾参数两种灵敏度的探测能力，目前使用较多的是烟温复合式火灾探测器和双灵敏度火灾探测器。火灾探测器还可以按照火灾信息处理方式或报警方式的不同，分为阈值比较式（开关量）、类比判断式（模拟量）和分布智能式火灾探测器等。

（1）离子感烟式火灾探测器

离子感烟式火灾探测器是采用空气离化火灾探测方法构成和工作的，通常只适用于点型火灾探测。离子感烟式火灾探测器的检测机理是：当火灾发生时，烟雾粒子进入电离室后，被电离部分（区域）的正离子和负离子被吸附到烟雾粒子上，使正、负离子相互中和的概率增加，从而将烟雾粒子浓度大小以离子电流变化量大小表示出来，实现对火灾参数的检测。

根据离子感烟式火灾探测器内电离室的结构形式，它可以分为双源感烟式探测器和单源感烟式探测器。采用双源式结构的离子感烟探测器可以减少环境温度、湿度、气压等条件变化的影响，提高探测器的环境适应能力和工作稳定性。单源式结构离子感烟探测器则提高了对环境的适应能力，特别是在抗潮能力方面，单源式离子感烟探测器的性能优于双源式离子感烟探测器。

（2）光电感烟式火灾探测器

根据烟雾粒子对光的吸收和散射作用，光电感烟式火灾探测器可分为减光式和散射光式两种类型。减光式光电感烟探测器探测原理是：进入光电检测暗室内的烟雾粒子对光源发出的光产生吸收和散射作用，使得通过光路上的光通量减少，从而使得受光元件上产生的光电流降低。光电流相对于初始标定值的变化量大小，反映了烟雾的浓度，据此可通过电子线路对火灾信息进行阈值比较，放大、类比判断处理或数据对比计算，通过传输电路发出相应的火灾信号。减光式光电感烟火灾探测原理可以用于构成点型探测器，用微小的暗箱式烟雾检测室探测火灾产生的烟雾浓度大小。但是，减光式光电感烟探测原理更适合于构成线型火灾探测器，如分离式主动红外光束感烟探测器。

散射光式光电感烟探测器探测原理是：进入暗室的烟雾粒子对发光元件（光源）发出的一定波长的光产生散射作用（按照光散射定律，烟粒子应轻度着色，粒径大于光的波长时将产生散射作用），使得处于一定夹角位置的受光元件（光敏元件）的阻抗发生变化，产生光电流。光电流的大小与散射光强弱有关，并且由烟粒子的浓度和粒径大小及着色与否来决定。根据受光元件的光电流大小（无烟雾粒子时光电流大小约为暗电流），即当烟粒子浓度达到一定值时，散射光的能量就足以产生一定大小的激励用光电流，可以用于激励外电路发出火灾信号。

散射光式光电感烟探测方式只适用于点型探测器结构，其遮光暗室中发光元件与受光元件的夹角为90°～135°，夹角越大，灵敏度越高。不难看出，散射光式光电感烟探测的实质是利用一套光学系统作为传感器，将火灾产生的烟雾对光的传播特性的影响，用电的形式表示出来并加以利用。

（3）感温式火灾探测器

感温式火灾探测器可以根据其作用原理分为如下三类。

① 定温式火灾探测器。定温式火灾探测器是在规定时间内，当火灾引起的温度上升超过某个定值时启动报警的火灾探测器。它有点型和线型两种结构形式。其中，线型是当局部环境温度上升达到规定值时，可熔的绝缘物熔化使两导线短路，从而产生火灾报警信号。点型是利用双金属片、易熔金属、热电偶、热敏半导体电阻等元件，在规定的温度值上产生火灾报警信号。

② 差温式火灾探测器。差温式火灾探测器是在规定时间内，当火灾引起的温度上升速率超过某个规定值时启动报警的火灾探测器。它也有线型和点型两种结构形式。线型差温式火灾探测器是根据广泛的热效应而动作的，主要的感温元件有按面积大小蛇形连续布置的空气管、分布式连接的热电偶及热敏电阻等。点型差温式火灾探测器是根据局部的热效应而动作的，主要感温元件有空气膜盒、热敏半导体电阻元件等。

③ 差定温式火灾探测器。差定温式火灾探测器结合了定温式和差温式两种作用原理并将两种探测器结构组合在一起。差定温式火灾探测器一般多是膜盒式或热敏半导体电阻式等点型结构的组合式火灾探测器。

(4) 感光式火灾探测器

感光式火灾探测器主要是指火焰光探测器，目前广泛使用紫外式和红外式两种类型。紫外火焰探测器是应用紫外光敏管(光电管)来探测波长 0.3 μm 以下的火灾引起的紫外辐射，多用于油品和电力装置火灾监测。红外火焰探测器是利用红外光敏元件(硫化铅、硒化铅、硅光敏元件)的光电导或光伏效应来敏感地探测低温产生的红外辐射，光波范围一般大于 0.76 μm。由于自然界中只要物体高于绝对零度都会产生红外辐射，所以，利用红外辐射探测火灾时，一般还要考虑燃烧火焰的间歇性闪烁现象，以区别于背景红外辐射。燃烧火焰的闪烁频率为 3～30 Hz。

(5) 可燃气体探测器

可燃气体探测器目前主要用于宾馆厨房或燃料气储备间、汽车库、压气机站、过滤车间、溶剂库、炼油厂、燃油电厂等存在可燃气体的场所。在一般建筑物中尚未普及。

可燃气体探测器的探测原理，按照使用的气敏元件或传感器的不同分为热催化原理、热导原理、气敏原理和三端电化学原理四种。热催化原理是指利用可燃气体在有足够氧气和一定高温条件下，发生在铂丝催化元件表面的无焰燃烧，放出热量并引起铂丝元件电阻的变化，从而达到探测可燃气体浓度的目的。热导原理是利用被测气体与纯净空气导热性的差异和在金属氧化物表面燃烧的特性，将被测气体浓度转换成热丝温度或电阻的变化，达到测定气体浓度的目的。气敏原理是利用灵敏度较高的气敏半导体元件，吸附可燃气体后电阻变化的特性来达到测量的目的。三端电化学原理是利用恒电位电解法，在电解池内安置三个电极并施加一定的极化电压，以透气薄膜同外部隔开，被测气体透过此薄膜达到工作电极，发生氧化还原反应，从而使得传感器产生与气体浓度成正比的输出电流，达到探测目的。

除了上述典型的火灾探测原理外，复合式火灾探测方法也在工程上获得使用，烟温复合式火灾探测器就是一个典型的例子。当前，使用量最大的是离子感烟式和光电感烟式火灾探测器、膜盒差定温和电子差定温火灾探测器；对于大空间的机房、控制室、电缆沟等，线缆式火灾探测器也有广泛的应用。

5.5.2 火灾自动报警系统的组成及其应用形式

1. 火灾自动报警系统的组成

火灾的早期发现和扑救具有极其重要的意义，它能将损失控制在最小范围，并且防止造成灾害。基于这种思想和高层建筑以自救为主的原则，我国的有关消防规范和技术标准对火灾自动报警系统及其系列产品提出了以下基本要求。

① 确保火灾探测和报警功能，保证不漏报。

② 减少环境因素影响，减少系统误报率。

③ 确保系统工作稳定，信号传输准确可靠。

④ 系统的灵活性、兼容性强，产品成系列。

⑤ 系统的工程适用性强，布线简单、灵活、方便。

⑥ 系统的应变能力强，调试、管理、维护方便。

⑦ 系统的性能价格比高。

⑧ 系统的联动功能丰富，联动控制方式有效、多样。

为了达到上述基本要求，火灾自动报警系统通常由火灾探测器、火灾报警控制器，以及联动模块与控制模块、控制装置等组成。火灾探测器是对火灾进行有效探测的基础与核心；火灾探测器的选用及其与火灾报警控制器的配合，是火灾自动报警系统设计的关键。火灾报警控制器是火灾信息处理和报警识别与控制的核心，最终通过联动控制装置实施对消防设备的联动控制和灭火操作。因此，根据火灾报警控制器功能与结构以及系统设计构思的不同，火灾自动报警系统呈现出不同的应用形式。

一般火灾报警控制器按照其用途可以分为区域火灾报警控制器、集中火灾报警控制器和通用火灾报警控制器。区域火灾报警控制器用于火灾探测器的监测、巡检、供电与备电，接收火灾监测区域内火灾探测器的输出参数或火灾报警、故障信号，并且转换为声、光报警输出，显示火灾部位或故障位置等，其主要功能有火灾信息采集与信号处理，火灾模式识别与判断，声、光报警，故障监测与报警，火灾探测器模拟检查，火灾报警计时，备电切换和联动控制等。

集中火灾报警控制器用于接收区域火灾报警控制器的火灾报警信号或设备故障信号，显示火灾或故障部位，记录火灾信息和故障信息，协调消防设备的联动控制和构成终端显示等，其主要功能包括火灾报警显示、故障显示、联动控制显示、火灾报警计时、联动连锁控制实现、信息处理与传输等。

通用火灾报警控制器兼有区域和集中火灾报警控制器的功能，小容量的可以作为区域火灾报警控制器使用，大容量的可以独立构成中心处理系统。其形式多样，功能完备，可以按照其特点用作各种类型火灾自动报警系统的中心控制器，完成火灾探测、故障判断、火灾报警、设备联动、灭火控制及信息通信传输等功能。

2. 火灾自动报警系统基本设计形式

根据现行《火灾自动报警系统设计规范》(GB 50116—2013)的规定、火灾监控对象的特点和火灾报警控制器的分类，以及消防设备联动控制要求的不同，火灾自动报警系统有以下三种基本设计形式。

(1) 区域报警系统

区域报警系统由火灾探测器、手动报警器、区域报警控制器或通用报警控制器、火灾警报装置等构成。这种系统形式主要用于完成火灾探测和报警任务，适用于小型建筑对象和防火对象单独使用。一般使用这类系统的火灾探测和报警区域内最多不得超过三台区域火灾报警控制器或用作区域报警器的小型通用火灾报警控制器(一般每台的探测点数小于256点)；若多于三台，应考虑使用集中报警系统形式。

(2) 集中报警系统

集中报警系统由火灾探测器、区域火灾报警控制器或用作区域报警器的通用火灾报警控制器和集中火灾报警控制器等组成。按照现行《火灾自动报警系统设计规范》(GB 50116—2013)，集中报警系统形式适用于高层宾馆、写字楼等对象。

(3) 控制中心报警系统

控制中心报警系统由设置在消防控制中心(或消防控制室)的消防联动控制装置、集中火灾报警控制器、区域火灾报警控制器和各种火灾探测器等组成，或由消防联动控制装置、环状或枝状布置的多台通用火灾报警控制器和各种火灾探测器及功能模块等组成。一般控制中心报警系统形式是高层建筑及智能建筑中自动消防系统的主要类型，是楼宇自动化系统的重要组成部分，它是采用区域火灾报警控制器、集中火灾报警控制器等各种火灾探测器以及功能模块和联动控制装置等构成的控制中心报警系统形式，它进一步加强了对消防设备的监测和控制，适用于大型建筑群、高层或超高层建筑、大型综合商场、宾馆、公寓综合楼等对象，可以对各类设置在建筑中的消防设备实现联动控制和手动/自动控制转换。

火灾自动报警系统除了根据建筑特点和火灾报警控制器的不同而分为上述三种基本设计形式之外，还可按照所采用的火灾探测器、各种功能模块和楼层显示器等与火灾报警控制器的连接方式，分为多线制和总线制两种系统应用形式；根据火灾报警控制器实现火灾模式识别方式的不同，分为集中智能和分布智能两种系统应用形式等。

思　考　题

1. 设置建筑灭火设施的意义是什么？
2. 常用的建筑灭火设施有哪些？
3. 消火栓给水系统用于哪些场所？
4. 消火栓给水系统的主要组件有哪些？
5. 简述消火栓给水系统的工作过程。
6. 闭式自动喷水灭火系统有几种类型？各类系统有什么特点？
7. 自动喷水灭火系统主要组件有哪些？其作用是什么？
8. 简述湿式自动喷水灭火系统的工作过程。
9. 闭式自动喷水灭火系统的应用场所有哪些？
10. 开式自动喷水灭火系统有几种类型？各类系统有什么特点？
11. 雨淋喷水灭火系统常用于哪些场所？
12. 水喷雾灭火系统常用于哪些场所？

13. 水幕系统常用于哪些场所?
14. 气体灭火系统有哪些显著特点?
15. 简述气体灭火系统的组成及工作过程。
16. 气体灭火系统对防护区有哪些要求?
17. 设置气体灭火系统的场所要有哪些安全措施?
18. 火灾探测器主要有哪几类? 其各自主要特点是什么?
19. 选用火灾探测器应遵循哪些原则?
20. 火灾自动报警系统的基本组成和设计形式是什么?
21. 火灾自动报警系统报警区域和探测区域的划分原则是什么?

第6章　卫生器具与冲洗设备

【学习目标】

1. 掌握卫生器具的分类、卫生器具的安装。
2. 了解卫生器具的安装与土建施工的关系、冲洗设备。

6.1　卫生器具的分类

卫生器具是用来满足人们日常生活中各种卫生要求、承受用水和收集排放使用后的废水的设备，是建筑内部给水排水系统的重要组成部分。随着人们生活水平和对卫生标准要求的逐步提高，卫生器具向多功能、造型新、色彩调和、材质优良的方向发展，为人们提供了卫生、舒适的环境。

卫生器具按其功能有以下分类。

① 便溺用器具，如大便器、小便器等。

② 沐浴器具，如浴盆、淋浴器等。

③ 盥洗器具，如洗脸盆、净身盆、盥洗槽等。

④ 洗涤器具，如洗涤盆、污水盆等。

⑤ 备膳器具，如洗菜盆、洗米盆、洗碗盆(机)等。

⑥ 其他器具，如饮水器、化验盆、水疗设备等。

(1) 大便器

大便器是排除粪便污水的卫生器具，它把污水快速地排入下水道，同时又要有防臭功能。大便器由便器、冲洗水箱、冲洗装置、存水弯等构成。大便器按构造不同可分为坐式和蹲式两种，按其排泄原理可分为冲洗式、虹吸冲洗式、虹吸喷射式、虹吸漩涡式，按其冲洗形式有高水箱、低水箱、自闭冲洗阀、脚踏冲洗阀等多种形式。

由于水资源日益短缺，所以很有必要进行节水措施的研究。因为冲洗厕所的用水量较大，约占生活用水量的30%以上，所以大便器成为节水措施的主要研究目标，目前已研究生产出适用于各种场合的多种节水型大便器，淘汰了一次用水量大于8 L的大便器。我国生产的多种低水箱节水型大便器，如将大、小便分为两档，采用不同的水量进行冲洗，可节水约60%。

① 冲落式坐便器。如图6-1(a)所示，环绕便器上口的是一圈开有很多小孔的冲洗槽，水进入冲洗槽由下孔沿便器内表面冲下，便器内水面壅高，将粪便冲出存水弯边缘。冲落式坐便器的缺点是：受污面积大，水面面积小，一次冲洗不一定能冲洗干净。

② 虹吸式坐便器。如图6-1(b)所示，在冲洗水槽进水口处有一个冲水缺口，部分水从这里冲射下来，加快虹吸的形成，靠虹吸作用把粪便全部吸出。有的坐便器使存水弯的水直

接从便器后面排出，增加了水封深度，优于一般大便器。虹吸式大便器噪声较大是其主要缺点。

③ 虹吸喷射式大便器。如图 6-1(c)所示，冲洗水的一部分从上圈冲洗槽的孔口中流下，另一部分水从大便器边部的通道 g 冲下来，出 a 口向上喷射，很快造成强有力的虹吸作用，把大便器中的粪便全部吸出。虹吸喷射式坐便器的冲洗作用快，噪声较小。

④ 虹吸漩涡式坐便器。如图 6-1(d)所示，这种坐便器从上圈下来的水量很小，其旋转力已不起作用，因此底部出水口 Q 处做成弧形，水流沿切线冲出，形成强大的漩涡，使水表面漂着的粪便在漩涡向下旋转的作用下，与水一起迅速下到水管入口处，在入口底反作用力的作用下，很快进入排水管道，从而加强了虹吸能力，噪声极低。

⑤ 蹲式大便器。一般用于集体宿舍、普通住宅、公共建筑的卫生间或防止接触传染的医院的厕所内，采用高水箱或自闭式冲洗阀冲洗。一般公共建筑，如学校、火车站、游乐场所等的公共厕所中，常采用大便槽，因大便槽造价低，便于安装集中冲洗水箱或红外线自动冲洗装置。采用红外线自动冲洗装置，可比自动冲洗水箱节水约 60%。大便槽宽一般为200～250 mm，起端深度为 350～400 mm，槽底坡度不小于 0.015，排出口设水封，水封深度不小于 50 mm。

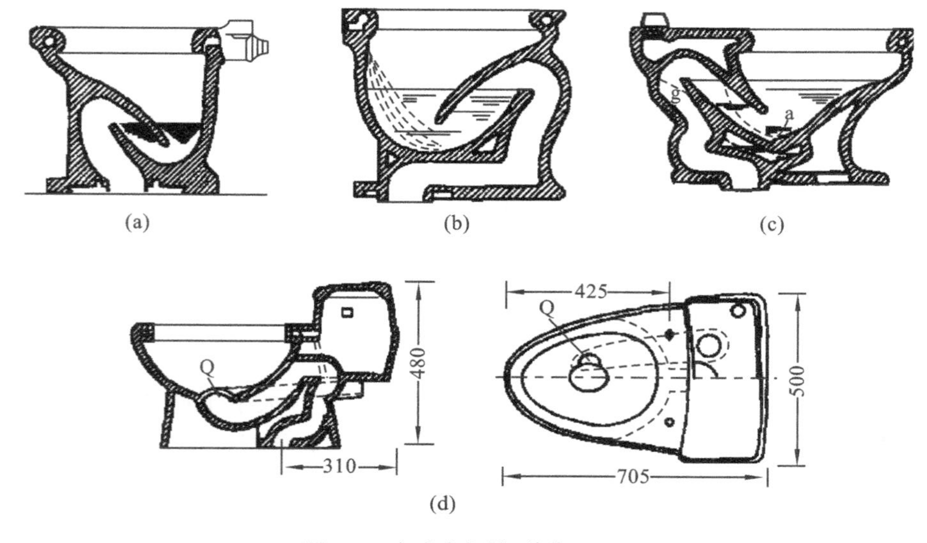

(a)　(b)　(c)　(d)

图 6-1　坐式大便器(单位：mm)

(a)冲落式；(b)虹吸式；(c)虹吸喷射式；(d)虹吸漩涡式

(2) 小便器

小便器设于公共建筑的男厕所内，有立式、挂式和小便槽三种。小便器装设在卫生设备标准较高的公共建筑内，多为成组装设。立式小便器在地面上安装，挂式小便器悬挂在墙上。小便器根据同时使用人数的多少，可采用自动冲洗水箱、自闭式冲洗阀、红外线自动冲洗装置等。小便槽是用瓷砖、水磨石或不锈钢等材料沿墙设置的浅槽，构造简单、占地少，可同时供多人使用，广泛应用于企业、学校、集体宿舍、运动场等建筑物的男厕所内。小便槽可采用普通阀门控制的多孔冲洗管冲洗，但应尽量采用自动冲洗水箱冲洗。小便槽构造如图 6-2 所示。

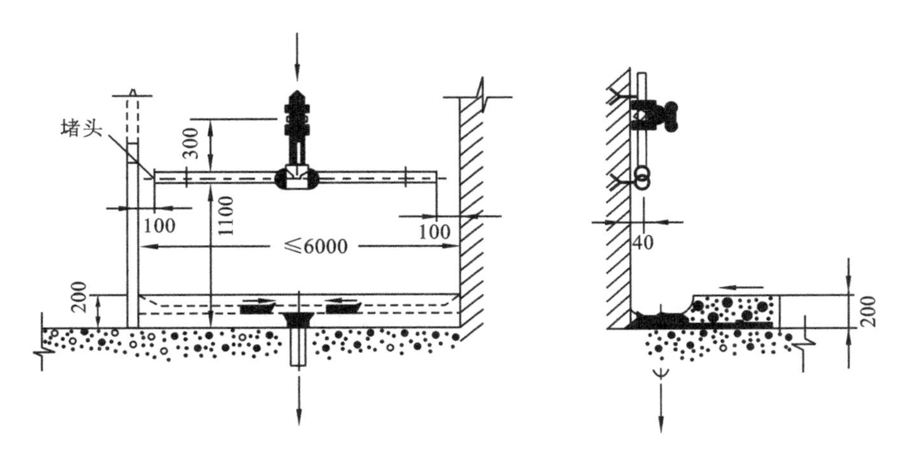

图 6-2 小便槽(单位:mm)

(3) 浴盆

浴盆一般设在住宅、宾馆、医院等的卫生间及公共浴室内。随着人们生活水平的不断提高,浴盆不仅用于清洁身体,其保健功能也日益增强,出现了水力按摩浴盆等新型的浴盆。

浴盆的形式一般为长方形,也有方形、斜边形、三角形等。其规格有大型(1830 mm×810 mm×440 mm)、中型[(1680～1520) mm×750 mm×(410～350) mm]、小型(1200 mm ×650 mm×360 mm)。制作浴盆的材料有铸铁搪瓷、钢板搪瓷、玻璃钢、人造大理石等。浴盆根据不同功能要求分为扶手式、防滑式、坐浴式、裙板式、水力按摩式和普通式等类型。浴盆的进水阀有 15 mm 和 20 mm 两种,通常采用 15 mm 扁嘴水嘴或三联开关附软管淋浴器型。标准较高的浴室,浴盆可采用嵌入式单把混合阀或装备自控元件的恒温阀,为了防止热水烫人或冷水激人,可采用安全自控混合阀,当热水或冷水突然停止供水时,这种阀门通过热敏元件能自动关闭冷水或热水。浴盆的排水阀有 40 mm 和 50 mm 两种。普通浴盆采用排水栓橡皮塞。标准较高的浴盆的排水和溢流水均由单把式阀塞控制。溢流水管和排水管连接后设水封以防臭气进入室内。

(4) 淋浴器

淋浴器适合于工厂、学校、机关、部队等单位的公共浴室,也可安装在卫生间的浴盆上,作为配合浴盆一起使用的洗浴设备。

淋浴器与浴盆相比有以下优点。

① 淋浴采用水流冲洗,淋浴水一次流过使用比较卫生,可以避免各种皮肤疾病的传染。

② 淋浴占地面积小,同样面积淋浴比盆浴使用人次多,洗得快。

③ 淋浴比盆浴节水,因淋浴时间短,一般为 15～25 min,一人次耗水量为 135～180 L,而盆浴的为 250～300 L。

④ 淋浴设备费用低,产品单价和浴室造价及建造费用均比浴盆的省得多。

淋浴器按配水阀的不同可分为很多类型。普通型淋浴器采用冷热水手调式进水阀,设备简单,造价低,但温度不易调节,容易产生忽冷忽热的现象。单把开关调温式淋浴器,用于标准较高的淋浴间或卫生间浴盆上,水温和流量全靠一个手把来控制,易于调节、便于操作、节水节能。恒温脚踏式淋浴器和光电式淋浴器,节水节能效果更加明显,较一般淋浴器节水30%～40%,最适合装于公共浴室。

(5) 净身盆

净身盆亦称下身盆,供妇女洗下身用或痔疮患者使用,一般与大便器配套安装。标准较高的宾馆卫生间、疗养院和医院放射线科中的肠胃诊疗室应设置净身盆。

(6) 洗脸盆

洗脸盆一般用于洗脸、洗手、洗头发,广泛用于宾馆、公寓的卫生间与浴盆配套设置,也用于公共卫生间或厕所等。洗脸盆有台式、立式和普通式等多种类型。

(7) 洗涤盆

洗涤盆装置在居住建筑、食堂及饭店的厨房内,供洗涤碗碟及蔬菜等之用。

(8) 污水盆

通常污水盆装置在公共建筑的厕所、卫生间及集体宿舍盥洗室中,供打扫厕所、洗涤拖布及倾倒污水之用。

6.2 卫生器具的安装与土建施工的关系

在建筑工程中,卫生器具的安装和土建工程有着密切的联系,安装时必须考虑土建工程的施工顺序和进度,卫生器具安装应在装饰工程完成后进行。安装卫生器具时应处理好以下关系。

① 穿越楼板的管洞口,应与专业人员复核洁具的位置及甩口尺寸后再施工。而卫生间的楼面施工时,一定待选定型号与规格后,根据设计产品样本留洞,避免因洁具更换改型而施工仍按原图留洞,造成卫生间的现浇板重新剔洞,使楼板呈筛孔状,影响和降低楼板的强度。尤其有二次装修设计的工程,应特别注意与结构施工的协调与配合。

② 暗装在吊顶内的给水管及排水横管、存水弯等,应做防结露保温层后再施工吊顶。

③ 卫生间的防水层在管道穿楼板处,应用防水卷材包裹管周,如采用防水涂料,管周应刷两道涂料为宜。做小便槽防水层时应连续包至墙面上不低于 1.2 m 处。设有小便槽的墙体不宜采用轻质材料。

④ 地面施工时,严格按规定的坡度坡向地漏、管道施工,为了能掌握管道甩口或地漏的标高,应由土建弹出五零线,即标高控制线。

⑤ 土建施工抹灰、防水、墙面面层时,严禁将灰水或杂物倒入管口及地漏内。安装完毕后的大便器、地漏等裸露管口应及时封闭,防止在土建施工时掉入灰块,堵塞管道。

⑥ 对已施工完毕的卫生洁具应做好成品保护工作,补修墙地面时严禁蹬踩和污染洁具。

⑦ 对厨房内的砌筑池,应与专业施工配合。地面排水采用地沟时,沟底应保证有足够的坡度坡向地漏处。砌筑的洗菜池等应待管道安装完毕后再贴瓷砖面层。

无论是明装管道还是安装在吊顶内的管道,横管均设置在楼板之下,一旦管道出现渗漏,将对下层用户造成严重的影响,尤其是在住宅建筑中,管道漏水常使建筑物使用功能受到影响,同时也造成很多纠纷,为避免这种情况的出现,可采用将各种管道(冷、热、排水)综合考虑,水平管道统一布置在卫生间结构层局部下沉的空间内,竖向管道布置在管道井内的方法。该种方法是在卫生间内地面和下沉结构层上做两次防水,一旦管道渗漏,也不会对下层用户造成影响,只要将本层地面打开,维修管道即可。其具体构造做法见图 6-3。当采用蹲式大便器时，因卫生洁具本身不带存水弯，卫生间结构下沉尺寸还要加大，一般大于 500 mm。

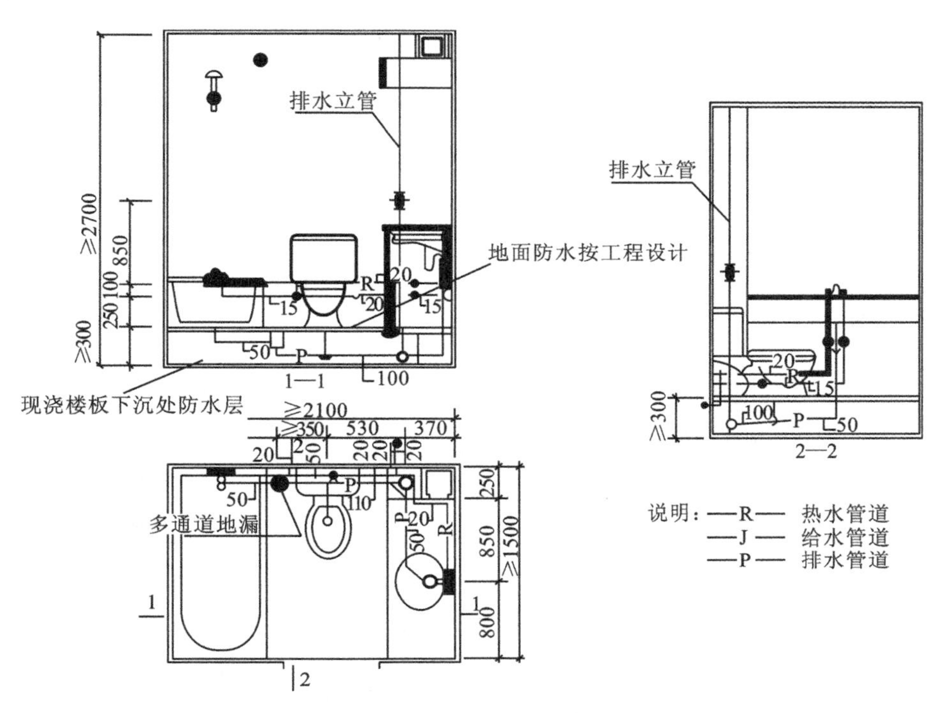

图 6-3　下沉结构式卫生间构造做法(单位:mm)

6.3　卫生器具的安装

(1) 卫生器具安装技术要求

卫生器具的安装应在室内装修工程施工之后进行。其安装一般应满足如下技术要求。

① 安装位置的准确性。各种卫生器具的安装高度应符合设计要求，如设计无要求时，应符合表 6-1 的规定，允许偏差：单独器具为±10 mm，成排器具为±5 mm。

表 6-1　卫生器具安装高度

序号	卫生器具名称		卫生器具安装高度/mm		备　　注
			居住和公共建筑	幼儿园	
1	污水盆(池)	架空式	800	800	—
		落地式	500	500	
2	洗涤盆(池)		1000	800	自地面至器具上边缘
3	洗脸盆和洗手盆(有塞、无塞)		800	500	
4	盥洗槽		800	500	
5	浴盆		≤520	—	

续表

序号	卫生器具名称			卫生器具安装高度/mm		备　　注
				居住和公共建筑	幼儿园	
6	蹲式大便器	高水箱		1800	1800	自台阶面至高水箱底
		低水箱		900	900	
7	坐式大便器	高水箱		1800	1800	自台阶面至高水箱底
		低水箱	外露排出管式	510	370	自台阶面至低水箱底
			虹吸喷射式	470		
8	小便器	立式		1000	450	自地面至上边缘
		挂式		600		自地面至下边缘
9	小便槽			200	150	自地面至台阶面
10	大便槽冲洗水箱			≥2000	—	自台阶面至水箱底
11	妇女卫生盆			360	—	自地面至器具上边缘
12	化验盆			800	—	自地面至器具下边缘
13	饮水器			1000	—	自地面至器具上边缘

② 安装的严密性。安装的严密性体现在卫生器具和给水排水管道的连接以及与建筑物墙体靠接两个方面。金属与瓷器之间的所有结合处，均应垫以橡胶垫、铅垫等，做到软结合，在用螺栓紧固时，应缓慢加力，使之结合紧密。与墙靠接时，可以抹油灰或者用白水泥塞填，使缝隙结合紧密。安装好的卫生器具应进行试水试验，保证供给卫生器具的各个给水管接口的严密性，同时还应保证卫生器具与排水管道各个接口处的严密性。

③ 安装的稳固性。卫生器具安装的稳固性取决于其底座、支腿、支架等的稳固程度，因而卫生器具安装时，必须保证其底座、支腿、支架等安装的稳固性。

④ 安装的可拆卸性。为保证卫生器具在维修、更换时便于拆卸，当卫生器具和给水支管连为一体时，给水支管接近器具处应设置活接头。器具排水口与排水管道的接口处，均应使用便于拆除的油灰堵塞连接。

⑤ 安装的端正美观性。卫生器具既是一种使用器具，客观上又成为室内的一种陈设物，故必须保证安装的平整美观。

(2) 常用卫生器具的安装

卫生器具的形式很多，安装也各有特点。国家标准图集 S342(卫生设备安装)中较详尽地列出了各种形式卫生器具的具体安装尺寸、主要材料表以及安装要求等。以下着重介绍几种常用卫生器具的安装。

① 洗脸盆的安装。一套完整的洗脸盆是由脸盆、盆架、排水栓、排水管、链堵和脸盆水嘴等部件组成的，如图 6-4 所示。墙架式洗脸盆一般按下述方法进行安装。

a. 安装洗脸盆架。根据管道的甩口位置和安装高度，在墙上画出横、竖中心线，找出盆架的位置，并用木螺丝把盆架拧紧固定在预埋的木砖上，如墙壁为钢筋混凝土结构，则可用膨胀螺栓固定。

b. 洗脸盆就位并安装水嘴。将洗脸盆放在稳固好的脸盆架上，洗脸盆水嘴垫胶皮垫后

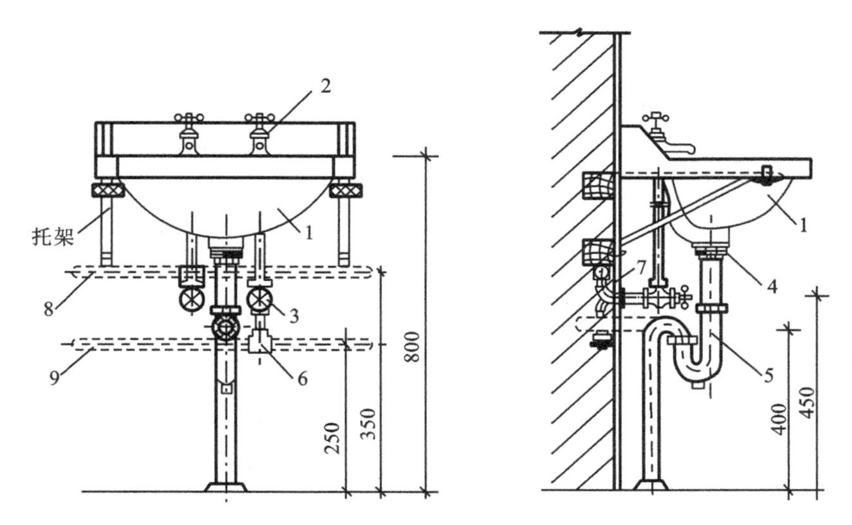

图 6-4　洗脸盆的安装(单位:mm)

1—洗脸盆;2—龙头;3—角式截止阀;4—排水栓;5—存水弯;6—三通;7—弯头;8—热水管;9—冷水管

穿入洗脸盆的上水孔,然后加垫并用根母紧固。水嘴安装应端正、牢固,注意热水嘴应装在左边。

c. 安装排水栓。将排水栓加橡胶垫用根母紧固在洗脸盆的下水口上。注意使排水栓的保险口与洗脸盆的溢水口对正。

d. 安装角型阀。将角型阀(俗称八字门)的入口端与预留的上水口相连接,另一端配短管与洗脸盆水嘴相连接,并用根母紧固。

e. 安装存水弯。当采用 S 形存水弯时,缠上石棉绳、抹上油灰后,与排水短管插接;当采用 P 形存水弯时,先穿上管压盖(与墙相接用的装饰件,俗称瓦线)插入墙内排水管口,用锡焊(或缠石棉绳、抹油灰)连接,再在接口处抹上油灰,压紧管压盖。

② 淋浴器的安装。淋浴器有现场制作安装的管件淋浴器,也有成套供应的成品淋浴器。淋浴器的安装如图 6-5 所示。

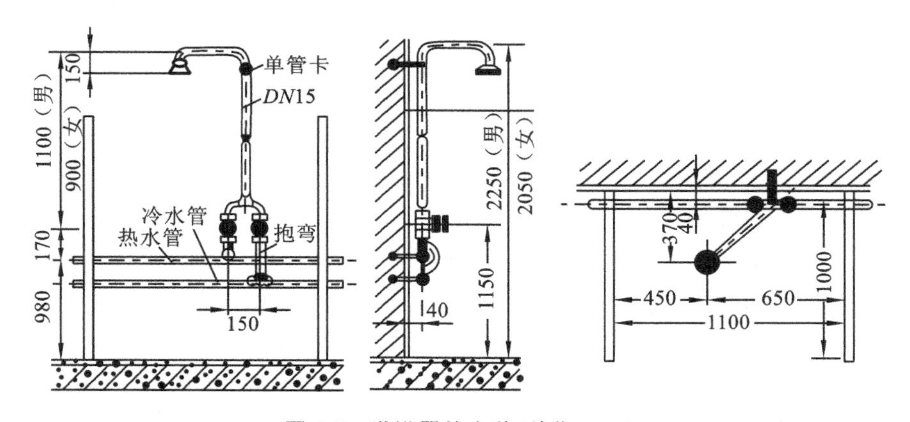

图 6-5　淋浴器的安装(单位:mm)

a. 管件淋浴器的安装。管件淋浴器的安装顺序为画线配管、安装管节及冷热水阀门、安装混合管及喷头、固定管卡。其具体做法如下:管件淋浴器安装时,在墙上先画出管子垂直中心线和阀门水平中心线，然后按线配管，在热水管上安装短节和阀门，在冷水管上配抱弯再安装阀门。混合管的半圆弯用活接头与冷、热水管的阀门相连接，最后装上混合管和喷头，混合管的上端应设一个单管卡。

安装时要注意热水管与冷水管的位置：当管材水平敷设时，热水管在上面；当垂直敷设时，热水管在左面。

b. 成品淋浴器的安装较管件淋浴器的安装简单。安装时，将阀门下部短管丝扣缠麻后抹铅油，与预留管口连接，阀门上部混合水管抱弯用根母与阀门紧固，然后再用根母把混合水铜管紧团在冷、热水混合口处，最后使混合水铜管上部护口盘与墙壁靠严，并用木螺丝固定于预埋在墙中的木砖上。

③ 浴盆的安装。浴盆有铸铁搪瓷和陶瓷、水磨石、玻璃钢等多种，以铸铁搪瓷浴盆使用较多。其外形尺寸以"长×宽×高"表示。安装形式有自身带支撑和另设支撑两种。浴盆距地面一般为 120～140 mm。浴盆本身有排水孔和溢流管孔，污水由排水孔排入带存水弯的污水管道。浴盆底本身一般具有 0.02 的坡度，坡向排水孔，安装时要求浴盆上沿平面呈水平状态。图 6-6 为冷热水龙头浴盆安装图。其安装一般按下述程序进行。

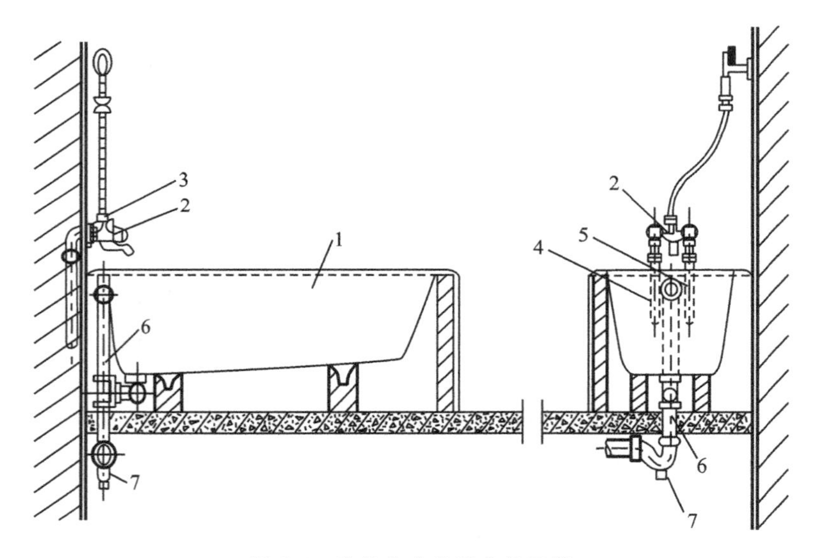

图 6-6 冷热水龙头浴盆的安装

1—浴盆；2—阀门；3—淋浴器；4—热水管；5—冷水管；6—排水配件；7—存水弯

a. 浴盆就位安装。将浴盆腿插在浴盆底的卧槽内稳定牢固，然后按要求位置垂直安放，如无腿时可用砖砌垛垫牢。

b. 浴盆排水装置安装。浴盆排水管部分包括盆端部的溢水管和盆底的排水管，它们组成一套排水装置。安装时，先将溢水管、弯头、三通等进行预装配，量好并截取所需各管段的长度，然后安装成套排水装置。安装排水管时，把浴盆排水栓加胶垫由浴盆底排水孔穿出，再加垫并用根母紧固，然后把弯头安装在已紧固好的排水栓上，弯头的另一端装上预制好的短管及三通。安装溢水管时，把弯头加垫安装在溢水管上，然后用一端带长丝的短管把溢水口外的弯头和排水栓外的三通连接起来；然后将三通的另一端，接小短节后直接插入存水弯内，存水弯的出口与下水道相连接。

c. 冷、热水管及其水嘴安装。安装浴盆的冷、热供水管，从预留口装上引水管，用弯头、短节伸出墙面，装上水嘴。

④ 蹲式大便器的安装。蹲式大便器由冲洗水箱、冲洗管和蹲便器组成。其冲洗水箱一般多使用高水箱。蹲式大便器本身不带存水弯，安装时须另加存水弯。在地板上安装蹲式大便器，至少须增设高为 180 mm 的平台。图 6-7 所示为高水箱蹲式大便器安装图。其安装通常按如下程序进行。

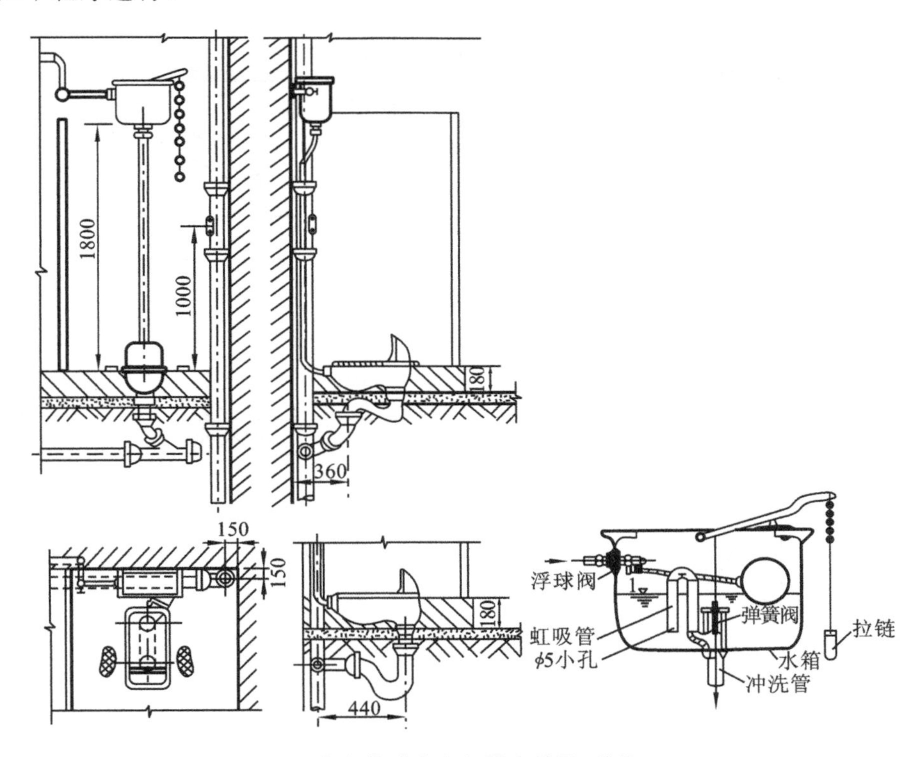

图 6-7　高水箱蹲式大便器安装图(单位:mm)

a. 高水箱的安装。先将水箱的冲洗洁具(铜活)和水道连接好，其中上、下水口的连接处均应套以橡皮，以保证接口的严密性。然后将水箱通过后背的孔洞挂装在墙体已安装的螺栓或膨胀螺栓上，并紧固好。

b. 蹲便器的安装。将麻丝白灰(或油灰)缠抹在大便器的出水口上，同时在预留的排水短管的承口内抹上油灰，然后将大便器出水口插入短管的承口内，按实校正后刮去多余的油灰，四周用砖垫牢固。

c. 各接管安装。用小管(多为硬塑料管)连接水箱浮球阀和给水管的角型阀，注意各处锁紧螺母应连接紧密。将冲洗管上端(已做好乙字弯)套上锁母，管接头缠麻丝、抹铅油插入水箱排水栓后用锁母锁紧，下端套上胶皮碗，并将其另一端套在大便器的进水口上，然后用 14 号铜丝把胶皮碗两端绑扎牢固。

d. 填、抹施工。在蹲便器和砖砌体中间填入细沙，并压实刮平，在沙土上面抹一层水泥砂浆。

⑤ 坐式大便器的安装。坐式大便器由冲洗水箱、冲洗管和坐便器组成。其冲洗水箱一

般多采用低水箱。坐式大便器本身构造包括存水弯。坐式大便器直接安装于地面或楼板地坪上。图 6-8 所示为虹吸式低水箱坐式大便器安装图。其安装通常按如下程序进行。

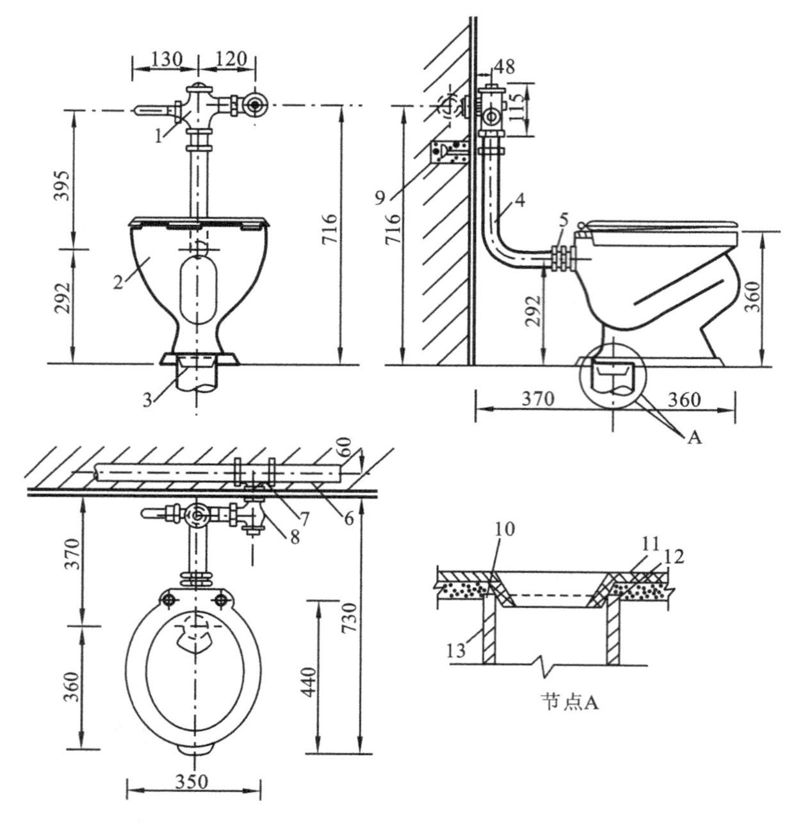

图 6-8　虹吸式低水箱坐式大便器安装图(单位:mm)

a. 低水箱的安装。以装好的与地面平齐的不带承口的排水短管的管中心为基准,在地面上画出坐便器的安装中心线,并延伸至后墙面,再向上画出水箱安装的垂直中心线,并从地面向上量出 840 mm,以此高度画出水箱螺栓安装中心线,定出水箱各螺栓孔安装位置,装配螺栓或膨胀螺栓,然后安装低水箱。

b. 坐便器的安装。以坐便器实物量测出其四个地脚螺栓的位置,并打出四个 40 mm×40 mm 的方洞,紧紧嵌入经防腐处理的小木砖,用四个配套木螺丝将坐便器紧固于地面上。在紧固坐便器前也是先在坐便器的排水口缠石棉绳、抹油灰,以保证与排水短管连接紧密。

c. 接管及其他安装。连接冲洗管,接通水箱给水管,方法同前述。合格后将坐便器的坐圈、坐盖安装好。

⑥ 挂式小便器的安装。小便器有挂式和立式两种,以挂式为多见。图 6-9 为挂式小便器的安装图。其安装方法如下。

a. 挂装小便器。根据小便器的位置及安装高度,在墙上画出横、竖中心线,找出小便器两耳孔的中心,用木螺丝垫入铅皮,通过耳孔把小便器拧固在木砖上。

b. 安装进水管。将角型阀安装在预留的给水管上,使护口盘紧靠墙壁面。用截好的小铜管背靠背穿上铜碗和锁母,上端缠麻、抹好铅油插入角型阀内,下端插入小便器的进水口内,用锁母与角型阀锁紧,然后用铜碗压入油灰使小便器进水口与小铜管相密封。

c. 安装存水弯。卸开存水弯锁母,把存水弯下端插入预留的排水管内,上端套在已缠麻抹好铅油的小便器排水嘴上,然后把存水弯找正,锁母加垫后拧紧,最后把存水弯和排水管的间隙处用铅油麻丝缠绕塞严。

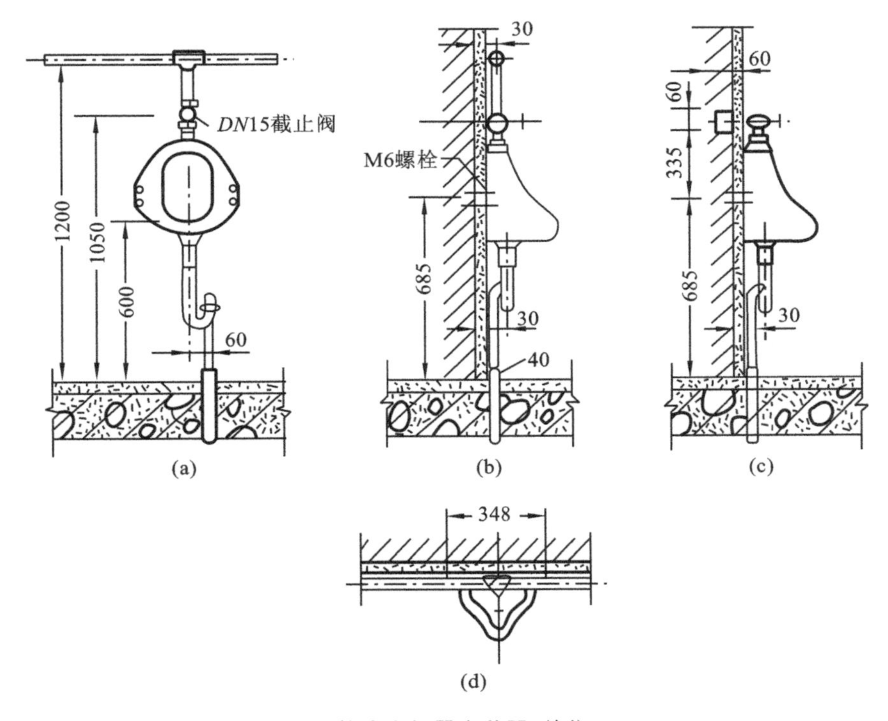

图 6-9 挂式小便器安装图(单位:mm)

(a)明装立面;(b)明装侧面;(c)暗装侧面;(d)明装平面

6.4 冲洗设备

冲洗设备是便溺卫生器具中的一个重要设备,必须具有足够的水压、水量,以便冲走污物,保持清洁卫生。冲洗设备包括冲洗水箱和冲洗阀。冲洗水箱多应用虹吸原理设计制作,具有冲洗能力强、构造简单、工作可靠且可控制、自动作用等优点。利用冲洗水箱作为冲洗设备,由于储备了一定的水,因而可减小给水管径。冲洗阀形式较多,一般均直接安装在大便器的冲洗管上,距地板面 0.8 m。按动手柄,冲洗阀内部的通水口被打开,于是强力水流经过冲洗管进入大便器进行冲洗。

参 考 文 献

[1] 黄鸿翔，朱洪祥.建设用塑料管道性能与施工[M].济南：山东科学技术出版社，2005.

[2] 王付全.建筑设备[M].郑州：郑州大学出版社，2007.

[3] 周义德，吴杲.建筑防火消防工程[M].郑州：黄河水利出版社，2004.

[4] 张闻民，王绍民.暖卫与通风工程施工技术[M].北京：中国建筑工业出版社，1995.

[5] 周庆，张志贤.安装工程材料手册[M].北京：中国计划出版社，2004.